地球をもっと理解したい人のための

地球科学の基礎

関 陽児・永野勝裕・若月 聡
共著

培風館

まえがき

　まずもって，このまえがきに目を通して下さっている読者の方に，お礼を申し上げます。本書は，その名のとおり「地球科学の基礎」をできるだけ簡潔にまとめたものです。大学における教員養成課程，教養教育の授業，公立の小中学校での出張授業，博物館等での一般市民向けの普及活動などの経験を通じて，著者らが到達した地学の伝え方についての想いを具体的な形にしたものが本書です。それを整理すると，以下のようになります。

- 地学は面白い。その面白さを少しでも多くの人たちに伝えたい。
- 地学は一見複雑である。複雑そうな地学の内容を，適切に再構築してわかりやすく伝えたい。
- 試験勉強での地学は暗記が多い。暗記によく出てくる区分の拠り所である過程や機構を示して，無味乾燥な暗記作業と決別して楽しくわかりやすい地学にしたい。
- 地学は学校教育でないがしろにされている。それが端的に現れているのが理工系大学で，「高校地学すっぽ抜け」状態が標準路線になっている。しかし，その状態を逆手にとって，高校で地学を学ぶ機会のなかった読者のみなさんにも，基礎からの地学を体系的に伝えたい。
- 地学のよき教え手が減っている。地学の面白さをより多くの人たちに理解してもらうためには，よき教え手を育てなければならない。将来，地学を教える側に立つ人たちの腹に落ちるように，必要にして十分な内容の地学を伝えたい。

　こうした想いを具体化するにあたって，次のような工夫をしてみました。

- 章立ては大学のシラバスにはこだわらずに，地球科学の内容に即したものとする。
- さまざまな要素が絡み合って一見複雑に見える事項について，理解の助けになる軸に注目することで，簡潔に整理する。
- 間違いやすい点や重要であるにも関わらず素通りされやすい点については，それを明示し解説する。
- 内容的には高校の「地学基礎」は完全にカバーし，基礎を付さない「地学」についてもほぼ網羅する。
- 地学とわれわれの暮らしとの関係性にも焦点をあて，災害や資源についても十分に解説する。
- 各章の最後に置いた「基本事項の確認」で，各章で述べられている内容を穴埋め式にし簡潔にまとめる。
- 演習問題として教育職員採用試験等に役立つ例題を示して解説する。

　本書は「第1部　固体地球科学(全11章)」,「第2部　気象(全5章)」,「第3部　天文(全4章)」の3部構成になっています。惑星地球の本体ともいうべき「固体地球」にはじまり,それをとりまく水や大気などの流体地球で起きている「気象」,そして地球から飛び出して太陽系,さらにその外側の宇宙へと対象を広げる「天文」の順です。そのような順番になってはいますが,各部は独立しているのでどの部から読み始めても大丈夫です。それぞれの部は,章の順に読んでいただくのがわかりやすいと思います。本書での学習と並行して,より詳しい参考書やカラフルな図表をまとめた資料集なども参考にすると,一層理解が深まることが期待されます。そうした参考書類も紹介しましたので,ぜひご覧いただければと思います。

　本書が,理科教員を目指す大学生,地学のリテラシーを修得したいと思っている理工系学生,さらには地学を少し体系的に勉強してみたいとお考えのみなさんに活用していただければ,これにまさる喜びはありません。

2021年2月

著　　者

目　　次

第1部

固体地球科学

　「地に足が着いている」というときの地，つまり固体地球は岩石圏または岩圏ともよばれ，それを取り囲む大気の層である気圏および固体地球表面の低所にたまっている液体の水，つまり海洋を主とする水圏とともに，惑星地球を構成する三圏のひとつと位置づけられる。地球が誕生して以降の46億年間を振り返ると，固体地球は気圏および水圏と相互に作用しながら変化を続けてきた。たとえば，固体地球側から気圏へ向けては火山活動を通じて常に水や二酸化炭素などの揮発成分が注入されてきた。また，海洋の水は岩圏からもたらされた各種の成分を溶存するとともに，火山活動の大元であるマグマの形成とも深く関わっている。さらに，こうした相互関係は地球史を通じてダイナミックに変化してきただけでなく，生物の誕生や進化とも密接な関係をもっている。したがって，固体地球の姿を理解することは気圏や水圏の理解の深化につながるし，同様に第2部で扱う気圏や水圏の理解が進むとともに，三圏間の相互作用やその壮大な変化およびそこで育まれた生命の進化についての理解も深まるであろう。

第1部の構成について

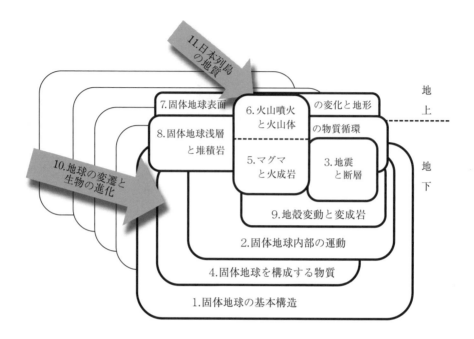

「第1部　固体地球科学」は、「固体地球の基本構造」(1章)から始まる。軽い岩石を表面に、重い岩石をその下に、最も重い金属を中心にもつ固体地球は、重力的に安定した構造をもっている。その構造は、きわめてゆっくりではあるが大規模な運動を続けている。海陸分布を少しずつ変化させるプレートテクトニクスと、その原動力ともいえるプルームテクトニクスについて説明したのが、「固体地球内部の運動」(2章)である。プレートテクトニクスの「プレート」とは、固体地球の表面を覆う十数枚の岩板である。プレートどうしの境界では、擦れ合う、衝突するなどして大きな力が蓄えられる。それが一気に解放されて「地震と断層」(3章)が生じる。

固体地球の大部分は岩石で成り立っているが、岩石は多くの種類の鉱物から構成される。岩石や鉱物が「固体地球を構成する物質」(4章)である。プレートどうしの境界の一部などでは、岩石の一部が融解したり再び固結したりする。こうして「マグマと火成岩」(5章)が形成される。地下のマグマが地表に噴出する際に「火山噴火と火山体」(6章)が生じる。「固体地球表面の変化と地形」(7章)では、地球内部の熱や太陽放射をエネルギー源として、さまざまな地形が形成される過程を見る。それをより深い領域まで、またより遠大な時間の窓から眺めたのが「固体地球浅層の物質循環と堆積岩」(8章)である。地下深部の高い温度・圧力の領域では、既存の岩石が固体のままで鉱物組成を変化させ、そうしてできた岩石が地上にもたらされることがある。それらの過程を「地殻変動と変成岩」(9章)で確認する。

地球誕生以来の46億年間の「地球の変遷と生物の進化」(10章)は、近年の研究の進展で急速にその理解が進んでいる。日本列島に住むわれわれとしては、「日本列島の地質」(11章)の成り立ちも知っておきたい。

1 固体地球の基本構造

　地球は，金属の中心核とそれを取り囲む厚い岩石の層からなる球体，その表面の低所にたまった電解質を多く溶解した液体の水である海洋，およびそれらをとりまく窒素（N_2）と酸素（O_2）を主とする気体である大気からなる惑星である。中心の金属核と岩石質の外層をあわせて，固体地球とよぶ。このような固体地球の基本的な特徴は，太陽系の内側に軌道をもつ惑星たち，つまり水星・金星・地球・火星のすべてに共通している。一方，液体の水が集積した海洋や，窒素を主として酸素を多量に含む大気は，ほかの惑星には見られない地球独自の特徴である。本章では，こうした惑星地球の基本的な特徴のうち，固体地球の基本的な構造について見ていこう。地球科学のスタートである。

1.1　地球の大きさ・形・重力・磁気

1.1.1　地球の形と大きさ

　固体地球は，全周が約 4 万 km の球体である。したがって，赤道と極との距離は約 1 万 km で「切り」がよい。これは偶然ではなく，18 世紀にフランスで決定されたメートル法の定義が「赤道から北極までの距離の 10^{-7} を 1 m とする」ためである。全周 4 万 km の球体の半径は約 6400 km となる。実際の地球は完全な球体ではなく，中心から極までの半径（極半径）が 6357 km に対して中心から赤道までの半径（赤道半径）が 6378 km であり，赤道半径のほうが約 20 km 大きい。地球は，南北両極を結ぶ軸である地軸を回転軸として，約 24 時間の周期で自転しているため遠心力が発生する。地軸から最も離れており，最大の遠心力を受ける赤道付近が外側にふくれることにより，赤道半径が最大となっている。地球の北極と南極を通る任意の断面を見ると，両極を結ぶ直線を短軸とし東西の赤道を結ぶ直線を長軸とする楕円形を示す。この楕円の短軸，つまり地軸を中心軸として回転させた**回転楕円体**が地球の立体的な形である（図1.1左）。楕円の短軸を中心に回転させた立体図形なので，カボチャや空気の抜けたバランスボールのようなつぶれた回転楕円体となる。ちなみに，長軸を中心に回転させるとラグビーボールや繭のような引き伸ばされた回転楕円体となる。太陽および太陽系内の惑星のうち，形状が正確に知られている天体はすべて地球と同様の短軸を回転軸とする回転楕円体である。回転楕円体の**扁平率**は次式で表される。

$$扁平率 = \frac{長径 - 短径}{長径} \tag{1.1}$$

したがって地球の扁平率は，赤道半径と極半径の差を赤道半径で割った値で，約 1/300 ≒ 0.3% となる。地球の形と大きさにもっとも近い回転楕円体を**地球楕円体**とよぶ。地球楕円体の扁平率の最新値は 1/298.257（つくばにこな）である。

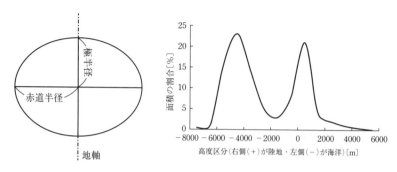

図1.1　左：地軸を通る地球の断面，右：固体地球表面の高度分布曲線

　固体地球の表面には凹凸があり，そのくぼみにたまった水が海洋である。現在の地球の海洋と陸地の比（海陸比）は7：3で，海洋は陸地の2倍以上の面積をもつ。地球上の海陸の分布は一様ではなく，北半球では約4割を陸が占めるのに対して南半球での陸地の割合は2割に満たない。陸地の平均標高（海面からの高さ）が約1kmであるのに対して海洋の平均深度は約4kmなので，陸と海の平均高度の差は約5kmとなる。太陽系内の惑星の中で，地球の表面高度の分布は際立った特徴をもつ。高度分布の詳細がわかっている惑星はすべて，平均高度付近の分布面積が最も多い（正規分布に近い）高度分布曲線をもつ。それに対して，地球は陸の平均高度と海の平均水深付近の2つの高度に分布面積のピークをもつ（図1.1右）。つまり，まとまった面積の高所と低所をもつ二段構えの形をしている。2つの段の高低差が5kmあることにより，大量に存在する液体の水が地球表面全体を覆いつくすことなく，高所が海面の上に顔を出して陸地になっている。なお，固体地球表面の最高地点はヒマラヤ山脈のエベレスト（チョモランマ）の8848m，最低地点はマリアナ海溝最深部の10900mである。最高・最低地点の標高差は約20kmに達し，地球半径の約1/300になる。

1.1.2　地球の重力とジオイド

　あらゆる物体の間には，互いに引き合う力である**万有引力**がはたらく。地球の質量をM，物体の質量をm，物体と地球の重心までの距離をR，万有引力定数をGとすると，地球の引力f_1は式(1.2)となる。

$$f_1 = \frac{GmM}{R^2} \tag{1.2}$$

　回転する物体には，**遠心力**がはたらく。物体の質量をm，回転の半径をr，回転の角速度をωとすると，遠心力f_2は式(1.3)となる。

$$f_2 = mr\omega^2 \tag{1.3}$$

　地球はその質量と大きさに応じた万有引力をもつ。一方，地軸を中心に自転している地球の表面では，緯度に応じた遠心力が発生する。万有引力と遠心力との合力が**重力**であり，その大きさは地表面で約9.8 m/s^{2}である。遠心力は，自転軸から最も遠い赤道上で最大となり，自転軸上の両極ではゼロとなる。一方，極半径は赤道半径よりも小さいので両極では地球中心までの距離が小さく，引力は高緯度ほどわずかに大きくなる

（図 1.2）。引力が最小で上向きにはたらく遠心力が一番大きな赤道上の重力と，引力が最大で遠心力がゼロの両極との重力の差は，約 0.05 m/s^2 すなわち約 0.5％に及ぶ。重力の方向を**鉛直**という。

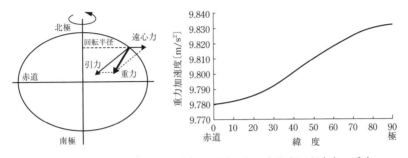

図 1.2　左：引力と遠心力と重力の関係，右：高緯度ほど大きい重力

　固体地球の形はほぼ回転楕円体とみなせるとはいえ，その表面には最大で 20 km に及ぶ地形的な凹凸がある。局所的な凹凸に左右されずに地球の形をより本質的に理解する方法として，平均海面と等しい重力ポテンシャルをもつ面である**ジオイド**が用いられる（図 1.3）。ジオイドは，海域では潮汐や経年変化の観測値に基づく平均海面となる。陸域では，概念的には，縦横に掘削した深い水路に海水を導き入れた場合にできる水面を連ねた閉曲面である。実際のジオイドは，地球を周回する人工衛星の高度と水準測量の実測値を利用して求められる。高空を高速で慣性飛行する人工衛星の軌道は，地球楕円体の形状にしたがう。一方，平均海面との高度差を実測する水準測量で得られる各地の**標高**は，ジオイド面からの高さである。したがって，人工衛星の軌道から算出される高度（楕円体高）から標高を差し引くと，地球楕円体からのジオイドの高さとなる。地球上のジオイド高は，最大でニューギニア付近の約 ＋80 m，最小でインド洋付近の約 －100 m である。日本付近では約 ＋20 〜 ＋40 m となっている。固体地球表面の凹凸が 20 km に及ぶのに比べて，ジオイドの凹凸は 200 m 程度であり 1/100 程度にすぎない。地球全体のジオイドの形はジャガイモにたとえられることもあるが，高度の差を大きく誇張した形であることに注意したい。

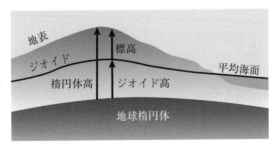

図 1.3　ジオイドと地球楕円体と地表との関係

1.1.3　重　力　異　常

　地球上の重力は，基本的には観測地点の緯度と標高で決定される。固体地球の形を地球楕円体とみなして計算した重力を**標準重力**という。重力の測定地点の高度が高いと，地球の重心との距離が大きくなるので測定値は標準重力より小さくなる。このとき，測定地点とジオイド面との間に何も物質がないと仮定して，ジオイド面上での値に補正する操作を**フリーエア補正**という。地下の物質が平均的な密度をもつと仮定して，測定地点付近の凹凸に起因する重力を補正する操作を**地形補正**という。さらに，凹凸をならした仮定の地表面とジオイド面との間に存在する物質が平均的な密度をもつと仮定して補正する操作を**ブーゲー補正**という。これら3段階の操作をして得られた補正値と標準重力との差を**ブーゲー異常**という。ブーゲー異常は，測定地点の地下に平均的な密度の物質が存在すると仮定して計算した値と実際の重力とのちがいである。したがって，地下に高密度の物質がある場合は正の異常を，低密度の物質がある場合は負の異常を示す。たとえば，正のブーゲー異常ならば高密度の金属資源の存在など，負のブーゲー異常ならば低密度の物質で満たされた陥没構造の存在などが予想される。

1.1.4　地球の磁気

　地球上で自由な姿勢をとれる棒磁石のN極はほぼ北を指す。このように方位磁針が成り立つのは，地球が地軸に調和的で安定した磁場をもつためである。地球の内部には，地軸に沿って巨大な棒磁石をはめ込んだような磁場(**双極子磁場**)が存在する(図1.4左)。磁気双極子のS極側は北極付近の地下に，N極側は南極付近の地下に存在し，それぞれ**磁北極**，**磁南極**とよばれる。二十数億年前に出現した地球の磁場は，外核にある液体状態の金属の流動が原因と考えられているが，詳細は現在も研究中である。

　地磁気の強さを**全磁力**とよび，その水平成分を**水平分力**，鉛直成分を**鉛直分力**という。水平分力と真北とのなす角を**偏角**とよび，水平分力が西にそれる場合を**西偏**，その

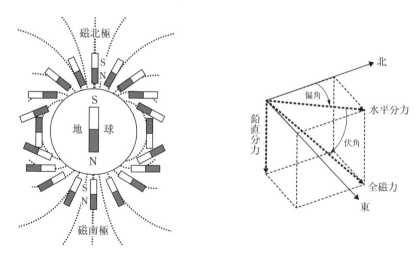

図 1.4　地球の磁場
左：現在の地球の磁場は北極側内部にS極，南極側内部にN極をもつ双極子磁場。
右：地球磁場は偏角，伏角，全磁力の3要素で記述できる。

逆を**東偏**という。地磁気の向きと水平面のなす角を**伏角**という。伏角が 90° になる地点が磁極だが，磁極と北極・南極の位置は一致しない。赤道付近では伏角は 0° となる（図1.4 右）。

　地磁気は二十数億年間，地軸に調和的な双極子磁場として継続して存在してきたが，地磁気の極性が反転する現象（地磁気の反転）は数多く起きてきた。地磁気の向きが現在と一致する北極側に S 極がある状態を**正**といい，反対の状態を**逆**という。それぞれが卓越する期間を**磁極期**とよぶ。地磁気の反転は平均すると数十万年に 1 回だが，数万年間隔のこともあれば 1000 万年以上にわたって起きないこともあり，規則性がない。こうした地磁気の反転は地球全体で同時に起こる現象である。過去の地磁気の反転パターンは各地で詳細に調べられ，20 億年以上にわたる反転の経過が明らかにされている。そのため，初めて調べる場所に地磁気の反転パターンを記録した岩石や地層が累積していれば，あたかも白黒バーコードによって商品を識別するかのように，その地層や岩石が形成された時期を特定することが可能となる。このようにして理解される地質学的な年代を**古地磁気年代**という。たとえば，地質学的に最も新しい時代である第四紀の 258万年間は，78 万年前を境界として，それ以前を**松山逆磁極期**，以降を**ブルンヌ正磁極期**とよぶ（図 1.5）。この 78 万年前の地磁気逆転は，2020 年に国際機関で決定された地質時代「チバニアン」が始まる時点である。

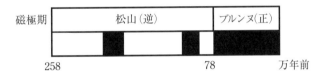

図 1.5　第四紀の地球磁場の正逆反転（黒が正磁極，白が逆磁極）および磁極期

　地磁気は，基本的には地軸に沿った双極子磁場だが，詳しく見るとその向きや大きさはさまざまな周期や振幅で変化する。たとえば，伊能忠敬が正確な日本地図「大日本沿海輿地全図」を作成した 19 世紀初頭の日本付近の偏角は，ほぼ 0° であった。現在の日本付近の偏角は西偏している（九州では約 5°，北海道では約 10°）。こうした地磁気の長年にわたる変化を**永年変化**という（図 1.6）。地磁気には 1 日周期の変化（日変化）もあり，上空の電離層の変化に起因すると考えられている。

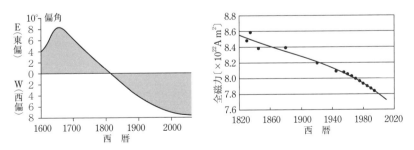

図 1.6　茨城県柿岡における地磁気の永年変化（左：偏角，右：全磁力，
気象庁柿岡地磁気観測所のデータをもとに作成。）

1.2　固体地球内部の基本構造

1.2.1　2つの視点による層状構造の区分

　固体地球の内部は層状の構造をしており，金属の鉄とニッケルを主体とする中心核と，その周囲を取り囲む岩石の層に大別される。中心核の金属のほうが，その周囲の岩石よりも密度が大きいことから，「重いものが沈んで軽いものが浮く」という密度による成層構造をしていることがわかる。固体地球内部の成層構造は2つの視点から区分される。ひとつは「ものは何か」，つまり化学的な視点からの区分であり，もうひとつは「どう動くか」，つまり力学的な視点からの区分である（表1.1）。

表1.1　固体地球の層状構造各部の特徴

化学的区分＝ものは何か				両者の関係	力学的区分＝どう動くか			
名　称		下端深度〔km〕	特　徴		名　称	下端深度〔km〕	特　徴	
地殻	大陸地殻	数十	軽い岩石（比重3未満）	地殻のすべて＋マントルの最上部＝リソスフェア	リソスフェア	約100	高い剛性をもち一体として動く	
	海洋地殻	数	やや軽い岩石（比重約3）					
マントル	上部マントル	660	やや重い岩石（比重3以上）	上部マントルの多く＝アセノスフェア	アセノスフェア	数百	部分溶融により流動的に動く	
	下部マントル	2900	重い岩石（比重4〜5）	マントルの大部分＝メソスフェア	メソスフェア	2900	剛性が高いが数億年単位では「対流」している	
核		6370	金属のFe, Ni		外　核	5100	液体（比重11前後）	
					内　核	6370	固体（比重13前後）	

1.2.2　化学的視点から見た層状構造

　化学的視点では，固体地球の内部は地殻，マントル，核の3層に区分できる（表1.1，図1.7下）。

　地殻は，固体地球の最表層に存在する軽い岩石からできた層である。化学的区分における層の中では最も薄い。大陸地域での地殻の厚さは数十kmあるのに対して，海洋では数kmに過ぎない。**大陸地殻**は密度が3 g/cm^{3}に満たない軽い岩石（花こう岩類）を主体とする。一方，**海洋地殻**は密度が3 g/cm^{3}程度の大陸地殻より少し重い岩石（玄武岩類）から構成される。地殻を構成する主要な元素とその構成率は，酸素（46%），ケイ素（27%），アルミニウム（8%），鉄（6%）などである。地殻の底部，マントルとの境界面を**モホロビチッチ（モホ）不連続面**という。

　マントルは，地殻の下から深度2900 kmまでの広大な領域に存在し，固体地球の体積の約5/6を占める。密度は深度とともに増えるが最上部でも3 g/cm^{3}を超えており，海洋地殻よりも大きい。深度約660 kmを境界としてそれより上の**上部マントル**と，下の**下部マントル**に大別される。この両者の化学組成はほぼ同じだが鉱物組成が異なり，下部ではより高い圧力で安定な密度の高い鉱物から構成される。上部マントルの平均密度が約3.7 g/cm^{3}に対して，下部マントルの平均密度は約4.8 g/cm^{3}である。主要構成元素とその構成率は，酸素（45%），マグネシウム（23%），ケイ素（22%），鉄（6%）など

である。マントルの底部，核との境界面を**グーテンベルク不連続面**という。

核は地球の中心部に存在する物質で，鉄を主としニッケルやケイ素などを含む。固体地球の中での体積分率は約 1/6 に過ぎないものの，密度が大きいために質量分率では約 1/3 となる。深度 5100 km を境に，その外側の**外核**と内側の**内核**に二分される。外核は液体であり，核の大部分を占める。内核は固体であり，核の体積の約 1/20 を占めるに過ぎない。外核と内核との境界面を**レーマン面**という。

地下を掘削して直接試料を取得できる深さはたかだか十数 km までであり，モホ面にも達しない。にもかかわらず地球深部の物質について一定の理解が得られているのは，地震波の解析を主とした地球物理学的な観測手法に加えて，宇宙から飛来する隕石によるところが大きい。隕石の中には小惑星が破壊されたかけらがあり，惑星内部の物質に関する貴重な情報をもたらしてくれる。たとえば，岩石質の隕石(石質隕石)の一部はマントルの，金属質の隕石(隕鉄)は核の構成物質を推定する際の重要な手がかりとなる。わが国の南極観測隊は，南極大陸の氷河上で多数の隕石試料を発見・採取しており，日本は世界有数の隕石試料保有国である。

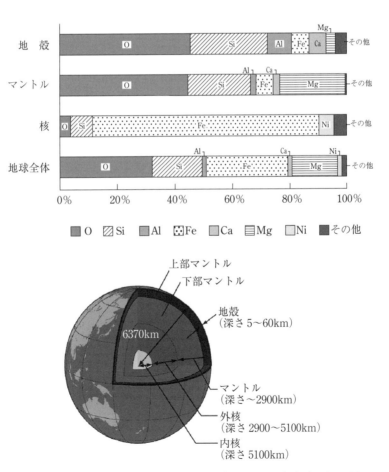

図 1.7　固体地球の化学組成(上)と層状構造(下，出典：気象庁，http://www.data.jma.go.jp/svd/eqev/data/jishin/about_eq.html を一部修正)

1.2.3　力学的視点から見た層状構造

　化学的視点からの区分のうち，地殻とマントルをあわせた領域は，力学的な視点に基づいてリソスフェア，アセノスフェア，メソスフェアの3層に大別される（表1.1）。

　リソスフェアは，地殻の全体とマントルの最上部からなる。この領域を構成するいくつかの種類の岩石が力学的に一体となり，力が加わっても変形しづらい剛性の高い岩盤（岩板ともいう）としてふるまう。リソスフェアの厚さは平均的には約100 kmであり，大陸でやや厚く海洋ではやや薄い。できたばかりの海洋地殻をもつ中央海嶺の近くでは特に薄い。地殻の厚さは海陸で大きく異なり，大陸で厚く海洋で薄い。そのため，リソスフェアに占める地殻の割合は，大陸地域では半分近くに達するのに対して，海洋では数％に過ぎない。リソスフェアの底部は約1000℃の等温面と一致する。「リソスフェア＝地殻」ではないことに注意したい。

　アセノスフェアは，リソスフェアの下位のマントル上部に存在する。マントル内では深度とともに密度が大きくなるため，一般には地震波速度も増加する。ところが，深度約100 kmから約250 kmの領域では，深部ほど地震波速度が小さくなり，**地震波低速度層**とよばれる。この深度領域の岩石の一部が融解して部分溶融状態にあるため，剛性が低下して地震波の伝播速度が小さくなると考えられている。溶融はごく一部（おそらくは数％）に過ぎないので，その領域全体としては固体として扱えるが，数千年を超えるような長期にわたる挙動を見ると流動的にふるまう。

　メソスフェアは，アセノスフェアの下位，下部マントル全体を占める領域である。アセノスフェアと異なり，溶融していないために高い剛性をもつ固体である。けれども，数億年単位の超長期の挙動を考えるときには流動性を示すことに注意したい。

1.2.4　アイソスタシー

　アイソスタシーとは，地殻均衡ともいわれる。固体地球の表層付近において，軽い岩石が重い岩石の上に浮力の原理により浮かんでいるとする考え方である。固体地球表面において，海洋は高度が低く大陸は高度が高い。両者の平均高度の差は約5 kmある（1.1.1項参照）。一方，海洋地殻の厚さは数kmと薄いのに対して，大陸地殻は数十kmと数倍以上の厚さをもつ。もしも地殻が水平な表面をもつマントルの上に単純に張りついているのであれば，大陸地殻と海洋地殻の厚さの差は，平均高度の差（数km）になるはずである。ところが，実際の地殻の厚さの差は数十kmに達し，地表面高度の差より1桁大きい。この状況は，水中にそれよりわずかに密度の小さい氷が浮かんでいる様子とよく似ている。水に浮かぶ氷は水よりも10％ほど密度が小さいため，その体積の約1/10が水面上に突き出している。水に浮かんでいる2つの氷塊の水面上の高さがわずかにちがうとすると，それらの氷塊の水中部分の深さは大きく異なるはずである（図1.8左のA）。

　さまざまな手法による地下構造の調査の結果，地殻と上部マントルの両者，すなわちリソスフェア部分は，流動性をもつアセノスフェアの上に「浮いている」状態であると考えられている。高度の高い地域は，地形の高さの数倍以上の深さでリソスフェアの底部が，アセノスフェアの中に沈み込んでいる。つまり，リソスフェアとアセノスフェア

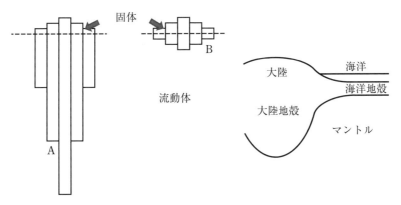

図 1.8 アイソスタシー
左：表面の形が同じでも，浮いている固体の密度が下にある流動体の90％（A：地球に近い）の場合と50％（B）の場合では流動体中の「根」の深さがまったくちがう。
右：密度の小さい岩石でできている大陸地殻はマントル中に深く根を下ろしている。

との間に，アルキメデス（浮力）の原理が成立している。ただし，アセノスフェアは水と異なりその流動性はきわめて低いので，運動の速度が遅い。したがって，リソスフェアの厚さや質量が変化した場合，水であれば短時間で浮力のバランスを回復するのに対して，地球では数千年以上の長時間をかけて浮沈してバランスを回復していく。

　リソスフェアの質量変化により，浮力のバランスを取り戻すために地表面高度が変化する例として，氷河の成長や縮小にともなう大陸の地表面の昇降がある。約2万年前をピークとする寒冷期には，北欧や北米大陸北部に広大な大陸氷河が成長していた。大陸氷河は面積が大きいだけでなく，その厚さも1000 m前後に達する。大陸地殻の岩石の密度が3 g/cm^{3}弱であるのに対して，氷河の密度は1 g/cm^{3}弱なので約1/3程度である。したがって，広範囲に氷河が成長した大陸では，地殻に300 m程度の厚さの岩石に相当する荷重が加わる。そのためリソスフェアは増えた質量に見合う分だけ沈降し，大陸地殻の地表面は沈下する。ただしこの際，地表面は厚い氷河の下にあるので見ることはできない。大陸上の氷河は数万年にわたって存在したため，ゆっくりと進行したであろう沈降運動も均衡に達したと考えられる。その後，1万2000年前から始まった地球全体の急激な温暖化により，北半球の大陸氷河は急速に縮小した。その結果，岩石の厚さに換算して何百mもの氷河の消滅により，軽くなった大陸のリソスフェアは浮力バランスを取り戻すためにゆっくりと浮上した。このような氷河消滅後の地殻の上昇は，1万年以上が経過した現在でもまだ完全には終わっていない。

1.2.5　固体地球内部のさまざまな性質
　固体地球内部の温度や圧力をはじめとする諸性質の深度方向の変化も，固体地球の基本的な特徴として重要である（図1.9）。
• 温度：全球表面の平均温度は約15℃で，地球中心の5000〜6000℃前後まで深度と

ともに単調に増加する。その間，アセノスフェア内で約1000℃，深度660kmの上部・下部マントル境界では2000℃前後，深度2900kmの核・マントル境界では3000℃前後になると推定されている。地球深部の温度は，ほかの指標と比べて推定の誤差が大きく，推定値の上限と下限で20%近いちがいがある。

• 密度：深度とともに増加するが，層状構造の境界部で急増する段階的な変化を示す。地表付近の岩石は$3\,\mathrm{g/cm^3}$程度だが深度とともに増加し，深度660kmの上下部マントル境界で$4\,\mathrm{g/cm^3}$を超える。下部マントル内で深度とともに$5\,\mathrm{g/cm^3}$以上まで増加した後，鉄とニッケルからなる外核に入ると$10\,\mathrm{g/cm^3}$に倍増する。内核と外核の境界でも急増し，中心付近では約$13\,\mathrm{g/cm^3}$となる。マントル内部の特定の深度で密度が急増するのは，圧力の上昇にともなって結晶がより緻密な構造に変化するためである。

• 圧力：地表面の$1\times10^5\,\mathrm{Pa}$から中心の約$3.6\times10^{11}\,\mathrm{Pa}$すなわち360万気圧に向けて深度とともに単調に増加する。この間，マントル下部で100万気圧に達する。地殻内部に限れば，静水圧の3倍程度，つまり深さ1kmにつき300気圧程度の割合で深部に向けて圧力が増加する。

• 地震波速度：縦波のP波は固体地球内部の全体を伝播するが，横波のS波は液体の外核では伝播しない。マントル内ではP波・S波ともに，低速度層以外では，深度とともに速度が増加する。外核ではP波速度は深度とともに増加する。内核では，P波・S波ともに深度による速度の差はほとんどない。P波・S波ともに核内よりもマントル内での伝播速度の方が大きい。

• 重力：重力の深度変化はユニークである。地表面で$9.8\,\mathrm{m/s^2}$の重力加速度はマントル内では深度によらずほぼ同じで，核・マントル境界付近で$10\,\mathrm{m/s^2}$の極大に達する。核内に入ると単調に減少し，あらゆる方向へ引き寄せられる地球の中心では$0\,\mathrm{m/s^2}$となることに注意したい。

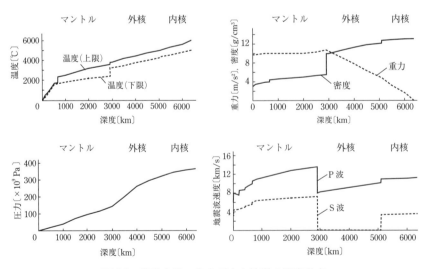

図 1.9　地球内部のさまざまな性質の深度分布
左上：温度(上限と下限)，右上：密度と重力，左下：圧力，右下：地震波速度

1.2.6 固体地球の熱的構造

地球内部から発する熱は，地球の形成時やその後に地球の内部構造が大きく変化した際に発した熱が閉じ込められたものと，岩石中に含まれる放射性元素の崩壊熱として発生する熱に大別できる。量的にみると地球形成時に閉じ込められた熱が主であり，放射性元素に起因する熱の発生量はそれよりも1桁少ない。大局的には，地球は46億年前の形成時にもっていた熱を徐々に放熱しながら，現在でも約5000～6000℃の中心温度を保持しているといえる。

太陽系が形成される過程で，ほかの惑星と同様に，地球も無数の隕石や微惑星が衝突・合体して成長した。その際，高速で衝突した天体がもっていた運動エネルギーは熱エネルギーに変換され，その一部は現在よりはるかに高濃度の大気による強大な温室効果により地球の内部に保持された。一方，形成直後は乱雑だった内部構造は，地球内部が温度上昇して流動性が高まると，重い金属が中心に落ち込むとともに軽い岩石が浅層に浮上して密度に対応した成層構造へと転換した。この過程で，浅部にあった重い物質がもっていた位置エネルギーが落下運動を通じて熱エネルギーに転換された。

岩石中に微量ながら含まれている放射性元素から常時発生する崩壊熱も，固体地球の熱源である。崩壊熱を発する元素は ^{238}U と ^{232}Th が主であり，^{40}K からも一定の寄与がある。これらの放射性元素の半減期は数十億年またはそれ以上に及ぶため，地球史的時間で発熱を続けてきた。これらの元素は花こう岩類に含まれることが多く，その濃度は ppm (10^{-6}) オーダーである。鉄隕石中の含有量はごくわずかなので，地球の核からの崩壊熱の発生は少ないと考えられる。

こうした熱は伝導や対流により地球の深部から浅層や表面へと運ばれ，最終的には宇宙空間へ放射される。この熱の流れのうち，地表面直下の熱の流れを**地殻熱流量**という。地殻熱流量は地震や火山の活発な地域，つまり地殻変動の激しい地域では大きく，大陸の内部などの地質的に安定した地域ではそれよりも1桁少ない。古い安定した大陸で測定される地殻熱流量は，大陸地殻に多い花こう岩類に含まれる放射性元素の崩壊で発生する熱を主とすると考えられている。

地殻熱流量は，地下に向けて掘削した孔の内部の温度分布を調べることで観測できる。掘削孔内部の鉛直方向の温度上昇率を**地下増温率**とよぶ。日本国内の深度1000m程度までの地下増温率は，多くの地域で3℃/100m程度である。最近では火山から離れた地域でも掘削孔から温泉をくみ出すことが増えている。年平均気温が15℃の場所で掘削した井戸が前述の地温勾配をもつならば，地下1000mの掘削により45℃の温泉水を取得することが期待できる。

基本事項の確認

① 固体地球は，半径約（　　　）km の球体で，その全周は約（　　　）km である。正確には，（　　　）を回転軸とする，扁平率が約1/（　　　）の回転楕円体である。

② 地球全体の海陸比は（　　　）:（　　　）だが，（　　　）の面積は北半球に偏っている。陸地の平均標高は約（　　　）km で，海洋の平均水深は約（　　　）km である。

③ 地球上の重力は，（　　　）と（　　　）の合力である。（　　　）半径よりも（　　　）半径が小

さいので高緯度ほど（　　）が大きく（　　）が小さくなるため，（　　）が増す。

④ 平均海面と同じ（　　）ポテンシャルの地点を連ねた面を（　　）とよび，水準測量で得られる標高とは（　　）からの高さである。

⑤ ジオイドに最も近い回転楕円体を（　　）とよび，ジオイドと（　　）の差は最大で約（　　）m である。

⑥ 地球磁場は，北極に（　　）極をもつ（　　）磁場とみなせる。地磁気は 3 つの要素（　　）と（　　）と（　　）で記述することが一般的である。数万〜数百万年ごとに極性が入れ替わる（　　）現象を起こし，現在と同じ極性の期間を（　　）磁極期，反対の期間を（　　）磁極期という。

⑦ 固体地球の層状構造を化学的視点で見ると，地球表面より，軽い岩石からなる（　　），重い岩石からなる（　　）および金属からなる（　　）に三分される。

⑧ 固体地球内部の岩石部分の層状構造を力学的観視点から見ると，地球表面より，高い剛性をもつ（　　），（　　）により流動性をもつ（　　），その下の高い剛性をもつ（　　）に三分される。

⑨ 地殻の全体を含む固体地球表層付近の岩盤が，それよりも重くて流動性のある領域の上に（　　）の原理により浮かんでいるとする考え方を（　　）という。浮かんでいる物質と流動体との（　　）差は小さいので，固体地球表面の凹凸よりも，浮いている岩盤の（　　）面の凹凸の方がはるかに大きい。

⑩ 人間が直接掘削できるのは（　　）内部に限られるが，（　　）学的手法や（　　）からの知見によりマントルや核の物質についての理解も進んでいる。

演習問題

(1) 地球が球体でその周長が 4 万 km とした場合の同一経線上の緯度 1° 分の距離を算出し，実際の地球上の同一経線上の緯度 1° 分の距離について説明せよ。

(2) 地表面，地球楕円体，ジオイド，平均海面，標高の間の関係を説明せよ。

(3) 地球磁場の反転した直近の時期，その時点以降の地質時代の名前，その名前の決定に際して詳細な研究がなされた場所を記せ。

(4) 地殻，マントル，核それぞれの地球全体に対する体積百分率と質量百分率を算出せよ。ただし，地球の平均密度を $5.5\,\mathrm{g/cm^3}$，地殻の平均密度を $2.7\,\mathrm{g/cm^3}$，マントルの平均密度を $4.5\,\mathrm{g/cm^3}$，核の平均密度を $12.0\,\mathrm{g/cm^3}$，地球の平均半径を 6370 km，地殻の平均の厚さを 15 km，核・マントル境界の深度を 2900 km とする。

(5) 最終氷期に厚さ 1000 m の大陸氷河で覆われていたスカンジナビア半島の地表面は，氷河の融解消滅後に何 m 隆起したと考えられるか算出せよ。ただし，氷河の密度を $0.9\,\mathrm{g/cm^3}$，地殻の密度を $2.7\,\mathrm{g/cm^3}$，マントルの密度を $3.0\,\mathrm{g/cm^3}$ とする。

2 固体地球内部の運動——
プレートテクトニクスとプルームテクトニクス

　固体地球の内部では，さまざまな規模・様式・速度をもつ運動が見られる。地殻変動は，地層や岩石が形や位置を変える運動である。プレートテクトニクスは，マントルの最上部と地殻が一体となり，固体地球の表面を水平方向に移動する運動である。地球上の海陸配置や地震・火山活動の分布などと深く関係する，固体地球で最も重要な運動である。プルームテクトニクスは，固体地球の主体であるマントルが，きわめて緩慢ではあるがその全領域にわたって行っていると考えられる対流運動である。本章では，プレートテクトニクスを主とし，プルームテクトニクスについても見ていこう。地球の内部で続いてきた，日常感覚からかけ離れた巨大で長大な運動である。

2.1 固体地球内部のさまざまな運動

2.1.1 固体地球内部の運動の特徴

　前章で見たように，固体地球の内部には外核のように液体の領域も存在するが，その大部分は固体からできている。しかし厳密に見ると，固体とみなす岩石の中には，その一部が溶融状態のものも存在する。そうした部分溶融状態の岩石は剛性が低下するので，長時間にわたり大きな力を受け続けると変形したり移動したりできる。さらに，全く溶融していないマントルの主要部分においても，たとえば数億年単位の超長期の時間で観察すると，特定の様式の緩慢な運動が存在することがわかってきた。固体であるにもかかわらず，きわめてゆっくりと変形する流動体としてふるまっていることになる。対象とする時間を大きくするにしたがって，それまで固体であるとみなしていた物質の中に，流動体としての特徴が見えてくることに注意したい。

2.1.2 大規模かつ長期にわたる対流運動

　地球の中心部は，5000℃以上に達する高温状態であるのに対して，現在の固体地球の表面温度は15℃である。過去の表面温度を見ると，46億年前に誕生したのち，数億年を経て海洋が形成されて以降，海水のすべてが沸騰蒸発した事実は認められない。つまり，過去40億年近くの間，地球の表面はそれぞれの時点での大気圧における水の沸点よりも低い温度を維持してきた。したがって地球は，主としてその形成時に獲得して深部に蓄えた熱を，水の沸点に達しない低温度の固体地球表面を通じてゆっくりと宇宙空間に放出してきたといえる。熱の移動方法には，直接接触による伝導，電磁波を周囲に放出する放射，重力場における物質の移動をともなう対流の3つの様式がある。固体地球の内部は地球の重力場なので，岩石がわずかでも流動性をもっていれば，ゆっくりとした対流運動を生じる可能性がある。

　実際の固体地球内部には，以下に述べる2つの主要な運動，プレートテクトニクスとプルームテクトニクスが見られるが，これらはいずれも対流現象の一種である。つまり，これら2つの運動は，深部で加熱されて膨張し密度が小さくなった物質が浮力を得て上昇するとともに，表面付近で冷却されて収縮し密度が大きくなった物質が深部に沈降する運動である。

2.2　プレートテクトニクス

2.2.1　プレートテクトニクスの概要

　プレートテクトニクスとは，固体地球の表面付近を覆う岩盤が十数枚に分割されており（図2.1），それらの岩盤がいくつかの様式にしたがって相互に運動していることについての理解の体系を指す。プレートテクトニクスによる岩盤の相互運動が，地震，火山，地殻変動などさまざまな地学現象の原因であると考えられている。一体となって運動する岩盤は**プレート**（岩板）とよばれ，厚さは 100 km 前後で，地殻のすべてと最上部マントルから構成される。地球上で起こる大規模な地震や火山噴火の分布を見ると，その大部分はプレートどうしの境界で発生している。また，大山脈や海溝など固体地球表面の顕著な地形的特徴もプレートどうしの境界に沿って分布する。

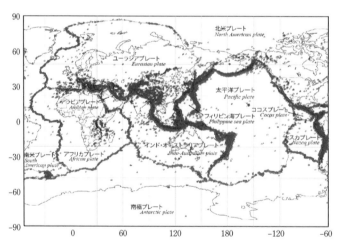

図2.1　地球上の主なプレートと地震の分布
〔出典：気象庁，http://www.data.jma.go.jp/svd/eqev/data/jishin/about_eq.html〕

　地球最大の地形区分である海洋と大陸に対応して，大陸部分のプレートを**大陸プレート**，海洋部分のプレートを**海洋プレート**という。1枚のプレートのすべてが海洋または大陸のみで構成されることもあるが，多くの場合，1枚のプレートは大陸プレートと海洋プレートの両方で構成される（表2.1）。

　プレートは，力学的観点から固体地球の層状構造を区分する際のリソスフェアに相当する。地殻はプレートの上部を構成する一部であり，「地殻≠プレート」であることに注意したい。

表 2.1　主要なプレートの特徴

プレートの名称	地理的位置	海陸構成	およその規模（比率）
ユーラシア	ユーラシア大陸主要部とバレンツ海・北大西洋の一部と南シナ海ほか	陸が主体	1.5 万 km ×最大 6000 km（9%）
北アメリカ	北米大陸・ユーラシア大陸東端と北大西洋西部・北極海ほか	陸が主体	1.4 万 km ×最大 7000 km（11%）
南アメリカ	南米大陸と南大西洋西部	陸が過半	7000 km 四方（10%）
太平洋	太平洋主要部	海のみ	1.2 万 km 四方（24%）
ココス	太平洋の中米沖	海のみ	3000 km × 1000 km（1%）
ナスカ	太平洋の南米沖	海のみ	4000 km 四方（2%）
カリブ	カリブ海と大小アンティル諸島と中米	海が主体	4000 km × 1000 km（1%）
アフリカ	アフリカ大陸と中南部大西洋の東部	陸が過半	1 万 km × 8000 km（16%）
南極	南極大陸と南極海	海が主体	1.4 万 km ×最大 7000 km（11%）
アラビア	アラビア半島	陸が主体	3000 km × 2000 km（1%）
インド	インド大陸とインド洋北部	海が過半	4000 km 四方（2%）
オーストラリア	オーストラリア大陸・ニューギニアとインド洋東部・南太平洋西部	海が主体	1.2 万 km ×最大 6000 km（8%）
フィリピン海	フィリピン海	海のみ	3000 km 四方（2%）
スコシア	南米と南極間	海のみ	2000 km × 1000 km（1%）
ファンデフカ	太平洋の北米北部沖	海のみ	2000 km × 1000 km（1%）

2.2.2　プレート相互の境界

　プレート相互の境界は，発散境界，収束境界，すれ違い境界の3種類に大別される。つまり，異なるプレートが接している境界は，この3種類のどれかに該当する（表 2.2）。

表 2.2　プレート境界の種類と特徴

プレート境界	発散（生産）境界	収束（消費）境界		すれ違い境界
		沈み込み帯	衝突帯	
地形的特徴	大洋中央海嶺	海　溝	大山脈	トランスフォーム断層
基本的プロセス	海洋プレートの生産	海洋プレートの消費	大陸プレートどうしの衝突	プレートどうしのすれ違い
相互作用の組合せ		海洋と大陸，海洋と海洋	大陸と大陸のみ	海洋と大陸の組合せすべて
地学現象　地震活動	やや活発	きわめて活発	活　発	活　発
地学現象　火山活動	活　発	活　発	なし	なし
地学現象　地殻変動	活　発	活　発	きわめて活発	活　発
代表事例	大西洋中央海嶺 東太平洋中央海嶺	日本海溝（海洋と大陸） 伊豆小笠原海溝（海洋と海洋）	ヒマラヤ山脈	サンアンドレアス断層

　プレート発散境界は，主として大洋底において新しい海のプレートがつくられる場所である。発散境界ではプレートが新たに生産されるので，プレート生産境界ともよばれる。大陸が割れ始めて活動を開始したばかりの発散境界は**大地溝帯**とよばれる。

　プレート収束境界は，となり合うプレートが互いに接近する境界である。収束境界ではプレートが固体地球表面から失われていくので，プレート消費境界ともよばれる。収

束境界には2つの様式，沈み込み帯と衝突帯がある。**沈み込み帯**は接近する2つのプレートの双方または片方が海洋プレートの場合であり，片方の海洋プレートが他方の大陸プレートまたは海洋プレートの下に沈み込んでいく。**衝突帯**は接近する2つのプレートが両方とも大陸プレートの場合である。大陸は密度の小さな岩石を主体としているため，密度の大きな岩石であるマントル中に沈み込むことができず，その結果，大陸どうしが衝突する。

　　プレートすれ違い境界では，プレートどうしが水平面内ですれ違い，**トランスフォーム断層**を形成する。すれ違い境界の多くは中央海嶺を寸断するように発達する。

2.2.3　プレート発散境界の特徴

　　プレート発散境界では，**大洋中央海嶺**から湧き出した新しい海洋プレートが，**海嶺**を線対称の軸としてその両側に次々と付け加わり拡大していく。このため，中央海嶺を**拡大軸**とよぶ。大洋中央海嶺は，常に海底にマグマを噴出しており，地球上のマグマの半分以上が噴出する。活発な火山活動を続ける大洋中央海嶺は，大洋底に延々と連なる海底火山の大山脈をつくる（図2.2左）。中央海嶺でのプレートのでき方は，拡大軸の地下からマグマが強力に押し上げてくるというよりも，左右に離れていく海洋プレートの地下にできる力学的制約のゆるい空間を，浮力により上昇してきたマグマが満たしていくという状況に近い。つまり，中央海嶺の地下におけるマグマの形成は能動的な過程ではなくて，拡大軸の両側の海洋プレートに引っ張られる結果として生じる受動的な運動であるとする考えが有力である（図2.2右）。

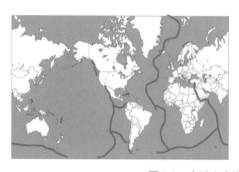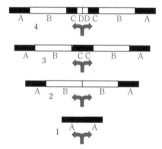

図 2.2　大洋中央海嶺

　左：大西洋中央海嶺と，東太平洋海嶺と南極をとりまく中央海嶺の2つが特に長大。

　右：中央海嶺では1→4の順にA→Dのプレートが生まれる。

　　中央海嶺の地下でできるマグマは，マントル物質であるかんらん岩が部分溶融するため玄武岩質である（5章で詳述）。そのマグマが固結して，海底付近では玄武岩，深部でははんれい岩からなる海洋地殻が形成される。玄武岩質の海洋地殻はかんらん岩質のマントルよりもやや密度が小さいが，玄武岩質マグマを生み出した領域のマントルは密度が大きくなるので，海洋プレート全体としての密度はマントルとほぼ同等となる。

　　大洋中央海嶺における海洋プレートの生産速度は**拡大速度**ともよばれ，年間数cmのことが多い。拡大速度は海嶺によってちがい，たとえば東太平洋海嶺は拡大速度が最大

級で10 cm/年なのに対して，大西洋中央海嶺の拡大速度はその半分にも満たない。プレートの底面はほぼ1000℃の等温面であり，それ以深のマントルが部分溶融して剛性が低下することでプレートが水平方向に運動することを容易にしている。マグマが固結したばかりの中央海嶺軸近傍では，温度が高く等温面は浅くなるので，海洋プレートの厚さは100 kmに満たない。一方，海嶺軸から離れるにしたがって冷却が進むために，海洋プレートは厚くなり，十分に離れた場所では100 kmを超える。

　中央海嶺の海底では，いくつかの特徴的な地学現象が見られる。噴出した玄武岩質溶岩は海水中で急冷されて俵が積み重なったような内部構造をもつ**枕状溶岩**を形成する。また，岩盤中に浸み込んだ海水は高温のマグマで加熱されさまざまな無機成分を溶かしこみ，高い水圧のもと300℃に達する高温の熱水となって海底に噴出する。こうした熱水噴出孔の近くでは，光合成ではなく化学合成によりエネルギーを獲得する生物を生態系の基盤とする，中央海嶺に特有の生物群集が発見されている。また，高温の熱水が海底に噴出する地点では，急激な温度低下により溶存成分が化学的過飽和となって沈殿を生じる。このようにして金属鉱物資源の濃集体(鉱床)が形成される場所が知られており，金属鉱物資源の形成様式のひとつと考えられている。

2.2.4 プレート収束境界の特徴

　固体地球は有限で不変な表面積を持つ球体なので，どこかで新たな表面が生まれたならば，それに相当する面積がどこかで消失しなければならない。地球表面からプレートが消える場が収束境界である。

　中央海嶺で生まれた海洋プレートは，時間の経過とともに徐々に冷却してその厚さが増加する。海嶺軸から離れるにつれてプレートの厚さが増加するとともに，海底面の水深は大きくなる。このことは，海洋プレートが時間の経過とともにアセノスフェアの最上部を同化しつつ厚く重くなり，流動性が大きな高温のアセノスフェアの中に沈んでいくためと理解できる。徐々に厚くなりながら水平方向に移動する海洋プレートは，別のプレートに接する境界に達すると，マントル内部に向かって沈み込みを始める。沈み込む相手のプレートは大陸プレートのこともあれば，別の海洋プレートの場合もある(図2.3)。沈み込む場所では，海洋プレートの上面(海底)が急激に深くなるので，相手のプレートとの間には溝状の深海(**海溝**)ができる。沈み込む海洋プレートが一定の深度(およそ100 km)に到達すると，海洋プレートの表層の海洋地殻に含まれる含水鉱物が脱水反応を起こす。それにより生じた水がマントルに供給されると，マントルの一部が溶融してマグマが発生する。発生したマグマは周囲のマントルよりも軽いために上昇する。

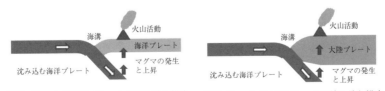

海洋プレートが海洋プレートに沈み込む場合　　海洋プレートが大陸プレートに沈み込む場合

図2.3　沈み込むプレートと沈み込まれるプレートについての2つの組合せ

マグマの発生の勢いが強いとマグマは地表に達して噴出し，火山となる。

　沈み込むプレートが中央海嶺で形成されてから十分な時間（たとえば1億年）経過している場合，冷却が進んだプレートは厚く重くなるため，沈み込みの速度と角度はともに大きくなる。逆に新しい場合，プレートはまだ暖かくて薄く軽いため，沈み込みの速度と角度はともに小さくなる。沈み込みの角度が大きいと，マントル内でマグマが発生する場は海溝に近くなるため，火山活動の起こる場所も海溝に近づく。逆に，沈み込みの角度が小さいと，火山活動の起こる場所は海溝から遠くなる（図2.4）。海溝から一定の距離を隔てて火山の分布が始まる線を**火山フロント**とよぶ（6章で詳述）。マントル内部に沈み込んだプレートを**スラブ**とよぶ。

図2.4　沈み込むプレートの新旧による沈み込み様式のちがい

　沈み込み帯では，地震活動も活発である。沈み込む海洋プレートと沈み込まれる側のプレートとの境界面付近には巨大な応力（歪み）が発生し，沈み込みの継続とともに増大する。これらの応力が岩盤の強度を上回って岩盤が一気に変位する（ずれる）と，その運動によって発生した振動が岩盤中を伝播し地震となる。

　海洋プレートどうしの沈み込みや，海洋プレートが大陸プレートに沈み込む場所の一部では，火山島が点々と弧状に分布する地形（**弧状列島**）が形成される。弧状列島は**島弧**ともよばれ，千島列島やアリューシャン列島などが典型例である。島弧は，多くの場合は大洋側に凸の形状を示す。これはピンポン玉を指で強く押したときと同じで，球体の表面の一部が凹む場合の境界線が円弧になることと同質の現象である。島弧と島弧の接合部は**島弧会合部**ともよばれ，その地下では海洋プレートが断裂していると考えられる。大陸プレートの下へ向かう沈み込みの場合，海溝に隣接して大陸の外縁が位置し，弧状列島が存在しないことも多い。南米大陸のアンデス山脈を典型例とするこのタイプの沈み込み帯は，**陸弧**とよばれる。

　互いに接近するプレートの両方に大陸地殻がのっている場合，2つの大陸の間に海洋プレートがある間は海洋プレートが沈み込む。しかし，海洋プレートが全部沈み込んでしまい，大陸地殻どうしが接触すると沈み込みは停止する。マントル物質よりも軽い大陸地殻は沈み込むことができないためである。そのため，大陸地殻どうしが接触して以降も両者が近づく運動が継続すると，大陸地殻をのせたプレートどうしがぶつかり合う**衝突帯**が形成される。衝突帯では，大陸地殻が水平方向に圧縮されて大山脈を形成する，さらに進んで2枚の大陸地殻が上下に重なって二重構造になるなど，激しい地殻変動が起こる（図2.5）。現在の地球上で最大の衝突帯は，インド大陸とユーラシア大陸が衝突しているヒマラヤ山脈である。この衝突帯は世界最高峰のヒマラヤ山脈になってい

る。またその背後には，厚い大陸地殻が二重構造になることで地殻が異常に厚くなった
世界最大の高原であるチベット高原が広がっている。

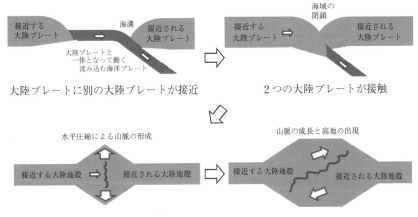

図2.5 大陸プレートどうしの収束の場である衝突帯の形成と成長

2.2.5 プレートすれ違い境界の特徴

球体である固体地球の表面を分割したプレートが相互に運動するためには，発散境界
と収束境界だけでなく，プレートどうしが水平方向にすれ違う境界が必要となることが
理論的にわかっている。中央海嶺では海嶺軸に直交するプレートの裂け目である**断裂帯**
が多数認められる。海嶺は断裂帯によって切れ切れになるが，断ち切られた中央海嶺ど
うしをつなぐ断裂帯の部分がすれ違い境界として運動している（図2.6）。

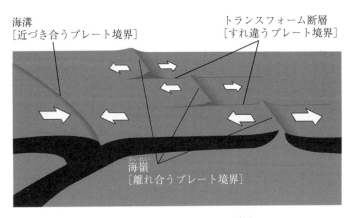

図2.6 トランスフォーム断層
中央海嶺を横切るトランスフォーム断層はそこだけが互いに逆向きに動く横ず
れ断層〔出典：地震調査研究推進本部，https://www.static.jishin.go.jp/resource/
figure/figure005039.jpg〕

岩盤が特定の不連続面を境に水平方向にずれる場合，通常は**横ずれ断層**とよばれる。
プレートどうしがすれ違う境界も横ずれ断層の一部であるが，断層の両端が必ずプレー
ト境界であるという特殊性をもつ。そのため，通常の横ずれ断層とは区別してトランス

フォーム断層とよばれている。これは横ずれ断層が中央海嶺に変換（トランスフォーム）する断層という意味である。北米大陸の西岸には全長が1000 kmを超える長大な横ずれ断層が存在し，巨大地震をくり返してきた。この断層はサンアンドレアス断層とよばれ，陸上に存在する最大規模のトランスフォーム断層である。

2.2.6　ホットスポットと海山列

　マントルの内部には何らかの原因で周囲よりも温度の高い場所があり，そこから高温のマントル物質が間欠的に上昇している。こうした場所を**ホットスポット**とよび，その場所はほとんど移動しないと考えられている。ホットスポットから上昇する高温物質により形成されたマグマが噴出すると，ホットスポット火山となる。地球上に存在する火山の大部分は中央海嶺または沈み込み帯に分布しており，それらはすべてプレートテクトニクスの営みの一部である。それに対して，ホットスポット火山は固体地球においてプレートテクトニクスの営みを原因としていない数少ない地学現象のひとつである。

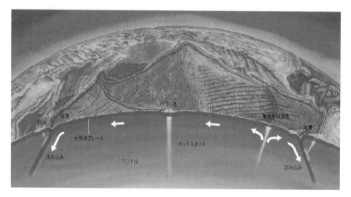

図2.7　ホットスポット火山であるハワイ島とそこを東端として北西に延びる海山列〔出典：地震調査研究推進本部, https://www.static.jishin.go.jp/resource/figure/figure005036.jpg〕

　ホットスポット火山が海底に噴出すると，噴出の規模と水深とのかね合いで，火山体の上部が海面に達すれば**火山島**になり，達しなければ**海山**になる。ホットスポット火山の活動は間欠的である一方，海洋プレートは常に一定の方向と速度で水平方向に移動している。このため，ホットスポット火山は最も新しい火山を端点として，プレートの移動方向に延びる直線上に年代順に配置される海山列を形成する。形成時に火山島であっても，その後の侵食と水深の増加により多くは海山へと姿を変えていく。こうした海山列を構成する火山の年代と海山列の方向から，海洋プレートの移動速度と方向およびそれらの変化を推定できる。

　ハワイ諸島はホットスポット火山の典型例であり，そこを端点として西北西に延びる火山列は太平洋プレートの運動方向を示す。ところが，約4000万年前に形成された雄略海山付近で配列方向が変化し，それよりも古い海山は北北西方向に配列している（図2.7）。同様の海山列の方向変化は，太平洋プレート上に存在するほかのホットスポットでも観察されることから，この時期に太平洋プレートの運動方向が変化した可能性が高

い。その時期にインド大陸とユーラシア大陸が衝突を始めており，両者の関連が注目されている。

アイスランドは中央海嶺とホットスポットの位置が重なったため，巨大なホットスポット火山と中央海嶺が島を形成している。そのため，中央海嶺が陸上で見られる珍しい場所となっている。大陸地殻の下にホットスポットが存在すると，厚い大陸地殻にはばまれて容易にマグマが噴出できず，大量にたまったマグマが一気に噴出してきわめて大規模な噴火を起こすことがある。米国の巨大なカルデラ火山であるイエローストーンは，このようにして形成された超巨大な火山であると考えられている。

2.2.7 ウィルソン・サイクル

プレートテクトニクスの営みの中で「大陸は沈まない」点は重要な特徴である。地球上のプレートがどのような運動をしても，大陸はマントル内部に沈むことができないので消えることがない。地球史を過去にさかのぼると，大陸地殻は徐々にまたは段階的に成長して現在の面積になったと考えられている。そうして大陸地殻は，プレートテクトニクスの営みの中で，固体地球表面上での位置や形を次々と変えてきた。

現在の地球上にはユーラシア大陸を筆頭に複数の大陸が分散して分布しているが，およそ2億年前にはすべての大陸が集合して，ひとつの巨大な大陸である**パンゲア**を形成していた。このように複数の大陸が集合した巨大な大陸は**超大陸**とよばれる。超大陸パンゲアは形成されてしばらくすると複数の大陸に分裂し，それぞれの大陸が別々の方向に移動をはじめ現在に至っている。この運動が今後も続く場合，将来の大陸配置はどうなるだろうか？ 地球は球体なので，別々の方向への運動が続くといつかは反対側で集合して再び超大陸を形成する可能性がある。過去のさまざまな記録に基づくと，実際に地球上の大陸は集まっては分裂する「離合集散」をくり返してきたことがわかっている。パンゲア以前にもいくつかの超大陸が存在したのである。地球で最大の周期をもつこの振動現象は，発見者の名を冠して**ウィルソン・サイクル**とよばれる。

大陸地殻がいったん形成されると消失することがないのに対して，海洋地殻は中央海嶺で生産されたのち，最長でも2億年程度でどこかの海溝に沈み込み，地球表面から消えていく。大陸には，約40億年前に地球表面が固化して以降のさまざまな年代の岩石が分布するのに対して，海洋地殻は最古のものでも2億年に過ぎないことに注意したい。

2.2.8 プレートテクトニクスの成立に至る歴史

20世紀初頭，ドイツの気候学者ウェゲナーは著書「大陸と海洋の起源」において，大陸が移動するとの考えを発表した。この**大陸移動説**の根拠として，以下が挙げられた。

① 大西洋両岸の海岸線の形の一致
② 大陸位置の復元による過去の氷河の分布の一致
③ 大陸位置の復元による渡海能力のない古生物の分布の一致
④ 大陸位置の復元による植物化石から推定される過去の気候分布の一致

　ウェゲナーはこれらを根拠に，古生代の終わり頃にひとつだった大陸が，その後に分裂し現在の大陸配置になったと主張した。しかし，当時の地球物理学の知見からは巨大な大陸を長距離移動させる仕事の原動力を説明できなかったため，有力な地質学者の一部の支持は得られたものの，科学界の主流からは認められることなく時が流れた。

　ところが，グリーンランドの調査中の事故でウェゲナーが亡くなってから20年ほど経た1950年代以降，大陸移動説は劇的な復活を遂げ始めた。大陸が移動することを示唆する新しい証拠が次々と見つかってきたのである。

⑤　過去の岩石の示す一見無秩序な地磁気の方向が，大陸の移動を考慮すると説明可能

⑥　大洋中央海嶺で認められた両側に対称的な地磁気の正逆パターンが，陸上で確認されていた古地磁気層序と一致

⑦　中央海嶺からの距離に比例して海洋地殻の年齢が増加

⑧　地震波観測により一定の深度領域に存在する流動性の高いアセノスフェアの確認

⑨　不動点における火山活動と考えられるホットスポット火山を端点とする火山列の年齢と距離との比例関係の認定

最終的には，

⑩　人工衛星データなどに基づく地球表面各所の移動速度と方向の観測（測地観測）結果により個々のプレートが認定

されるに至って，プレートの存在とそれらの相互運動に疑いの余地がなくなった。今日，ウェゲナーが主唱した大陸移動説を土台として築き上げられたプレートテクトニクスは，固体地球科学において多くの現象を体系的に説明できる理解の主柱となっている。

2.3　プルームテクトニクス

2.3.1　地震波トモグラフィによる固体地球内部の速度分布の推定

　トモグラフィとは**断層影像法**ともよばれ，試料を採取したり孔を掘ったりすることのできない物体の内部の構造を推定するための非破壊の調査手法である。対象とする物体の表面を取り囲むように信号源と検出器を配置し，さまざまな伝播経路で到達した信号を調べることで，対象の断面上での物性分布を推定する。トモグラフィは医療用のCTスキャンなどで実用化されているが，大規模な地震で発生する地震波を用いて固体地球全体の内部構造を推定する試みが**地震波トモグラフィ**である。

　地震波トモグラフィの結果，マントル内部の地震波速度は，深度や地域ごとに特徴的な不均質な分布を示すことがわかった。マントル内部の化学組成はほぼ均質であるが，深度による温度・圧力のちがいにより鉱物の種類が変化すると考えられている。そのため，同じ深度であれば同じ鉱物が分布していると考えられるので，地震波速度も同じであってよい。ところが観測の結果，同じ深度領域の地震波速度が同一ではないことが示された。圧力は深度との対応関係が明瞭なので，こうした地震波速度の不均質をもたらす原因は温度分布の不均質性である可能性が高い。

2.3.2 ホットプルームとコールドプルーム

地球深部の核とマントルの境界である深度2900 km付近の温度は3000℃前後と見積もられている。一方，プレートテクトニクスにより駆動される厚さ約100 kmのプレートの底部の温度は約1000℃である。固体地球の浅層のプレートテクトニクスの運動とマントル内部の温度分布をあわせて考えると，マントルの内部である種の対流運動が起きている可能性がある。地震波トモグラフィで得られた地震波速度分布の不均質性が温度のちがいによるものとすれば，低温の領域が，沈み込み帯の地下で冷たい海洋プレートが集積することで温度が低下したマントル物質が下降する（**コールドプルーム**）場所であり，高温の領域が下降運動の反動として核・マントル境界で加熱されて温度上昇したマントル物質が浮上する（**ホットプルーム**）場所であると考えると統一的に説明ができる。マントルの全体がこのような大規模な対流現象を行っているとする考え方を，**プルームテクトニクス**という（図2.8）。

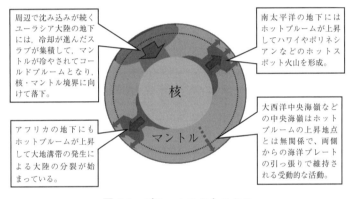

図2.8　プルームテクトニクス

完全な固体であるマントル物質が，流動体を前提とする対流運動をするという考え方に違和感をもたれる読者もおられることと思う。プルームテクトニクスによる運動速度はプレートテクトニクスよりもさらに遅く，固体のマントル物質のきわめてゆっくりした運動であることに注意したい。

固体地球内部の物質，とりわけマントルの挙動は，対象とする時間の長短により異なってくる。こうした扱いは地球科学に特有のものなので，整理すると理解しやすい（表2.3）。要するに，最表層のリソスフェアは常に剛体として扱うことができるが，アセノスフェアは地震波のような短周期の入力に対してのみ剛体として扱うことができ，マントルの主体をなすメソスフェアは基本的に剛体であるものの超長期のプルームテクトニクスのような運動を考える際には流動体として扱われることになる。

地球史全体をみると，現在の地球上では認められないきわめて大規模な火山活動が生じた時期がある。こうした超巨大な火山活動は，**スーパープルーム**とよばれる特に優勢なプルームの運動が固体地球の浅部に影響を及ぼして引き起こされた可能性が高い。そうした活動は，地球環境や生命進化にも重大な影響を与えたと考えられる。

表 2.3　対象とする時間に応じた固体地球内部の物質の挙動

			対象とする時間			
			短　期	中　期	長　期	超長期
			数秒～数時間	数百年～数万年	数万年～数億年	数億年～
			地震波伝播	アイソスタシー	プレートテクトニクス	プルームテクトニクス
挙動	液　体		外　核			
	固体	流動体		アセノスフェア	アセノスフェア	アセノスフェア メソスフェア
		剛　体	リソスフェア アセノスフェア メソスフェア	リソスフェア メソスフェア	リソスフェア メソスフェア	リソスフェア

基本事項の確認

① プレートとは固体地球の表面全体を覆う（　　）枚ほどの固い岩盤で，（　　）のすべてと（　　）の最上部からなる。その厚さは約（　　）km で，その底部は約（　　）℃の等温面と一致する。

② プレートは別名（　　）ともよばれ，その下には（　　）により高い（　　）をもつ（　　）が分布して水平移動するプレートの潤滑層としてはたらいている。

③ プレートテクトニクスにおける境界は，新しい（　　）プレートが生産される（　　）境界，プレートどうしが接近する（　　）境界，となり合うプレートどうしがずれ動く（　　）境界の3種に大別される。

④ プレート収束境界は，海洋プレートがマントル中に落ち込んでいく（　　）帯と，密度の小さな（　　）プレートどうしが出会うときの（　　）帯に大別される。

⑤ すれ違い境界は中央海嶺を寸断する形で現れることが多い。そこではプレートどうしが（　　）断層運動を行うが，隣接する中央海嶺に達すると断層運動は（　　）する。すれ違い境界に特徴的なこうした断層を（　　）断層という。

⑥ （　　）プレートは 40 億年間にわたる（　　）の成長過程で形成されたため非常に古い岩石を含むが，（　　）プレートは（　　）境界で次々と消滅していくため，その年齢は古くても（　　）年程度である。

⑦ プレートテクトニクスの確立に重要な役割を果たした（　　）説は，（　　）を軸として両側に対称的に広がる（　　）縞模様が，陸上の（　　）層序と一致すること，海洋地殻の年代が軸からの（　　）に比例して古くなることなどから確立した。

⑧ プレートテクトニクスが続くと，大陸は集合して（　　）になってから再び分裂して複数の大陸になる。こうした大陸の（　　）を（　　）・サイクルという。

⑨ 地震波を用いた（　　）技術により，地球内部の詳細な地震波（　　）構造が算出でき，それに基づいて地球内部の（　　）分布が推定できる。それにより，マントル内には，（　　）境界で加熱されて高温になり上昇する（　　）プルームと，沈み込んだ冷たい海洋プレートが集積して低温になり（　　）境界に向かって落ち込んでいく（　　）プルームが存在すると考えられる。

⑩ 上記⑨の考え方を（　　）という。この運動はプレートテクトニクスと連携して，地球の中心の約（　　）℃の高温を，（　　）により地表面に移動させる（　　）機関としてはたらいている。

演 習 問 題

(1) 地球全体をひとつの熱機関としてみた場合の，地球誕生以来の経過とプレートテクトニクスの意味を述べよ。

(2) ある海洋プレートの海嶺軸から海溝までの距離が 1 万 km で，その移動速度が年間 10 cm である場合，海溝付近の海洋プレートの年齢を算出せよ。

(3) 太平洋プレート上には複数のホットスポットがあるが，どのホットスポットもそこから西北西に向かう火山島または海山の列をともなう。その意味を述べよ。

(4) 上記(3)の海山列は現在のホットスポットから約 4000 km の地点で北北西に向きを変える。プレートの移動速度を年間 10 cm として，海山列の方向が変化した場所の年代を算出しその意味を述べよ。

(5) 地震波トモグラフィー技術により明らかにありつつあるマントル全体におよぶ運動の名前とその概要・意味を説明せよ。

3 地震と断層

　わが国に暮らしながら地震と無縁でいることはほぼ不可能といってよい。しかし世界を見渡せば，人々が地震を知らずに一生を過ごす地域の方がはるかに広い。火山も同様であり，地震や火山とともに生きていくことは，活動的なプレート境界の上に暮らすわれわれの宿命といえる。大きな地震が起きると地表面に直線的な段差が出現し，それによって地震が岩盤の中に発生する食い違いをともなう運動で引き起こされていることがわかる。本章ではまず，地震の発生原因や記述の方法，伝播する地震波の特徴，地震の直接の原因である断層についての基本的な性質を確認する。その上で，日本列島で発生する地震の特徴を整理し，地震災害の様相についても見ていく。われわれの命と財産を守る上で欠かせない知識を修得しよう。

3.1　地震の基本的特徴

3.1.1　地震の発生

　地震が発生する場所は，地球上の特定の地域に集中する。最も地震の多い地域は，海洋プレートが沈み込んでいる環太平洋地域である。そこで起きる地震は，地球上で発生する地震の約9割，放出エネルギーは99％に達する。環太平洋地域についで地震の多い地域が，プレート衝突境界のアルプス・ヒマラヤ地域である。そのほか大洋中央海嶺でも地震が起こる（図2.1）。

　地震とは岩盤の破壊現象である。剛性をもつ岩盤にプレート運動などによる外力が加わると，岩盤内部には応力（歪み）が発生する。地下のある場所における応力が，その場所における岩盤の強度を超えたときに，岩盤は力に耐え切れずに破壊される。身近な破壊現象では，たとえば硬い床に落としたコップは粉々に割れて飛び散る。しかし，地下の岩盤の破壊現象では，周囲はすべて岩盤で囲まれているので壊れた岩石の破片が飛び散ることはない。そのような場所での破壊は，割れ目に沿って岩盤がずれ動く運動となる。こうした位置の変化，すなわち変位をともなう割れ目のことを**断層**とよぶ。つまり，断層が急速に運動することで岩盤が振動し，それが周囲に伝播して地震となる。いったん形成された断層面は，再び周辺の応力が増加するとくり返し地震を起こす可能性が高い。まっさらな部分よりも割れ目が入った部分のほうが弱いからである。結果的に，観測される地震の多くは，既存の断層が再び活動することで発生している。

　外力をいなすことができる，つまり容易に変形する蜂蜜やジャムのような性質の領域では歪みが蓄積することがないために地震は起きない。岩石が「硬いけれども限界に達すると突然壊れる」性質，すなわち高い剛性をもつ領域はリソスフェアである。リソスフェア（プレート）自体の厚さはせいぜい100 km強であるが，地震の巣ともいえるプレートの沈み込み帯では，沈み込む海洋プレート（スラブ）と沈み込まれる側のプレートの2つがリソスフェアである。したがって，スラブ内での地震は，通常のリソスフェアと

比べてはるかに深い地下数百 km でも発生することがある。こうした地震の本質についての理解が確立したのは意外に新しく，第二次世界大戦後のことである。

3.1.2 震源と観測点

岩盤内部で地震が発生した場所，つまりその地震で活動した断層の存在場所が**震源**である。大規模な地震では活動する断層が大きな広がりをもつにも関わらず，震源は特定の一点とされる。その理由は，震源がその地震の破壊がはじまった点と定義されていることによる（図 3.1）。岩盤が破壊された領域全体を示す場合には**震源域**という。

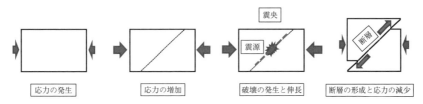

図 3.1 地震の発生。岩盤に力が加わり続けることで歪みが蓄積し，ついに断層運動＝地震が起こる。

震源の真上の地表を**震央**という。報道では震源地とされることが多い。震源と観測点との距離を**震源距離**，震央と観測点との距離を**震央距離**という。震源と地表面との距離を**震源の深さ**という（図 3.2）。震源の深さが 60 km 以内の地震を**浅発地震**，300 km 以上の地震を**深発地震**ということがあるが，境界震度については厳密な定義はない。

3 か所以上の観測点から震源距離を算出し，各観測点から震源距離を半径とする円を描くと，それらの共通弦の交点が震央となる。

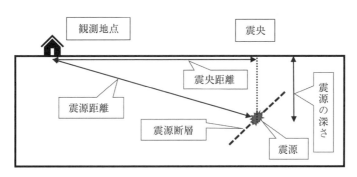

図 3.2 震源と観測地点に関わる用語

3.1.3 地震波の種類と特徴

震源で地震が発生すると岩盤の振動が地震波として周囲に伝播する。地震波は，P 波と S 波と表面波に大別される。

P 波は最初に（Ⓟrimary）到達する波で，波の振動方向が進行方向と同じ縦波（疎密波）である（図 3.3 左）。そのため，P 波は固体中でも液体中でも伝播する。地震により放出されるエネルギーに占める割合は小さく，伝播の速度が最も大きい。地震の最初に感じるカタカタとしたゆれが P 波による震動である。P 波が到着した時刻が，その観測点の

地震波到着時刻である。P波到着からS波到着までの間の，P波だけで起こる小さなゆれを**初期微動**とよび，その継続時間を**初期微動継続時間**とよぶ（図3.4）。

　S波はP波の次に（Ⓢecondary）到着する波で，波の振動方向が進行方向に直交する横波（ねじれ波）である（図3.3右）。そのため，S波が伝播できるのは固体中に限られる。地震により放出されるエネルギーに占める割合が大きく，伝播の速度はP波よりも小さい。初期微動のあとに感じるグラリグラリとした大きなゆれがS波による震動である。S波による震動が始まった後でもP波による震動は続いているが，S波の大きなゆれに比べるとごく小さなゆれなので感知できない。S波による震動は地震によるゆれの中でもっとも大きいので**主要動**とよばれる（図3.4）。

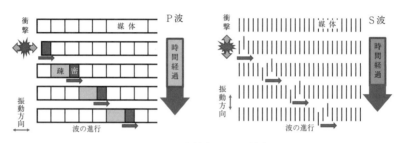

図3.3　P波（左）とS波（右）

　表面波は，地震波が地表面を変形させながら進行する横波で，S波よりさらに遅い。表面波は，P波やS波と比べて波長が長く周期が大きいので，長距離を伝播しても減衰しにくい。そのため震動が遠方まで伝わる巨大地震では，遠隔地で震動のエネルギーに占める表面波の割合が大きくなる。その結果，周期の大きなゆれが卓越する震動，つまり**長周期震動**が起こる。長周期震動の周期と高層建築や長大構造物の固有震動周期が一致すると，共振現象を起こすために震動に対して大きな被害を生じることがある。

　観測点での振動の継続時間は，震源で断層が運動した時間に比べると長い。地震波には，震源から観測点までの最短時間の経路を伝播する直接波だけでなく，地下の構造に応じて反射や屈折をしてより時間を要するさまざまな経路でも伝播する波もあるからである。そうした地震波がつぎつぎと到来しながら，徐々に長距離を伝播して減衰した波になり，ついにはゆれが終息する。さまざまな周期や振幅の特徴をもつ3種類の波が重なることで，地震によるゆれの速度・加速度・振幅・変位などの大きさと向きは刻々と変化する。その結果，巨大な地震に遭遇するとゆれの変化が予測できないまま，波に翻弄される状態となる（図3.4）。

3.1.4　地震波から得られるさまざまな情報

　各地の地震計による地震波の観測結果に基づいて，さまざまな情報が得られる。

　地殻中の地震波の伝播速度は，地域にかかわらずP波が5〜7km/s，S波が約3〜4km/sである。このことから，P波到来からS波到来までの時間である初期微動継続時間T〔s〕を測れば式(3.1)により震源距離D〔km〕を推定することができる。kは定数で6ないし8とされ，式(3.1)は**大森公式**とよばれる。

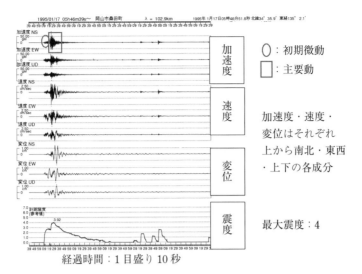

図3.4 兵庫県南部地震(1995年 M7.3)の岡山市における気象庁観測の地震波形〔http://www.data.jma.go.jp/svd/eqev/data/kyoshin/jishin/hyogo_nanbu/png/H117EB81.png に加筆〕

$$D = kT \tag{3.1}$$

地震発生時刻から観測点での地震波到来時刻までの時間を**走時**という。震央距離を横軸に、走時を縦軸にとった図を**走時曲線**という。震央距離の大きな地震で描かれる走時曲線には上に凸の折れ曲がりがあり、走時曲線の**屈曲**とよばれる。走時曲線の屈曲は、地下深部の岩盤の地震波速度が不連続的に大きくなっていることを意味する(図3.5)。この不連続面は、発見者にちなんで**モホロビチッチ不連続面(モホ面ともいう)**とよばれ、上側の地震波速度の遅い岩盤層が地殻に、下側の速い層がマントルに対応する。モ

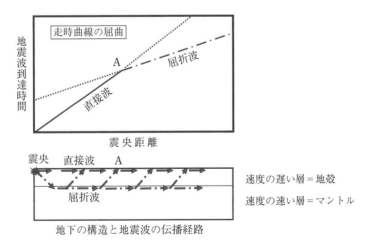

図3.5 走時曲線。A地点よりも震央に近い観測点では、地殻内を結んだ最短距離の直接波が最初に到達。A地点よりも震央から遠い観測点では、地殻を通り抜けてマントル最上部を進んだ屈折波が最初に到達。

ホ面の上下での地震波速度は，P波が約7から8 km/sへと，S波が約3.5から4.5 km/s
へと不連続に増加する。

　大きな地震により地球全体に伝播した地震波を観測すると，必ず地震波の到達しない
地域がみられる。地球の中心を通る円形断面に対して，円周上（地表面）の2点それぞれ
と中心を結ぶ直線がなす角を**角距離**という。S波は横波で固体中しか伝播しない。その
ため，液体の外核の存在により角距離が103°以遠の円形の地域には到達しない。一方，
P波は縦波なので液体の外核中も伝播する。しかし，固体のマントルと液体の外核との
境界で大きな屈折が起こるために，角距離が103°から143°までのリング状の地域に
は，到達する伝播経路が成立しない。このようにP波が到達しないリング状の地域を
P波の影という（図3.6）。

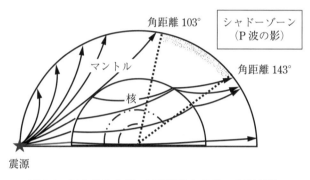

図3.6　固体地球内部の層状構造とP波の伝播経路

　観測点で最初に認められる地震の動きを**初動**という。初動は縦波であるP波により
もたらされるので，その動きは押しか引きかのどちらかになる。ある地震で観測された
初動の押しと引きを地図上に示すと，震央を原点として直交する2直線で分けられた4
つの象限に，押しの地域と引きの地域が交互に分布する。これを初動の押し引き分布と
いう。初動の押し引き分布から，震源断層の位置と運動の向きを2つに絞り込むことが
できる（図3.7）。

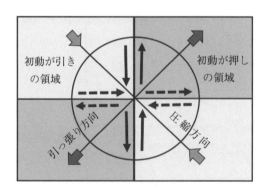

図3.7　初動の押し引き分布。図のような圧縮と引っ張りの力により地震（断
層運動）が起こると，実線または破線の矢印の運動が起こる。どちらにしても
初動の押し引きの分布は同じなる。

　大きな地震の後には，周辺の特定の地域に多くの小さな地震が発生する。そうした地震を**余震**とよび，本震で活動した断層上で起こる。そのため，初動の押し引き分布で推定される2つの断層のうちのどちらが震源断層かを，余震の分布から決定することができる（図3.8）。

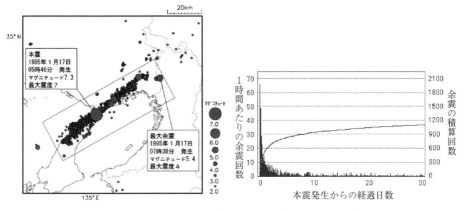

図3.8　1995年兵庫県南部地震での余震の震源分布と発生経過〔出典：いずれも気象庁，http://www.data.jma.go.jp/svd/eqev/data/aftershocks/kiso_aftershock.html#hyogo_nanbu〕

3.1.5　震度とマグニチュード

　地震の大きさの指標として，震度とマグニチュードが用いられる。

　震度は，各地の観測点でのゆれの大きさである。したがって，大きな地震では多数の地点での震度が測定され公表される。震度は気象庁が定めた，わが国独自の地震動の強さの指標である。震度0から7まで，5弱，5強，6弱，6強を含めて，10階級に区分される。震度0は人には感知できない微小なゆれで，震度4では歩行中の人も気がつく程度のゆれとなる。わが国では，震度5強ないし6弱以上になると物的な被害が発生する。

　震度は，現在では地震計により計測された周期と加速度に基づいて算出されるが，もともとは人の感覚で決められていた。震度決定に最も影響を与えるゆれの周期は，木造家屋が最もゆれやすく，また人が最も感知しやすい周期でもある1sが採用されている。大地震で生じる震度6強と震度7の境界の加速度は，周期1sの場合，$500\,\mathrm{cm/s^2}$＝0.5Gすなわち重力加速度の半分である。兵庫県南部地震(1995)や熊本地震(2016)で震度7が記録された地域で計測された加速度は1Gに達している。下向きであれば無重力状態に，水平方向であればすべてのものが45°傾けられたに等しい状態に置かれる凄まじいゆれである。

　マグニチュード(M)は，ひとつの地震によって放出されたエネルギーの総量を示す。したがって，本来はひとつの地震に対してひとつのMだけがあるはずだが，実際には計算方式のちがいにより**気象庁マグニチュード**(Mj)と**モーメントマグニチュード**(Mw)が用いられる。Mjはわが国の気象庁が採用している方法で，地震計で得られた波形から短時間で算出される。Mwは地震を起こした断層の規模や変位の大きさから求められ

る。Mw は世界で標準的に用いられている正確な方式だが，決定に時間を要する。Mj と Mw はおおむね一致するが，巨大な地震で長期震動成分が増加するとマグニチュードの飽和現象が起こり Mj が小さめな値となる。そのため巨大地震では Mj と Mw が併記される。

マグニチュードは，1 増えると約 32 倍に，2 増えると 1000 倍になる。たとえば，甚大な被害をもたらした東北地方太平洋沖地震(2011)は $M9.0$ であり，兵庫県南部地震(1995)は $M7.3$ である。わが国に大災害をもたらした 2 つの地震であるが，両者の規模には 1000 倍近い差があることがわかる。M が大きいほど震源断層の広がりの規模と最大変位量のどちらも大きくなる。

地震の規模と発生頻度の間には負の相関があることは感覚的に理解できよう。このことは統計的にも明らかにされており，M が 1 増えると発生頻度は約 1/10 になることが知られている。この関係を**グーテンベルグ・リヒター則**(または単に**リヒター則**)とよぶ。明治以降に蓄積された観測データによれば，日本および周辺海域で起きた地震の M 別の発生頻度は，$M7.0 \sim 7.9$(以下「$M7$ 級」という)がほぼ毎年 1 回である。巨大地震とよばれる $M8$ 級がほぼ 10 年に 1 回，被害が発生し始める $M6$ 級の地震がほぼ毎月 1 回であり，リヒター則が成立している。ちなみに，わが国では全世界の 1 割近い地震が発生しているので，その約 10 倍が世界で起きる地震の発生回数となる。

地震の規模が大きくなれば，ゆれる範囲も拡大する。$M9.0$ の東北地方太平洋沖地震(2011)では，震源距離 500 km に及ぶ広範囲で震度 4 以上の強いゆれをもたらし，北海道北部から九州南部に至るわが国のほぼ全域が震動した。$M7$ 級になると，ともに $M7.3$ の兵庫県南部地震(1995)と熊本地震(2016)における震度 4 以上の発生範囲はおよそ半径 200 km 以内であり，震動域は関東地方から九州までとなる。

最大震度と M との関係をみると，$M7$ 級では，兵庫県南部地震(1995)や熊本地震(2016)のように，最大震度が 7 に達することが多い。$M6$ 級での最大震度は 6 弱または 6 強であることが多いが，$M6.8$ の新潟県中越地震(2004)や $M6.7$ の北海道胆振東部地震(2018)のように最大震度 7 に達することもある。最大震度は，M だけではなく震源の深さや地盤の強さも大きく影響する。震源が浅いあるいは地盤が軟弱だと，震央付近での震度は大きくなる。

3.1.6　日本付近の地震の特徴

日本および周辺海域には，陸のプレートとして北米プレートとユーラシアプレート，海のプレートとして太平洋プレートとフィリピン海プレートの合計 4 枚のプレートが関与する(図 3.9 上)。プレートは，より詳細には，日本付近の北米プレートをオホーツクプレート，同じくユーラシアプレートをアムールプレートと区分することもある。

日本付近の地震に対する分類として，地形的な観点から，海溝型地震と内陸型地震に大別することが多い。**海溝型地震**とは千島海溝・日本海溝・南海トラフなどの周辺で発生する地震である。**内陸型地震**とは陸域で発生する地震であり，**活断層型地震**とよばれることもある(表 3.1)。

表 3.1　内陸型地震と海溝型地震の特徴

	内陸型地震	海溝型地震
地理的位置	陸域	海溝付近
構造的位置	大陸プレート内部	沈み込む海洋プレートの上面または内部
震源断層	プレート内部の活断層	プレート境界面または海洋プレート内部
最大級の規模	$M7 \sim 8$	$M8 \sim 9$
震源の深さ	多くは数〜数十 km	多くは数十〜数百 km
国内での最大規模の発生頻度	年に 1 回以上	数年に 1 回程度
個々の震源での発生頻度	数千年に 1 回	数十〜数百年に 1 回
主要な災害	倒壊と火災	津波

　一方，プレート運動の観点からは，プレート内地震とプレート境界地震に大別でき
る。**プレート内地震**とはプレートの内部で破壊が起こるタイプであり，大部分の地震が
これに該当する。沈み込む海洋プレート（スラブ）内部で起こる地震であるスラブ内地震
と，沈み込まれる陸側のプレート内部で起こる地震に大別される。**プレート境界地震**と
は，異なるプレート間の境界で発生する地震であり，沈み込む海洋プレートと沈み込ま
れる陸側プレートの境界で起こる海溝型地震，および北米プレートとユーラシアプレー
トとの境界で起こる日本海東縁地震に大別される。このうち海溝型地震は，プレート運
動による応力の蓄積が直接的に行われることから，最大規模の地震が発生しうる。深発
地震の震源分布を見ると，沈み込む海洋プレートが関係するプレート境界地震とスラブ
内地震の分布域が確認できる。海溝付近から陸側へ斜めに沈み込む深発地震の発生域の
上面を，**和達-ベニオフ面**とよぶ。

　日本付近の地震について，上記 2 つの観点を組み合わせて，海溝型地震・内陸型地
震・日本海東縁地震の 3 つに大別する見方もある。

　上述の地震のうち，プレート間で発生する地震が最も大規模であり，移動速度の大き
な海のプレートが関係する海溝型地震は，発生頻度も大きく広域にわたり強震する可能
性の高い地震である。プレート内部の破壊によって生じる地震はプレート間地震よりも
はるかに発生頻度が高いが，個々の規模は小さい。しかし，陸域におけるプレート内地
震は，人口密集地域の近くで起こると大きな被害を生じる。日本海東縁で発生する地震
の頻度は高くないものの本質はプレート間地震であり，巨大地震となる可能性がある。

3.1.7　地震の発生パターン

　地震の中には，一群の地震が相互に関係性をもつ場合があり，それらにはいくつかの
パターンがある。

　比較的規模が大きな地震の場合，主体である地震が発生した後で，その地震の震源域
でより小規模な地震がくり返し起こることが多い。この場合，主体となる地震を**本震**，
後続の小規模な地震を**余震**とよぶ。また，本震の前に小規模な地震が起こる場合，それ
を**前震**とよぶ。

　本震とよぶべき主要な地震が認められずに，特定の地域に中小の地震が連続して起こ
る場合，それらを**群発地震**とよぶ。

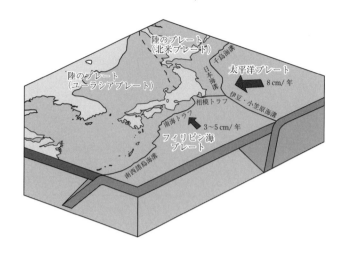

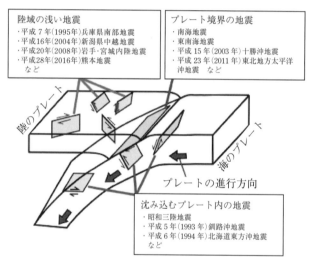

図3.9　日本付近のプレート分布(上)と発生する地震の基本的な様式(下)
〔出典:いずれも気象庁,http://www.data.jma.go.jp/svd/eqev/data/jishin/about_
eq.html を一部修正〕

　プレート間地震としての海溝型地震の場合，ある震源域で巨大地震が発生した後に，隣接する区域を震源域とする巨大地震が続発することがある。時間の隔たりは数時間から数年以上と幅がある。こうした地震を**連動型地震**とよぶ。

　海溝型の巨大地震では，地震の発生と火山の噴火が前後することが少なくない。たとえば，$M9$ と推定される宝永地震(1707)では，その 49 日後に富士山の宝永噴火が起きて降灰が江戸(東京)に及んだ。同じく富士山で，のちの青木が原樹海となる大量の溶岩を噴出した貞観大噴火(864 〜 866 年)が終息した 3 年後には，2011 年の東北地方太平洋沖地震に匹敵すると考えられている貞観地震(869)が発生した。火山の大規模な噴火と海溝型の巨大地震との間には何らかの因果関係があると考える研究者も多い。

3.2 断　　層

3.2.1 断層の種類

　断層は，断層面を境にした両側の岩盤の運動方向に基づいて，正断層・逆断層・横ず
れ断層の3種類に大別される（図3.10）。

　断層面は傾斜することが多い。傾斜した断層面の上にのる側の岩盤を**上盤**，その反対
側を**下盤**という。上盤が下にずれ落ちる運動をする断層を**正断層**といい，のし上がる運
動をする断層を**逆断層**という。断層の中には，鉛直に近い断層面をもつものもある。そ
うした断層では，断層をはさむ両側の岩盤は水平方向に移動する。このような断層を**横
ずれ断層**という。横ずれ断層は，断層面の手前から奥を見て，右方向に変位するものを
右横ずれ断層，その逆を**左横ずれ断層**という。

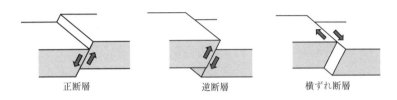

正断層　　　　　　　　逆断層　　　　　　横ずれ断層

図 3.10　3種類の断層

3.2.2 活　断　層

　地球上の十数枚のプレートの1/4に相当する4枚のプレートが関係し，そのうちの
ひとつの太平洋プレートが最大級の移動速度をもつなど，日本列島は地球上で最も活動
的な場所に位置している。プレートの運動の速度や向き，さらには関与するプレートの
形や存在そのものすら，数百万〜数千万年という時間スケールで変化していく。そのた
め，日本列島には，現在のプレート運動で発生する力を原因とする多数の断層だけでは
なく，過去の力学的環境で形成された多数の断層もあり，おびただしい数の断層が分布
している。

　無数にある断層の中で，近い将来に地震を引き起こす可能性がある断層を活動的な断
層，略して**活断層**とよぶ。たとえば，原子力発電所の安全審査においては，10万年前
に活動した証拠のある断層は活断層と認定される。活断層は日本の陸域に約2000本あ
るとされている（図3.11）。活断層は，地表面に断層崖や屈曲河川など，特有の地形を発
達させることでその存在がわかる。ところが，わが国の大都市の多くは，現行の河川が
運搬堆積した軟弱な土砂の堆積層の上に立地している。そうした場所では地形から活断
層の存在を推定することが困難な場合が少なくない。

3.2.3 震源断層と地震断層

　地震を引き起こした断層を**震源断層**という。余震が発生する領域は本震で動いた震源
断層面上であると考えられている。余震域の延長L〔km〕と本震のマグニチュードMと
の間には，式(3.2)の関係が認められている。

$$\log_{10}L = 0.5\,M - 1.8 \tag{3.2}$$

この式によれば，$M9$の震源断層の延長は約500 km，$M8$だと約160 km，$M7$だと約

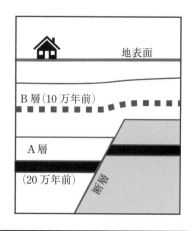

図の断層は、20万年前に形成されたA層を切っているが、10万年前に形成されたB層を切っていない。したがって、断層ができた時期は20万年前以降で10万年前以前と推定できる。

図 3.11　活断層

左：日本の主要な活断層〔出典：地震調査研究推進本部，https://www.static.jishin.go.jp/resource/figure/figure001026.jpg〕，右：断層の活動時期の認定法

50 km，M6 だと約 16 km となる。実測された震源断層の延長は M9.0 の東北地方太平洋沖地震(2011)では 450 km，M7.3 の兵庫県南部地震(1995)では 40 km であり，計算値とほぼ一致する(図 3.12)。

A：北海道胆振東部地震(2018)
B：東北地方太平洋沖地震(2011)
C：大正関東地震(1923)
D：兵庫県南部地震(1995)
E：熊本地震(2016)

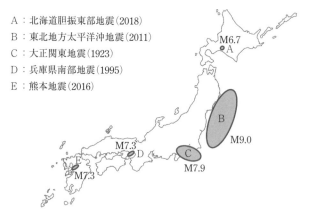

図 3.12　巨大地震の震源断層のおよその位置と広がり

　陸域での地震では，震源断層やそこから分岐した断層が地表面に現れることがある。そうした断層を**地震断層**という。地震断層の例として，濃尾地震(1891)での根小谷断層や兵庫県南部地震(1995)での野島断層が知られている。地震断層は地震が大規模でなければ出現しないが，大地震に際して必ず出現するとは限らない。地表付近が軟弱な厚い地層で覆われている場合は，塑性的な変形が生じるために地震断層が現れない。

3.2.4 活動しても地震を起こさない断層

　断層が大きな変位をともなう活動をしても，地震が発生するとは限らない。数日ないし数年などの長時間をかけて変位が生じた場合は，地震波が発生しないため地震とならない。静かな地震ともいうべきこのような事象を**スロースリップ**または**スロー地震**という。スロースリップは，断層面が何らかの理由により滑りやすい状態であるために発生すると考えられている。

　アスペリティは，スロースリップの原因の滑りやすい状態と対照的な状態である。アスペリティとは本来は粗さ，つまりザラザラ具合を意味する言葉である。断層面があたかも粗くなっているかのように，面をはさんで向かい合う岩盤どうしに引っかかりが生じて動きにくい状態となる。そうして大きな歪みが蓄積される結果，ついに引っかかりが破壊されて一気にズレを生じ，大きな地震が発生する。

　スロースリップの挙動を示すか，アスペリティが発現して歪みが巨大化したときに一気に動くかは，端的にいえば「地震を起こすかどうか」のちがいでたいへん重要なので，特に海溝型地震の震源域を対象として研究が進められている。

3.3　地　震　災　害

3.3.1　陸域で発生した地震による災害

　陸域を震源とする地震では，$M6$ の後半から被害が急増し，大都市の直下で $M7$ が発生した場合には，甚大な被害が発生する。陸域であっても $M7.9$ の大正関東地震（1923）のように，プレート間を震源とする巨大地震が発生することもある。

　震動による家屋の全壊は，震度5強から始まる。古い木造家屋の場合は，震度6強ではほぼ半数が全壊する。新築木造家屋でも震度7になると半数近くが全壊する。木造家屋の全壊率が建築後の経過年数により大きく異なるのは，法令により求められる耐震強度が順次引き上げられてきたことと，腐朽や虫害などによる材料の強度低下が経年的に増加するためである。

　都市域で木造家屋の多数が倒壊すると，一定の率で火災が発生する。火災の起きやすい地区ほど道路が狭くかつ家屋の倒壊率が高いなど，初期消火が妨げられる傾向が大きい。初期消火に失敗すると倒壊した家屋は容易に延焼し，大規模な火災に拡大しやすい。火災の発生と拡大が，都市の直下型地震における被害拡大の典型例である。

　急傾斜地に接する地域では，強震により斜面が崩壊し土砂災害が生じることがある。堆積後数千〜数万年の新しく軟弱な土砂は，強震により液状化しやすい。わが国では，液状化を直接の原因とする多数の人命の損失事例は報告されていないが，上下水道や都市ガスなどのライフラインの損壊により，都市生活は多大な影響を受ける。

　幸いにして前例がないが，わが国の三大都市圏のすべてに存在する平均海面以下の地盤高度の土地，いわゆるゼロメートル地帯では，地震洪水の発生が懸念されている。強震に見舞われた際に，万一防潮堤が損壊して海水が流入すると，甚大な水害が発生する恐れがある。この水害が警戒されているのは，通常の河川洪水であれば流入水が有限であるのに対して，無限の海水が彼我の水位差がなくなるまで流入し続ける可能性がある

からである。また，通常の河川洪水であれば流域の降水量をにらんで，予測に基づく避難行動がとれるが，地震洪水は抜き打ちで来襲するという特徴がある。

3.3.2 海域で発生した地震による災害

震源域が海域であるということは，一般的には居住地域との間に一定の距離がある。したがって，大規模な海溝型地震であっても，強震による被害は同じ規模の地震が陸域で発生した場合よりも小さい。海域の地震で重大な被害をもたらすのは津波である。

津波は，海底の地震断層の運動や地震によって引き起こされた大規模な海底斜面の地滑りなどにより，大量の海水が短時間で移動することにより引き起こされると考えられている。しかし，個々の地震によって海底がどのように変形するかはわからない。そのため，津波の予想波高は地震発生後に発表されるにもかかわらず，その精度は高くない。

災害としての津波を考えるとき，その波高だけでなく到達時間も大きな検討要素となる。避難に要する時間を考えたとき，到達時間が小さな津波は，たとえ波高が著しく高くなくても大きな被害をもたらす可能性がある。震源域から海岸までの距離は，日本海溝よりも南海トラフが，さらに駿河トラフや相模トラフが一層近い。大規模な海底地すべりが原因である場合，M がさほど大きくなくても巨大津波が発生する可能性もある。逆に，地球の裏側で発生した巨大地震による大きな津波が襲来し，甚大な被害をもたらすこともある。そうした遠地津波では，当然ながら地震動は感じられない。したがって，防災情報を入手していないと青天の霹靂になる。地球の裏側で生じた事象が球体の表面をさまざまな伝播経路で進行すると，地球中心をはさんだ反対側(対せき点)で一点に収束されるために，この一見奇妙な災害が発生する。

津波による被害は，それにより陸地が水没することだけではない。津波とともにもたらされる破壊された家屋や頑丈な船舶などが，人やものを破壊する。津波が都市域に遡上した場合，燃料タンクを破壊して漏れた油膜に引火して火災を引き起こしたり有毒物質を漏出させるなど，さまざまな複合災害が発生する。

3.3.3 地震の規模と災害の規模

わが国では豊かな経済力を背景として，積雪や台風など大きな外力に耐えられる家屋を築き，度重なる震災を経ながら耐震基準に代表される災害防止のための法令を整備してきた。その結果，現在の日本では震度5弱程度のゆれ，つまり $M6$ 前後の地震で発生する震動で致命的な損壊を被る構造物はごくわずかである。しかし，世界には巨大地震が頻発する地域でありながら，多くの住民が日干しれんがの多層住宅で暮らす地域もある。そうした地域では $M6$ 級の地震でも多数の人々が犠牲者になる。本節ではここまで，主にわが国での地震災害の態様について述べたことに留意してほしい。

3.3.4 地震の予測と防災

国は，陸域の都市直下における $M7$ 級大地震による被害の軽減や $M8$ 級の海溝型地震による津波被害の軽減などに資するために，陸域の活断層と海溝型地震を対象として長

期評価を実施してきた。それらの結果は，調査研究の進展とともに適時修正されつつ周知されている。自分の住む，通う地域が，地震に関してどのようなリスクをもつのかを正しく把握し，いざという時のために避難場所や避難経路を考えておきたい。

　活断層の長期評価は，対象とする活断層において，将来の一定期間に，どの程度の規模の地震が，どの程度の可能性で発生すると考えられるかを明らかにする作業である。この作業を進めるためには，まず対象とする活断層の位置や延長を知る必要がある。その上で，過去の地震活動の記録を読み取り，地震がくり返し発生する周期（再来周期）を推定するとともに，直近の発生年を特定する必要がある。海溝型地震についても，陸域の活断層型地震と同様の考え方で評価が行われている。

　再来周期についての，海溝型地震と陸域の活断層型地震との基本的なちがいを認識しておくことが重要である。海溝型地震は $M8$ 級が普通に起こり，その再来周期も数十年ないし数百年と短くかつ比較的周期性が高い。海溝沿いの震源域はだいたい理解されている。一方の陸域の活断層型地震は，個々の活断層での再来周期は数千年が普通である。再来周期が大きいため古文書による経過の推定はできないことも多い。その規模は，多くが $M7$ 級であり被害の発生域が限定されることも，記録に残される可能性を低くする。大都市が立地する平野部は新しい軟弱な堆積物に覆われていて，活断層の探索に有用な岩盤の食い違いなどを観察しにくい。このように，活断層に関する基本的な知見はまだまだ集積中の段階であり，たとえば $M7$ 級の地震が発生した際でも未知の活断層による地震であったとされる事例も珍しくない。活断層型地震について，長期評価で示された可能性が低い，あるいは活断層が記載されていない地域であっても，近い将来に地震が起こる可能性が低いとは限らないことに注意する必要がある。

　長期評価とは対照的になるが，初期微動継続時間内に直後に到来するであろう主要動の大きさを推定し，必要に応じて警報を発したり走行中の鉄道列車を自動的に減速させたりするシステムが普及してきた。**緊急地震速報**や**緊急列車停止システム**である。これらは優れたシステムだが，決して地震を予知しているのではなく，すでに発生した地震による地震波が到着する前に相応の対応をしているものである。したがって，初期微動継続時間の短い直下型の巨大地震などに対しては，十分な効果が期待できないことに注意する必要がある。

基本事項の確認

① 地震とは地下の岩盤のずれをともなう破壊，つまり（　　）運動により引き起こされる。地下の岩盤が破壊された場所を（　　），その直上の地表を（　　），その2点間の距離を（　　）という。

② 観測地点と震源までの距離を（　　），震央までの距離を（　　）という。

③ 地震波のうち，（　　）波は固体中も液体中も伝播する（　　）で，速度が大きいが（　　）は小さい。（　　）波は固体中のみを伝播する（　　）で，（　　）波よりも（　　）が小さいが（　　）は大きい。（　　）波は地表を変形させながら伝播する横波で，（　　）が大きく（　　）が小さい特徴がある。

④ 地震発生後，P波の到来を（　　）とよび，そこからS波の到来までを（　　）継続時間という。この時間と（　　）はほぼ比例する。S波の到来とともに（　　）による大きな

ゆれが起こる。大規模な地震では，遠隔地で（　　）振動が発生して（　　）建築物など
に被害が生じることがある。

⑤ 地震発生から初動が観測地点に到来するまでの時間は（　　）に比例するが，ある程度以
上離れると同じ（　　）を伝播する時間が減少する。これを（　　）の屈曲とよび，
（　　）の小さい岩盤の下に，それが大きい岩盤が分布する層状構造に起因する。

⑥ 大規模な地震で地震波が遠方まで届くとき，P波が角距離（　　）°から（　　）°の範囲に
は到達しない。このことを（　　）とよび，地震波が密度の異なる（　　）と（　　）の
境界で大きく（　　）することに起因している。

⑦ 地震の大きさの指標のうち，（　　）は地震で放出された（　　）の指標で，1増えると約
（　　）倍になる。この指標は1つの地震に（　　）つだけある。一方，震度は（　　）ご
とのゆれの大きさで，地震の規模と震源距離との関係とよい対応関係がある。震度（　　）
から（　　）までの（　　）階級に区分される。

⑧ 日本付近の地震は，海域のプレート（　　）付近で起こる（　　）型地震と，陸域の活断
層が活動する（　　）地震に大別される。前者は規模が大きく，最大で M（　　）に達し，
沿岸部に（　　）による被害をもたらすことがある。後者は最大で M（　　）程度だが，
（　　）の直下で起こると大きな被害をもたらす。

⑨ 断層は，変位（ずれ）の様式に基づいて，断層面の上側の岩盤が滑り落ちるような（　　），
せり上がるような（　　），鉛直方向のずれが少なく水平方向のずれが大きい（　　）に大
別される。

⑩ 過去の地震で生じた断層が，直近の活動時から（　　）に近い時間を経ている場合，近い
将来地震を起こす可能性が高い。直近の活動が10万年程度よりも新しい断層を（　　）と
よび，（　　）地震を引き起こす断層として警戒される。

演 習 問 題

(1) 初期微動継続時間を T〔s〕，P波速度を V_P〔km/s〕，S波速度を V_S〔km/s〕として，震源距
離 D〔km〕を表せ。また，P波速度 V_P を 6 km/s，S波速度 V_S を 3 km/s として，初期微動
継続時間が 10 s の地震について震源距離を求めよ。

(2) 大正関東地震（1923）では，海溝型地震でありながら関東地方南部の陸域でおそらくは震度
7 に達するきわめて強いゆれが起きた。その理由を説明せよ。

(3) 大都市の多くが立地する平野部では，内陸地震を引き起こす可能性のある活断層の分布を
把握することが困難であることが少なくない。その理由を説明せよ。

(4) 海溝型地震で大きな被害が発生する主因となる津波は，同等の M であってもその規模が
大きく異なることがある。その理由を説明せよ。

(5) 少し不気味なブザー音の緊急地震速報は，鳴動直後に強いゆれが来ることもあれば数秒以
上の時間をおいて来ることもある。鳴動後の時間に幅がある理由を説明せよ。

4 固体地球を構成する物質

　固体地球の大部分は，鉱物が集合した岩石からできている。つまり，鉱物は固体地球の最も基本的な構成単位である。本章では，まず岩石と鉱物の基本を確認し，次に鉱物の基本的な性質や分類の体系などを見ていく。その上で，多くの岩石の大部分を構成する鉱物である主要造岩鉱物や，量的には多くないものの多くの岩石中に高い頻度で認められる鉱物などの性質を詳しく見ていこう。鉱物についての基本的な知識を修得することは，岩石の理解への早道である。

4.1　岩石と鉱物

4.1.1　岩　　石

　岩石は，固体地球の大部分を構成する物質である。1章で見たように，地球は，鉄・ニッケルなどの金属を主体とする中心の核と，それをとりまく厚い岩石の層からできている。また，月や地球型惑星の大部分を構成している固体物質も岩石である。身近な景色を見ても，荒波が砕け散る岬の崖，激流が渦巻く谷川の岸，温泉や静かな湖を擁する火山の山体などはすべて岩石からできている。学校や公園などに建てられている記念碑，墓石や庭石，ホテルや役所の外壁やロビーには，岩石を切り出した材料，つまり石材が用いられることが多い。こうした岩石は，それが形成された過程に基づいて，**火成岩**，**堆積岩**，**変成岩**の3種に大別される（表4.1）。

表 4.1　岩石の三大区分

火成岩	堆積岩	変成岩
高温・高圧のケイ酸塩溶融体であるマグマが地上や地下で冷却して固結してできた岩石であり，地球の岩石の大部分を占める。	砂や泥などの固体粒子，化学的沈殿物，生物の遺骸などが集積して固結してできた岩石であり，固体地球表面を広く覆っている。	既存の岩石が固体のままで，その構成鉱物が別種の鉱物に再結晶した岩石であり，プレート境界の深部など高温・高圧の環境で形成される。

　これら3種類の岩石はすべて無数の鉱物の集合体であり，ほとんどの場合，それらの鉱物は複数の種類で構成される。鉱物の集合体は，岩石の種類ごとに特徴的な過程によって硬く固結して一体性をもつ固体物質となっている。換言すれば，どんな種類の鉱物がどのように集合・固結しているかによって，岩石の種類が決められている。後述するとおり，鉱物とは天然の結晶なので物理的・化学的に均質性が高いが，鉱物の集合体である岩石は不均質な固体である。

4.1.2　鉱　　物

　鉱物とは，原子が規則正しく配列した物理的・化学的に均質性の高い天然の固体物質である。固体地球の大部分が岩石でできており，その岩石は鉱物の集合体なので，固体

地球の大部分が鉱物からできているといえる。鉱物の種類は多く，正確に記載された鉱物だけでも数千種類に及ぶが，広く分布している鉱物はその中のごく一部に過ぎない。

　ヒトがつくった結晶は鉱物ではない。たとえば，変成岩などに含まれる赤色のコランダムであるルビーは鉱物だが，宝飾や工業的に利用される人工合成されたルビーは鉱物ではなく合成結晶である。また，物理的・化学的に均質性が高くても，原子が規則的な配列構造をもたない固体物質は**非晶質**または**ガラス**とよばれ，鉱物とは区別される。岩石の中には，非晶質を多く含む，あるいは非晶質そのものから構成されるものもある。たとえば，石器時代の人類が矢じりや石刃などの材料にした黒曜石は，ケイ酸成分に富む非晶質が大部分を占める岩石である。

　鉱物とよく似た言葉に，鉱石や宝石がある。**鉱石**とは，経済的な価値を持つ鉱物や岩石である。たとえば，鉄鉱石とは磁鉄鉱や赤鉄鉱の含有率の高い岩石であり，製鉄の原料となる岩石である。**宝石**とは，美しい色合いや高い透明度をもった希少性のある鉱物であり，宝飾品として利用される。宝石の多くは，われわれの身近な物質の中で最も硬い石英よりも硬度が大きい。そのため，通常の使用で傷がつくことなく輝きが保持される。

　われわれの家の庭や畑などを見ると，一面が岩石になっていることは珍しく，土や砂，土砂が広がっていることが普通である。砂は，岩石が長時間にわたって水や酸素，太陽光線と触れ合うことで分解して生じた鉱物粒子の集合である。土は，砂に動植物の遺骸が分解途上の破片や肥料などの有機物，さらに火山灰などが混合したものである。土砂は，土や砂の混合物である。

　鉱物はさまざまな性質をもっているので，以下ではそれらを物理的な性質と化学的な性質とに大別して見ていくこととする。

4.2　鉱物の物理的な性質

4.2.1　硬　　度

　硬度は，物理的な強度の代表的な指標であり，引っかいたときの傷のつきにくさを示す。鉱物の高度の指標としては，**モースの硬度指標**（**モース硬度**）が最もよく用いられる。モース硬度は，10種類の標準鉱物と比較した相対的な硬度である（表4.2）。

　ダイヤモンドはあらゆる物質中で最も硬く，モース硬度10の標準鉱物である。モース硬度9の鋼玉（コランダム）は，強力な研磨剤として用いられる。鋼玉に微量の不純物が含まれて赤や青に輝く高品質の鉱物は，ルビーやサファイアとよばれる宝石である。石英は砂ぼこりとして日常空間に普通に存在するが，そのモース硬度は7であり宝石や特殊な刃物などを除き，身近な物質の中で最も硬い。セメントの原料である石灰岩の構成鉱物である方解石は，ほかの多くの炭酸塩鉱物と同様に比較的軟らかく，そのモース硬度は3である。真珠やサンゴの硬度は方解石に近く，日常空間でありふれた鉱物である石英で容易に傷つけられる。モース硬度1の標準鉱物である滑石（タルク）は最も軟らかい鉱物であり，化粧品の基礎材料として多用される。

　硬度は強度のひとつの指標であることに注意したい。ダイヤモンドの硬度は最高だ

表 4.2　モースの硬度指標の標準鉱物と各硬度の代表的鉱物

硬度	標準鉱物	代用品	典型的な鉱物	宝飾品
1	滑石	4 B の鉛筆		
2	石膏	つめ	岩塩，輝安鉱	
3	方解石	銅クギ		真珠，インカローズ
4	蛍石	鉄クギ	黄銅鉱，閃亜鉛鉱	
5	リン灰石	ガラス		
6	カリ長石	鋼ヤスリ	斜長石，黄鉄鉱	ペリドット
7	石英			ザクロ石，トルマリン
8	トパーズ			トパーズ，スピネル
9	コランダム	カーボランダム		ルビー，サファイア
10	ダイヤモンド			ダイヤモンド

が，硬度の劣る鉄製ハンマーで強打すると粉々に砕けてしまう。

4.2.2　密　度

　鉱物の密度は，水の密度と比較した**比重**で表すことが多い。鉱物の比重は，石膏や石墨などの 2 程度から自然金の 20 近くまでの広い範囲に及ぶ。しかし，多くの岩石の大部分を構成する鉱物の比重はほぼ 3 である。したがって，一般的な岩石の密度は 3 程度を示すことが多い。

4.2.3　色と光沢

　鉱物はさまざまな色を示す。ある種類の鉱物が常に同じ色を示すこともあれば，さまざまに異なる色を見せることもある。たとえば，白金を含まない純粋な自然金は，まさに黄金色に輝く。水銀の硫化物である辰砂(HgS)は紅色を呈し，古くから朱色の顔料として利用されてきた。一方，ハロゲン化鉱物の蛍石(CaF_2)は，緑・ピンク・紫などさまざまな色を見せる。無色透明のものが多い石英だが，紫色のアメジスト，淡いピンクのローズクォーツ，黄色のシトリンなどもある。

　同じ鉱物なのにさまざまな色を見せる場合，いくつかの原因がある。ひとつは，鉱物を構成する化学成分が異なる場合である。かんらん石の場合，鉄の多い鉄かんらん石は黒く不透明だが，マグネシウムの多い苦土かんらん石は透明感のある緑色を示す。化学組成がほとんど同じでも，含まれる不純物の種類や量，結晶構造の欠陥などにより色調が変わることもある。たとえば，コランダム(Al_2O_3)は，微量のクロムを含むと赤色のルビーの，鉄を含むと青色のサファイアの色を示す。鉱物の示す色には，このように結晶や塊の状態で見られる色(**自色**)のほかに，細かな粉末にした際に見せる色(**条痕色**)もある。たとえば，金や辰砂は，自色と条痕色は同じでそれぞれ金色と紅色である。一方，一見して鈍い金色に見える黄鉄鉱の条痕色は黒であり，一見して黒っぽい赤鉄鉱の条痕色は赤である。

　色と似た性質に**光沢**がある。光沢は「つや」ともよばれ，鉱物の輝きの強さや特徴に対応する。光沢は，鉱物表面での光の反射率や鉱物に入射した光の挙動により異なる。

不透明で平滑な面を持つ鉱物に見られる強い輝きの金属光沢，透明な鉱物に見られるガラス光沢，屈折率の高い黄色系の鉱物に見られる樹脂光沢などに大別される。

4.2.4 へき開と断口

鉱物に力を加えた際に，結晶構造がもつ力学的な異方性にしたがって，特定の方向の平面に割れる性質を**へき開**とよぶ。へき開に沿って割れた鉱物を**へき開片**という。へき開が1方向の場合はシールを台紙から剥がすかのように，平行な平面に沿って割れる（剥離性）。熱器具の窓や電子回路の絶縁材，化粧品の下地材などに用いられる白雲母は，1方向のへき開を示す代表例である。へき開が2方向の場合は，互いに直交すれば長方形断面の角材のようなへき開片ができ，互いに直交でなければ断面が平行四辺形になる。たとえば，輝石は2方向のへき開が直交し，角閃石はそれらが約120°（と60°）で交わる。へき開が3方向の場合，互いに直交すれば多数の直方体のへき開片（豆腐の切り方）ができ，互いに直交でなければ平行六面体（杏仁豆腐の切り方）となる。台所や洗面所などの洗浄用研磨剤には，へき開が3方向で平行六面体となる方解石が含まれるものが多い。方解石は，へき開面どうしが鋭角をつくり，かつあまり硬くないために，器具に傷をつけることなく油汚れを掻き落とすはたらきが期待される。

鉱物に力を加えた際に，特定の平面ではなく，不規則な曲面に割れる性質を**断口**とよぶ。力学的な強度が等方的だと割れ目が特定の方向に伸長せず，断口となる。一般的な鉱物では，石英が断口を示す。身近な物質では，ガラスの割れ方が断口である。

4.2.5 外形と結晶系

鉱物が液体や気体などの流体で満たされた空間内で自由に成長するとき，その鉱物に固有のいくつかの方向の平面で囲まれてできる形が結晶形である。結晶形をつくる面を**結晶面**とよぶ。ひとつの鉱物種がつくりうる結晶面は多数あるが，その方向は任意ではなく特定の方向に限定される。結晶面の方向が限定されるのは，鉱物を構成する原子群の規則的配列の最小単位である単位格子に規制されるからである。

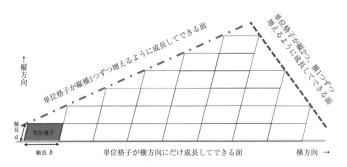

図4.1　結晶の単位格子と規則的に成長してできる結晶の面の関係

単純に2次元平面で考えると，単位格子が規則正しく成長する際にできる階段状の形を滑らかに結んだ線がひとつの結晶面となる（図4.1）。横方向へ成長する格子と縦方向へ成長する格子の数の比によって階段の傾斜が決定され，それが結晶面の向きとなる。

つまり，結晶面の方向は単位格子の軸の長さの整数比の傾斜をもつ。実際の鉱物は3次元空間で成長するために，結晶面は特定の傾斜と方向をもつ面となる。こうした結晶面で囲まれた鉱物の形態を**自形**という。

　同じ鉱物の自形結晶であっても，どの面が結晶面として現れるかによって結晶形はちがうものとなる。また，同じ方向の面が現れる場合でも，どの面が大きく発達するかのちがいによって結晶形はちがってくる（図4.2）。たとえば，石英の六角柱状結晶では，すべての面が同程度に成長すれば明瞭な六角形断面となるが，結晶面が交互に発達・未発達をくり返す場合には正三角形断面になる。また，向かい合う一組の面が未発達だと平行四辺形断面となるし，1つ飛びの2つの面が未発達だと台形断面となる。このように鉱物の種類は，その形だけでは同定できない難しさがある。ただし，同じ方向の面が発現している限り，結晶形は異なっていても対応する面と面とのなす角度は同一である（石英の六角柱状結晶のとなり合う柱面では120°）。これを**面角一定の法則**とよぶ。

六角形　　　平行四辺形　　（長方形）　　　正三角形　　　台形

・外形は異なるがすべて六角形で，となり合う面どうしの角度はすべて120°
・柱面を作るのに用いられている6枚の結晶面の方向はすべて同じ

図4.2　同じ結晶面が現れているにもかかわらず形が異なる結晶の例

　鉱物が見せる結晶形には，四面体，六面体，八面体，十二面体，十六面体，柱状，板状，卓状，錐状などいくつかの典型的な様式がある。こうした自形結晶が示す形は，結晶の基本的な性質である結晶系と密接に関連している。結晶系とは，結晶がもつ複数の結晶軸の長さ(a, b, c)の比と，それらが互いに交わる角度(α, β, γ)に対応する対称性に基づいた分類である。対称性の高いものから順に，**等軸，正方，三方，六方，斜方，単斜，三斜**の7つの結晶系がある。たとえば，正八面体を示す蛍石，ダイヤモンド，磁鉄鉱や五角十二面体を示す黄鉄鉱，ザクロ石などの対称性の高い形をもつ鉱物は等軸晶系に属する。石英，石墨，コランダムなどは六方晶系に，雲母鉱物，滑石，カリ長石などは単斜晶系に属する。多くの岩石中に相当量含まれている斜長石は，三斜晶系に属する。

　先に結晶化したほかの鉱物の隙間にあとから別の鉱物が結晶化する場合，不規則な形の隙間を埋めながら成長することになるため，鉱物固有の結晶面は発現しづらい。こうした鉱物の形を**他形**という。たとえば，花こう岩中で最も遅く結晶化する石英の多くは他形を示す。同音の他形と多形（後述）を間違えないように注意したい。

　鉱物が成長の過程で作り出す形である結晶形と，すでに存在する結晶が外力に耐え切れずに破断してできるへき開片や断口で囲まれた形とは混同しやすいので注意したい。たとえば，石英の自形結晶は六角柱状や両錐形の規則正しい形をなすが，破断した場合は断口に囲まれた規則性のない形となる。また，方解石の平行六面体や蛍石の正八面体

などは，結晶形としてもへき開片としても出現する。

4.2.6 屈折率と複屈折

　鉱物に光が進入する際，鉱物の表面で光路が屈曲する。その度合いを**屈折率**といい，1.4 〜 2.2 の範囲にある鉱物が多い。

　鉱物には，あらゆる方向から入射する光に対して同一の光学的な挙動を示す**光学的等方体**と，入射光の方向により異なる光速や屈折率を示す**光学的異方体**が存在する。この光学的性質は結晶系と対応関係があり，最も対称性の高い等軸晶系のみが光学的等方体に，ほかは光学的異方体に属する。つまり，大部分の鉱物は光学的異方体である。

　太陽光に代表される自然光は，進行方向に直交する面内のあらゆる方向に振動している。それに対して，直交面内の特定の方向にだけ振動する光を**偏光**（**直線偏光**）という。

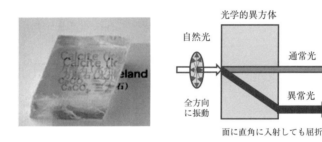

図 4.3　複屈折
左：方解石の複屈折，右：光学的異方体に入射した自然光の挙動

　光学的異方体では，鉱物に入射した自然光は，互いに直交する偏光方向をもつ 2 つの偏光に分かれる。2 つの偏光はそれぞれ異なる屈折率をもつ。たとえば，方解石（$CaCO_3$）は 2 つの光路の屈折率の差が際立って大きいために，文字が書かれた紙面上に透明な方解石結晶を置いて上からのぞくと二重に見える（図 4.3）。この現象を**複屈折**という。光学的異方体であっても，光が結晶軸の方向に入射した場合は，複屈折を生じない。

4.2.7 磁　　性

　鉄鉱物の一部などは磁性をもつ。最も一般的な磁性鉱物は，砂鉄として知られる磁鉄鉱（Fe_3O_4）である。磁鉄鉱は多くの安山岩に含まれるほか，一部の花こう岩にも比較的多く含まれる。花こう岩地帯で産出した磁鉄鉱は，わが国の伝統的な製鉄技術であるたたら製鉄の原料とされてきた。

　磁性鉱物であることと磁力をもつことは別であることに注意したい。磁性鉱物が磁力をもつためには，たとえば落雷による大電流を受けるなど，磁性の向きをそろえる過程が必要になる。近年普及してきたネオジム磁石のような強力な磁石を使えば，岩石中に少量含まれる磁性鉱物の有無が簡単に判別できる。

4.2.8 電気的性質

　鉱物の代表的な電気的性質として，電気伝導度と圧電性があげられる。

　電気伝導度は電気の通りやすさの指標であり，電気抵抗の逆数である。岩石の大部分を占めるケイ酸塩鉱物をはじめとして，多くの鉱物は絶縁体である。しかし金属鉱物の中には，磁鉄鉱のように高い電気伝導度をもつ電気良導体もある。また，黄鉄鉱（FeS_2）のように，絶縁体と良導体の中間的な電気伝導度を示す半導体も存在する。

　圧電性とは，鉱物に力を加えた際に電位差が発生する性質である。一般的な鉱物では，石英が圧電性を示す。石英の圧電性は，一定の周波数で振動するように加工された水晶発信子として無線機器に広く利用されている。圧電性を利用した電子部品を圧電素子という。マイクロフォンやピックアップなどの在来利用に加えて，精密な駆動用部品（アクチュエーター）などにも範囲が広がっている。

4.2.9　蛍光・リン光

　紫外線を照射すると可視光線を発する性質が**蛍光**である。蛍石やタングステン鉱石の灰重石（$CaWO_4$）などで認められ，同定に有用である。紫外線の照射を終えても残光を示す性質を**リン光**という。

4.2.10　放射性

　放射性の元素（U, Th など）を含む鉱物を**放射性鉱物**とよぶ。たとえば，原子力発電に使用する核燃料としてウランを含む鉱物を採掘した際に不要となり廃棄される岩屑（がんせつ）はトリウムを含有するために放射線を発して問題になることがある。また，カリウムを含む鉱物にはごく少量の放射性の ^{40}K が含まれるので，弱い放射性を示す。たとえば，石材として広く用いられる花こう岩は，カリウムに富むカリ長石を多く含むために微弱な放射線を発する。ヒトの健康にはまったく影響ない。

4.3　鉱物の化学的な性質

4.3.1　化学的な分類

　鉱物は，化学的に均質なのでその化学組成を化学式で示すことができる。化学式に基づく鉱物の分類では，陰イオン団に注目する。主要なグループとして，**ケイ酸塩鉱物**，**酸化鉱物**，**炭酸塩鉱物**，**硫化鉱物**，**硫酸塩鉱物**，**ハロゲン化鉱物**，**元素鉱物**などに大別できる（表 4.3）。なかでもケイ酸塩鉱物は量的に最も多く，ほかのグループを圧倒する。硫化鉱物には金属鉱物資源として有用なものが多い。代表的な炭酸塩鉱物である方解石は，セメントの原料鉱物である。

4.3.2　固溶体

　結晶構造の中の特定の場所（サイト）に，イオン半径や価数の近い複数の種類の元素が配置されることがある。こうした挙動を**固溶**とよび，固溶している鉱物を**固溶体**とよぶ。たとえば，化学式（Fe, Mg）$_2SiO_4$ で表されるかんらん石は，互いに離れて規則的に配置された SiO_4 陰イオン団の間に，陽イオンの Fe または Mg が配置され，全体として電気的中性が成立する。かんらん石の場合は，Fe と Mg の比率は完全に任意であり，

表 4.3　鉱物の化学的な分類

	結晶の特徴	鉱物の例
ケイ酸塩鉱物	ケイ素を中心に 4 個の酸素が配位した陰イオン団 SiO_4 四面体を構造単位として，さまざまな陽イオンと結合をした鉱物。	かんらん石，斜長石
酸化鉱物	酸素がさまざまな陽イオンと結合している鉱物（陰イオン団として酸素が含まれているものを除く）。石英(SiO_2)はその構造上，ケイ酸塩鉱物に含めることもある。	磁鉄鉱，コランダム
炭酸塩鉱物	炭素を中心に 3 個の酸素が配位した陰イオン団 CO_3 三角形を構造単位として，さまざまな陽イオンと結合した鉱物。	方解石，菱マンガン鉱
硫化鉱物	硫黄と金属が結合した単純硫化物，および硫黄とイオン半径が近いセレン，テルル，ヒ素，アンチモンなどが硫黄と置き換わった鉱物。	黄鉄鉱，方鉛鉱
硫酸塩鉱物	硫黄を中心に 4 個の酸素が配位した陰イオン団 SO_4 四面体を構造単位として，さまざまな陽イオンと結合した鉱物。	重晶石，石膏
ハロゲン化鉱物	ハロゲン元素(フッ素，塩素，臭素，ヨウ素)を陰イオンとして，さまざまな陽イオンと結合した鉱物。	岩塩，蛍石
元素鉱物	単一の元素だけからできている単元素鉱物のほかに，合金・炭化物・窒化物・ケイ化物・リン化物も含まれる。	硫黄，石墨，自然金

Fe_2SiO_4(鉄かんらん石) も Mg_2SiO_4(苦土かんらん石)もそれらの中間組成のものも存在する。このような固溶体を**完全固溶体**という。ケイ酸塩鉱物の多くは，不完全な固溶体である。ただし，岩石をつくる主要な鉱物のひとつである石英(SiO_2)は固溶体でないことに注意したい。

4.3.3　同質異像(多形) と類質同像

　化学組成が同じでありながら結晶構造が異なるためにちがう鉱物となったものどうしを**同質異像**または**多形**とよぶ。たとえば，地殻中に最も多く含まれている 3 元素から構成される Al_2SiO_5 の化学式を持つ鉱物には，ケイ線石・らん晶石・紅柱石の 3 種の多形が存在する。これらの鉱物はそれぞれが固有の温度・圧力の範囲で形成される。そのため，岩石中にいずれかの鉱物が含まれていると，その岩石が置かれていた温度・圧力条件を推定できる。多形と似た言葉の**同素体**は，同じ元素の単体のうち，原子の配列や結合様式が異なるものどうしを指す用語である。たとえば，炭素のみからなる元素鉱物であるダイヤモンドと石墨は，互いに同素体である。化合物である大多数の鉱物には適用できないことに注意したい。

　類似した化学組成をもち同じ結晶構造をもつ鉱物どうしを**類質同像**という。岩塩とカリ岩塩，方解石と苦灰石と菱鉄鉱などの炭酸塩鉱物などが類質同像をなす。

4.4　主要な鉱物

4.4.1　主要造岩鉱物

　地球上のほとんどの岩石では，その大部分がほんの数種類の鉱物から構成されている。そのような鉱物を**主要造岩鉱物**という。また，主要造岩鉱物以外でも，多くの岩石中に高い頻度で含まれる鉱物の種類はかなり限定される(表 4.4)。

表 4.4　一般的な岩石中に見られる鉱物

鉱物名	化学的分類	典型的外形	色・光沢	条痕色	へき開	硬度	比重	利用・産状など
石英	ケイ酸塩（酸化）	六角柱状，両錐状	無	白	断口	7	2.7	SiO_2，美晶は水晶，圧電性
カリ長石	ケイ酸塩	柱状，拍子木状	灰〜桃灰	白	2	6	2.6	釉薬（ゆうやく）
斜長石	ケイ酸塩	柱状，卓状	白，淡黄	白	2	6	2.7	多くの岩石中に存在
かんらん石	ケイ酸塩	短柱状	緑，黒	白		6 - 6.5	3 - 4	宝飾（ペリドット）
輝石	ケイ酸塩	柱状，短柱状	暗緑，緑黒	淡灰	2	6	3.3	へき開 90° 交差
角閃石	ケイ酸塩	長柱状	暗緑，黒	淡緑	2	6	3.1	へき開 120° 交差
黒雲母	ケイ酸塩	六角板状	黒，黒緑	淡褐	1	2.5	3.0	剥離性
白雲母	ケイ酸塩	六角板状	無，白	白	1	2.5	2.9	剥離材，絶縁材，耐熱窓
タルク（滑石）	ケイ酸塩	六角板状	白	白	1	1	2.7	潤滑剤，化粧品素材
カオリナイト	ケイ酸塩	鱗片状，粉状	白，淡黄	白		2	2.6	陶器，増量剤，被覆材
ケイ線石	ケイ酸塩	柱状，繊維状	白	白		6.5	3.2	変成条件の指標鉱物
紅柱石	ケイ酸塩	四角柱状	淡紅，灰	白		7.5	3.2	変成条件の指標鉱物
らん晶石	ケイ酸塩	柱状	灰青	白		5 - 7	3.6	変成条件の指標鉱物
磁鉄鉱	酸化	八面体	黒	黒		5.5	5.2	強磁性，黒サビ
赤鉄鉱	酸化	板状，鱗片状	黒，黒赤	赤		5.5	5.3	赤サビ
コランダム	酸化	六角柱状，板状	青緑，赤緑	白		9	4.0	ルビー，サファイア，軸受け
黄鉄鉱	硫化	六面体，八面体	黄銅，金	黒		6	5.0	「愚者の金」，火打ち金
方鉛鉱	硫化	六面体，八面体	鉛灰	灰黒	3	2.5	7.6	鉛の原料
黄銅鉱	硫化	四面体，塊状	真ちゅう黄	緑黒		4	4.2	銅の原料
方解石	炭酸塩	錐状，塊状，葉片状	無，白，淡黄	白	3	3	2.7	セメントの原料
岩塩	ハロゲン化	塊状	無，白，赤，青	白		2	2.2	食塩の原料
蛍石	ハロゲン化	八面体，立方体	白，青，緑，紫	白	4	4	3.2	光学材料，製鉄用融材
石膏	硫酸塩	板状，柱状，塊状	無，白	白	1	2	2.3	耐火材原料，塑像材料
石墨	元素	鱗状，粒状	黒	黒	1	1.5	2.2	潤滑剤，鉛筆

（**太字**は主要造岩鉱物）

　主要造岩鉱物はすべてケイ酸塩鉱物であり，四面体を構成する 4 個の酸素イオンの中心にケイ素イオンが入った$(SiO_4)^{4-}$四面体を基本構成要素とする。かんらん石，輝石，角閃石，黒雲母，石英，カリ長石，斜長石の 7 種類を主要造岩鉱物とすることが多い。このうちの前四者を，Fe や Mg を多く含み黒っぽい色をしているため**有色鉱物**または**苦鉄質鉱物**，後三者を Si, Al, Na, K などを多く含み白または無色透明であることから**無色鉱物**または**ケイ長質鉱物**とよぶ。

　主要造岩鉱物は，$(SiO_4)^{4-}$四面体どうしの共有結合の様式に多様性がある。四面体どうしの結合が最も弱いのは，四面体が互いに独立して頂点酸素をまったく共有しないネ

ソケイ酸塩でかんらん石があてはまる。逆に，結合が最も強いのは，頂点酸素がすべて共有されるテクトケイ酸塩であり，石英や長石類が該当する。それらの中間に属するタイプとして，$(SiO_4)^{4-}$四面体が直線状に結合する鎖のようなイノケイ酸塩の角閃石や輝石，面状に結合するフィロケイ酸塩の雲母鉱物などがある。多くのケイ酸塩鉱物では，SiO_4陰イオン団のマイナスの電荷とバランスする陽イオンが，さまざまなサイトに入ってくる。

4.4.2 主要造岩鉱物についでよく見られる鉱物

　主要造岩鉱物ほど大量に産するわけではないが，多くの岩石にしばしば含まれる，あるいは特定の岩石に大量に含まれる鉱物がある(表4.4)。

　ケイ酸塩鉱物は，多くの岩石の大部分を構成する鉱物であり，地球上に最も多量に存在する鉱物である。主要造岩鉱物のほかにも，多くの種類のケイ酸塩鉱物がさまざまな岩石中に産出する。酸化鉱物としては，鉄鉱石となる磁鉄鉱(Fe_3O_4)や赤鉄鉱(Fe_2O_3)が重要である。アルミニウムの鉱石であるボーキサイト($Al_2O_3 \cdot nH_2O$)も酸化鉱物である。鉄とアルミニウムを除く多くの金属資源は，黄銅鉱($CuFeS_2$)や方鉛鉱(PbS)のような硫化鉱物として存在する。セメント原料となる石灰岩の主要構成鉱物である方解石は，炭酸塩鉱物の代表である。海水中の水分が蒸発するとハロゲン化鉱物である岩塩($NaCl$)が多量に沈殿するが，それに先立って方解石や硫酸塩鉱物の石膏($CaSO_4 \cdot 2H_2O$)が沈殿する。砂金は，金の元素鉱物である自然金(Au)が濃集したものである。

4.4.3 鉱物の同定

　鉱物を的確に同定することは，岩石の同定に不可欠である。鉱物は生物と異なり，色や大きさや形態が絶対的な基準にならない。そのため，形，色，硬さ，へき開，磁性，光学性，化学性などさまざまな指標を観察して，総合的に検討する必要がある。

　鉱物がある程度の大きさ(たとえば数mm)であれば，肉眼的な同定ができることが多い。より小さな鉱物や典型的な特徴を示さない鉱物の場合，岩石薄片プレパラートを作

表4.5　主要な造岩鉱物の肉眼と顕微鏡による同定のポイント

鉱物名	肉眼での同定上のポイント	偏光顕微鏡下での同定上のポイント
石英	無色透明，ガラス光沢，塊状	白黒干渉色，不規則な割れ目，微小な泡多数
カリ長石	白～桃色，ガラス光沢，	白黒干渉色，不均質～薄汚れた感じ
斜長石	柱状～卓状，白～淡灰色，ガラス状光沢	白黒干渉色，平行な縞模様(連続双晶)
かんらん石	短柱状，褐～緑色，ガラス状光沢	鮮やかな干渉色，高い屈折率，周縁に酸化変色
輝石	短柱状，黒色，正方形断面	2方向のへき開が90°で交差，微細な磁鉄鉱をともなう
角閃石	長柱状，暗緑～暗褐色，六角～菱形断面	2方向のへき開が120°で交差，弱い多色性
黒雲母	強い剥離性，よくたわむ，黒	平行なへき開多数，強い多色性，直消光
白雲母	強い剥離性，よくたわむ，白	平行なへき開多数，鮮やかな干渉色
方解石	希塩酸による発泡，くぎによる傷，白	パステル調の干渉色，2方向のへき開
磁鉄鉱	黒，両錐形，強い磁性，比重大	不透明
黄鉄鉱	黄金～暗黄色，金属光沢，比重大	不透明

成して偏光顕微鏡で観察すると同定できる。主要な鉱物についての，肉眼および偏光顕微鏡による同定上の要点をまとめる（表4.5）。

　肉眼による鉱物同定では，岩石中での一般的な共存関係との整合性（たとえば，火成岩中では石英とかんらん石は共存しない，輝石と微細な磁鉄鉱がしばしば共存するなど）が，重要な手がかりとなる。また，火山灰の中では自形を示すものが多いので形態が同定に有効である。強力なネオジム磁石を使えば，微小な鉱物であっても磁性の有無が簡単に判別できる。手軽にできる化学性の確認として，希塩酸（清掃用市販品でも可）を滴下したときの発泡の有無で，方解石か否かを判別できる。

　偏光顕微鏡による岩石薄片プレパラートの観察は，鉱物の同定に欠かせない手法であり，それに基づいて岩石の同定が行われる。岩石薄片プレパラートは岩石を非常に薄く（通常は厚さ0.03 mm）研削した試料をスライドグラスに貼りつけたもので，大部分の造岩鉱物が光を透過する厚さのため，光学的な性質を観察できる。

　偏光顕微鏡は，通常の顕微鏡の光路上の上下2か所に偏光板を挿入できるようにした顕微鏡である。偏光顕微鏡による観察は，下方偏光板だけを使う開放（オープン）ニコルと，下方と上方の偏光板を直交させて観察する十字（クロス）ニコルに大別できる。それぞれの観察法で必要な操作や典型的な同定例をまとめる（表4.6）。

表4.6　偏光顕微鏡による鉱物の同定

観察項目	操作	典型的な同定の例	偏光顕微鏡の構造
透明性	O で暗黒なら不透明	不透明ならば磁鉄鉱か黄鉄鉱が普通	接眼レンズ
光学的等方性	O でも C でも暗黒	蛍石，ザクロ石など，異方体でも光軸方向から見ると等方	上方偏光板
色	O での色	有色鉱物ならば色がわかる，かんらん石の酸化変質部も	対物レンズ
多色性	O での試料台を回転させたときの色の変化の有無	黒雲母で顕著，角閃石にもあり	岩石薄片
屈折率	O でのザラザラ感	かんらん石でさめ肌状	試料台
へき開	O での平行直線構造	雲母は1方向，輝石は2方向90°，角閃石は2方向120°	下方偏光板
割れ目	O での明瞭な線	石英中に不規則割れ目多い	光源
包有物	O での砂粒様模様，高倍率では二重構造も	石英中に多い	
干渉色	C での色	複屈折の小さい石英や長石類は灰色，複屈折の大きなかんらん石や白雲母は鮮やか	
消光角	C で消光する際の鉱物の主要な方向と偏光板の方向のなす角	黒雲母の直消光，輝石の一部の斜消光が典型的	

O：開放ニコル，C：十字ニコル

基本事項の確認

① 鉱物とは，天然に産する（　　）であり，物理的・化学的に（　　）な固体である。複数の種類の鉱物が集合した（　　）が，固体地球の大部分を占める。

② 多くの岩石の大部分を構成する鉱物を（　　　）鉱物という。そのすべては，化学的には
　（　　　）四面体を主要構成要素とする（　　　）鉱物に属する。

③ 主要造岩鉱物は，有色鉱物の（　　　），（　　　），（　　　），（　　　）と，無色鉱物の（　　　），
　（　　　），（　　　）の計7種類とすることが多い。

④ 結晶構造中の特定のサイトが（　　　）や（　　　）がよく似た元素どうしで置換される現象
　を（　　　）とよぶ。石英を除く主要造岩鉱物はすべて（　　　）である。

⑤ 同じ化学組成なのに結晶構造が異なる鉱物どうしを（　　　）または（　　　），異なる化学組
　成なのに同じ結晶構造をもつ鉱物どうしを（　　　）という。

⑥ 鉱物がマグマや熱水などの流体中で自由に成長してできる結晶の形を（　　　）といい，先
　に晶出した結晶群の不規則な隙間に規制された形を（　　　）という。

⑦ 主要造岩鉱物の比重は（　　　）前後なので，密度の大きな岩石の比重は（　　　）を少し上
　回り，小さな岩石では（　　　）を少し下回る。

⑧ 鉱物の硬さの指標として（　　　）硬度が多用される。その指標で最も軟らかい鉱物は
　（　　　）の1であり，最も硬い鉱物は（　　　）の10である。

⑨ 鉱物が，その結晶構造における結合の弱い方向に割れやすい性質を（　　　）とよぶ。主要
　造岩鉱物では，それが1方向の鉱物は（　　　），90°で2方向に交わる鉱物は（　　　），120°
　で2方向に交わる鉱物は（　　　）である。

⑩ 多くの鉱物は光学的異方体なので，入射した自然光は（　　　）と（　　　）の2つに分かれ，
　それぞれは互いに直交する直線（　　　）となる。

演習問題

(1) 肉眼観察で以下の特徴が見られる主要造岩鉱物を記せ。
　① 黒色で剥離性が非常に強いうえに，薄い剥離片は粘り強く，大きくたわむ。
　② 上記①と似ているが，白色ないし透明である。
　③ 無色透明でガラス光沢をもち，火成岩中では他形のことが多く硬い。
　④ 緑〜黒色でコロコロした形を示すことが多い。緑色のものは透明感がある。
　⑤ 柱状〜短柱状で黒っぽく，磁石につくことが多い。
　⑥ 柱状〜板状で白っぽい短冊ないし斑点状に見える。
　⑦ 長柱状で黒〜緑黒色，六角形〜菱形の断面が見えることが多い。

(2) 偏光顕微鏡観察で以下の特徴が見られる主要造岩鉱物を記せ。
　① 薄く色づき周縁部が褐色のものがある。コロコロした形で屈折率が高く干渉色は鮮や
　　かである。
　② 無色透明で長柱状が多く，十字ニコルで黒白の平行な縞模様が目立つ。
　③ 無色透明で不規則な割れ目や微小な包有物（泡）が多く見られる。干渉色は灰色でムラ
　　のないものが多い。
　④ 無色透明で短柱状〜板状で薄汚れた感じに見える。十字ニコルで黒白のおぼろげな格
　　子縞やちりめんじわ状の構造が見える。
　⑤ 短冊状のものが多く茶褐〜黒褐色で多色性が強い。直消光が明瞭である。
　⑥ 柱状〜短柱状，淡緑〜淡褐色でしばしば微粒の不透明鉱物が寄生する。正方形に近い
　　断面のことが多く，2方向のへき開がほぼ直交する。
　⑦ 長柱状で黄緑〜褐色，六角形〜菱形の断面のものが多い。多色性があり，2方向のへき
　　開が約120°で交わる。

5 マグマと火成岩

　地下に存在する赤熱した高温の溶融物質がマグマであることはよく知られている。岩石を構成するケイ酸塩鉱物が温度上昇により融解しただけではなく，大気圧の数千倍もの高圧下にあって少なくない量の揮発成分を溶解していることが，マグマの特徴のひとつである。栓を開けると泡が吹き出す炭酸飲料と，ドロドロに融けたガラスの性質とをあわせもつ物質がマグマだといえる。マグマは地球上の地下のどこにでも存在しているのではなく，その発生には温度・圧力・水分含有量などが一定の条件を満たす必要がある。このようなマグマの基本的な性質を理解した上で，マグマが固結した岩石である火成岩にも眼を向けてみよう。火成岩は，もとになるマグマの化学組成の多様性や冷却過程のちがいによりいくつかの種類に分類されるが，それらの岩石名の暗記に苦い思い出をもつ読者もいることと思う。マグマの性質，火成岩の形成過程やその内部構造などの間には理にかなった相互関係が成り立っており，それらを理解することによりマグマと火成岩の全体像の把握が容易になる。

5.1　マグマとは何か

5.1.1　マグマの基本的特徴

　マグマとは，融解した岩石が一定規模の空間を占有している状態の物質である。もとになる岩石は，ほとんどの場合はケイ酸塩鉱物を主体としているので，マグマはケイ酸塩鉱物の融解物が大部分を占める。炭酸塩を主体とするマグマも存在するがきわめてまれなので，本書では扱わない。マグマの大部分はケイ酸塩鉱物の融解物であるが，通常は 1 wt% 前後の揮発成分も含まれる。岩石が融解して形成されたマグマの温度は，多くが $800 \sim 1200\,℃$ の範囲にある。マグマは地下 100 km 内外で発生したのちに，浮力により上昇しながらその化学的性質を変化させつつ，地殻の中のさまざまな深度に定置される。マグマが存在する深さは浅い場合でも地下数 km なので，その圧力は少なくとも 1000 気圧（100 MPa）に達する。その圧力のために，さまざまな揮発成分を溶解することが可能となり，実際に多くのマグマには H_2O を主体として，CO_2 などの非凝縮性のガスも溶存している。

5.1.2　マグマ形成の 3 要件

　現在の地球では，地下にマグマが存在する場所は限られている。固体地球の層状構造のひとつであり，リソスフェアの下位，地下約 100 km 以深に分布するアセノスフェアでは，最大で岩石の数％程度が融解して部分溶融状態にある。しかし，アセノスフェアでは融解した液体部分の空間的な連続性は乏しい（たとえば斑点状など）と考えられ，全体としては岩石つまり固体として挙動するのでマグマではない。マグマになるためには，岩石の融解物が地下の空間の一定領域を占有する必要があるが，その規模や，融解

率がどの程度に達すればマグマとよぶのか，あるいはマグマが温度低下する際の結晶化がどの程度に達するとマグマでなくなるのかなどについての明確な定義はない。

　マグマは，部分溶融状態の岩石に以下のような3通りの変化が生じた場合に発生すると考えられている（図5.1）。

(1) 温度の上昇

　地下約100 km以深に存在する部分溶融状態となっているマントルの岩石は，何らかの理由でその温度が上昇すると部分溶融の度合いが進む。融解部分の占有率が一定の水準を超えると，融解相が互いに接合するために容易に移動できるようになる。岩石が部分溶融するとSiに代表される軽い元素が融解相を好むために，融解物の密度は融解しない固相よりも密度が小さくなり浮力が発生する。融解相が多く発生すると，それらは浮上しながら互いに集合して一定の空間を占有するようになりマグマが形成されていくと考えられている。

(2) 圧力の減少

　部分溶融状態の岩石は，地下約100 km以深に存在するために，大きな圧力を受けている。その圧力が何らかの理由により減少すると，部分溶融の度合いが進む。いわば，たががゆるんだ状態である。こうして発生した融解相は，(1)の場合と同様に浮上しながら集合してマグマとなる。

(3) H_2Oの付加

　部分溶融状態にある岩石に，何らかの理由でH_2Oが注入されると，H_2Oが融解を促進する物質（融剤）の作用をして部分溶融を進行させる。高圧状態の地下深部に存在するH_2Oは，水圏からH_2O分子の状態でもたらされるのではない。中央海嶺で形成された海洋地殻の岩石を構成する鉱物のうち，雲母や角閃石には結晶水が含まれている。結晶水とは結晶構造中に取り込まれた水であり，プレートの沈み込みに際して温度と圧力が上昇すると結晶構造から追い出される。これが，部分溶融状態にあるマントルの岩石に供給され，溶融を促進する。こうして発生した溶融相は，(1)，(2)の場合と同様にマグマとなる。

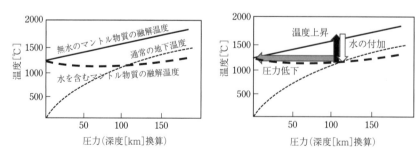

図5.1　マグマ形成の3要件
左：マントル内の温度分布とマントル物質の融解温度の関係
右：地下約100 kmのマントル物質が融解するための条件

5.1.3 マグマが形成される場

現在の地球では，マグマが形成される場所は3種類に大別される。

(1) 大洋中央海嶺 (2.2.3項参照)

中央海嶺では海嶺軸を線対称の軸として，互いに反対方向に遠ざかっていく海洋プレートの間に生じる隙間を補填するようにして，地下のマントル物質が湧昇する。このとき，地下深部で高温・高圧状態にあったマントル物質は，上昇つまり深度の減少に応じて圧力が低下する一方，温度は急速には低下しない。そのため，部分溶融状態の岩石の圧力減少を主たる要因として溶融が活発化して，中央海嶺の地下に定常的にマグマが形成される。こうして中央海嶺の地下で生産されるマグマの量は，地球全体の半分以上に達する。

(2) プレートの沈み込み帯 (2.2.4項参照)

中央海嶺で生産され水平移動する海洋プレートは，大陸プレートとの境界に，あるいはほかのより軽い海洋プレートとの境界に到達すると，マントル中へ斜めに沈み込む。沈み込む海洋プレートの上面の深度が約100 kmを超えると，海洋地殻の岩石中に含まれる雲母や角閃石などの含水鉱物からH_2Oが放出される。放出されたH_2Oは，沈み込む海洋プレート上面と沈み込まれるプレートの底面との間に位置するくさび形の断面をした空間(マントルウェッジ)の下部に注入される。そこでマントル物質の部分溶融を加速させマグマを形成する。沈み込む海洋プレートは中央海嶺で形成されてから長時間が経過し冷却が進んでいるのに，その近くでマグマが形成されるのは一見奇妙である。沈み込み帯でマグマが形成される原因として，融剤としての水の存在に加えて，**反転流**とよばれる沈み込み帯に特有の過程が関与していると考えられている。反転流とは，沈み込む海洋プレートに接する部分のアセノスフェアが一緒に引きずられて深部に向かうとともに，それを補償するようにして深部からマントルウェッジ内へ向かって発生する上昇流のことである。いわば，マントルウェッジ内部の鉛直面内における巨大な渦である。この反転流により，深部の高温のマントル物質がマントルウェッジの浅部に供給され，水の添加による融点の低下とあわせてマグマの発生を促すと考えられている(図5.2)。

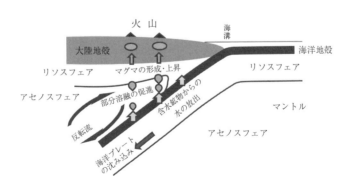

図5.2 沈み込み帯におけるマグマの生成

(3) ホットスポット (2.2.6項参照)

ハワイに代表されるたいへん活発な玄武岩の噴出活動を行う場所であるホットスポッ

トは，マントルの深部に原因をもつプレートテクトニクスとは独立した活動である。ホットスポットでは，その名のとおりマントル深部の高温部を発した高温のマントル物質の湧昇地点なので，温度上昇により部分溶融が加速されマグマが形成される。

5.1.4　マグマの多様性

　地球上の3種類の場所，すなわち大洋中央海嶺・沈み込み帯・ホットスポットで形成されるマグマは，ほぼ同じ化学組成をもつ（厳密には少しずつ異なるが，本書で述べる程度の内容ならば同じ性質として扱って差し支えない）。しかし，時間の経過にともなうマグマの固化の進行過程，周囲の岩石よりも軽いマグマが浮力で上昇する過程，上昇を続けて密度の小さな岩盤に遭遇したマグマの浮力が中立となり滞留を続ける過程などで，化学的特徴の異なるさまざまなマグマに多様化していく。マグマの化学的特徴は，SiO_2の含有量を基準に基本的な区分が行われる。SiO_2の質量含有百分率が45％以下のマグマを**超苦鉄質マグマ**または**かんらん岩質マグマ**，45〜52％を**苦鉄質マグマ**または**玄武岩質マグマ**，52〜66％を**中間質マグマ**または**安山岩質マグマ**，66％以上を**珪長質マグマ**または**花こう岩質マグマ**とよぶ。

　多くの種類のマグマに共通するおおもとのマグマを**本源マグマ**とよぶ。本源マグマが多様化する代表的な過程として，結晶分化作用，加熱による地殻物質の溶融，異なる種類のマグマの混合などがある。

（1）本源マグマの形成

　現在の地球で認められるさまざまな種類のマグマは，もともとは似たような性質の本源マグマを起源としており，それがさまざまな経過をたどって異なる性質のマグマを形成するに至ったと考えられている。本源マグマは，マントル物質が部分溶融してできるマグマである。本源マグマが形成される上部マントルは，地球の岩石の中ではSiO_2やKの含有量が最も低く，FeやMgの含有量が最も高いかんらん岩（超苦鉄質岩）からできている。このかんらん岩が融解してマグマが形成されていく過程は，以下のように進んでいく。

　まず物理的には，岩石の一部のみが融解する過程である。岩石は種々の鉱物種の集合体であり，個々の鉱物種の融点は異なっている。そのため，岩石全体としては純物質のような融点は存在せず，融け始めの温度と融け終わりの温度をもつ。マグマが形成される上部マントル中の温度・圧力条件は，かんらん岩が100％融解する水準に達していない。したがって，マントル物質の融解によるマグマの形成は，必ず部分溶融となる（ただし，これは現在の地球における状況であり，地球史の初期においては現在のマントルに相当する領域が完全に融解していた期間もあった）。

　一方，化学的には融解して生じた液相の化学組成と，融解せずに残った固相の化学組成がそれぞれ異なるものへ変化する過程といえる。固相と液相が共存する部分溶融では，固相と液相の間で元素の分配が生じる。その結果として両相の間で元素の分別作用が行われることになる。具体的には，部分溶融が進むと，生じた液相中では液相を好む（液相に分配されやすい）元素の濃度が上昇する一方，残った固相中では固相を好む（固相に分配されやすい）元素の濃度が上昇していく。前者の代表がSiO_2やKであり，後

者の代表が Fe や Mg である。

　こうして，SiO_2 質量濃度が 45％に満たない超苦鉄質のかんらん岩の部分溶融により，SiO_2 質量濃度が 45 ～ 52％の範囲にある苦鉄質のマグマが生み出される。このようにして形成された苦鉄質マグマが，多くの種類のマグマに共通するおおもとのマグマである本源マグマになる。

(2) 結晶分化作用

　形成された本源マグマが徐々に温度低下していく過程では，マントル物質が部分溶融する過程と逆方向の固相液相間での元素の分別作用が行われる。固化開始直後の高温時には，固相を好む元素(Fe や Mg)に富む鉱物であるかんらん石などが結晶化する。固化の終了間近の低温時には，最後まで液相中に残っていた元素(SiO_2 や K)に富む鉱物である石英やカリ長石などが結晶化する。生じる鉱物の密度は，共存する液相の密度よりも大きい。したがって，特に冷却の初期に晶出した鉱物は，まだ高温で流動性の高いマグマの中を沈降して下部に集積する。こうして本源マグマが冷却する過程では，その初期には底部に苦鉄質の鉱物からなる岩石であるはんれい岩が形成される。残りの液相つまり残存マグマからは，順次同様の過程で，より SiO_2 や K の含有量が高く，Fe や Mg の含有量が低い，つまり安山岩～花こう岩質のマグマと岩石が形成されていく。このように，本源マグマが徐々に冷却する過程でさまざまな種類のマグマが生じるとする考え方を**マグマの結晶分化作用**とよぶ(図 5.3)。結晶分化作用の考え方は，さまざまな化学的性質のマグマの存在を説明できる点で優れている。しかし，観察される安山岩～花こう岩質の火成岩の量は，本源マグマの結晶分化作用で生じると推定される量よりもはるかに多い。したがって，さまざまな化学的特徴をもつマグマが形成するには，結晶分化作用とは異なる過程の存在も考えざるを得ない。

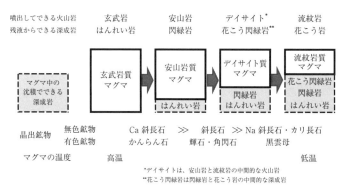

図 5.3　マグマの結晶分化作用

(3) 加熱による地殻物質の溶融

　マントルの部分溶融で生じた苦鉄質のマグマは，周囲のマントル物質，つまり超苦鉄質のかんらん岩よりも密度が小さいので浮力を得て上昇し，ついにはマントルと地殻の境界深度(モホ面)に到達する。大陸プレートの下に海洋プレートが沈み込む地域(たとえば日本列島)を考えると，地殻は，軽い花こう岩質の岩石を主体としつつその下部は玄武岩質の岩石でできている。このような地下構造において，マントル中を浮上してき

た玄武岩質マグマが玄武岩質の地殻下部の底面に到達すると，周囲の岩石との密度差がなくなって浮上運動が停止する。

　供給されるマグマの量が少なければ，時間の経過とともにマグマは徐々に固化するであろう。しかし，供給速度が大きい場合はマグマが長期間地殻の底の下に滞留し，いわば張りついた状態が維持される。この状態が続くと，張りついている玄武岩質マグマから地殻底部へ多量の熱が供給されることになる。その結果，ついには下部地殻の玄武岩が部分溶融を始める。すると玄武岩質マグマよりも SiO_2 や K の含有量が高く，Fe や Mg の含有量が低い中間質つまり安山岩質のマグマが形成されることになる。そうして安山岩質のマグマが形成されれば，その密度は地殻の下部を構成する玄武岩よりも小さいために，浮力を得て上昇を始める。

　大陸地殻において，安山岩質のマグマが上昇を続けると地殻の中・上部において，より SiO_2 や K の含有量が高く，Fe や Mg の含有量が低い珪長質つまり花こう岩質の岩石の分布領域に到達する。この過程が続くと地殻下部で起きたのと同様の過程により，ついには花こう岩質の岩石は融解を始め，花こう岩質のマグマが形成される。

(4) 異種のマグマの混合

　マグマが固結してできた火成岩の中には，上記のような過程では説明のつかない性質を示すものや，異なる種類のマグマが混合した状態で固結した岩石も存在する。こうした火成岩の成因として，たとえば大陸地殻の下部まで上昇してきた苦鉄質のマグマと大陸地殻の主体が溶融して生じた花こう岩質マグマとの混合による安山岩質マグマの形成など，異種のマグマどうしの混合によるマグマの形成過程が存在することも確かめられている。

5.1.5　地球史初期にのみ存在した超苦鉄質マグマ

　花こう岩質の岩石が完全に溶融してマグマをつくるために必要な温度は比較的低く，そのような地下環境は現在の地球上に存在する。そうしたマグマが急冷してできた珪長質のガラスが，黒曜石である。一方，超苦鉄質の岩石，すなわちマントルを構成するかんらん岩が無水で完全に溶融する温度は 1500 ℃ 以上と高温である。このような超苦鉄質岩が完全溶融する温度・圧力環境は現在の地球上には存在しないため，超苦鉄質のマグマも存在しない。しかし，地球の温度がその表面も含めて現在よりも高温だった地球史の前半では，現在のマントル物質に相当する岩石が完全に溶融した超苦鉄質のマグマが存在していた。そうしたマグマが地表に噴出して固結した超苦鉄質の火山岩は**コマチアイト**とよばれ，形成年代の多くは 20 億年よりも古い。

5.1.6　金属資源の宝庫としてのマグマ

　人類はさまざまな金属が濃集した岩石や地層（金属鉱床）から金属化合物（鉱石）を採掘して金属資源として利用している。これらのうち，使用量が最大の鉄とアルミニウムにつぐ一群の金属である銅，鉛，亜鉛，金，銀などの多くは，マグマの形成や分化にともなって濃集することが多い。たとえば，分化の進んだマグマの内部や周囲に硫化物として沈殿する銅や亜鉛の熱水性鉱床，炭酸塩岩とマグマとの接触部分に形成される鉛や亜

鉛の交代鉱床，苦鉄質マグマの底部に沈積するクロムやニッケルの正マグマ鉱床，マグマの熱で駆動される浅い熱水系で形成される金銀鉱床などがよく知られている。マグマに関連して形成されたそうした鉱床からもたらされた有用鉱物が，河川水や地下水などにより移動した後に濃集した漂砂鉱床からは砂金，白金，ウランなどが産出する。

　わが国は火山活動が活発なので，マグマが関係するこうした金属資源にも恵まれ，マルコ・ポーロの「東方見聞録」に「黄金の国ジパング」と紹介されているほどである。近代以前には銀，明治維新後には銅の採掘が特に盛んで大量に輸出されていた。20世紀の半ばまで国の有力な産業だった金属鉱山業だが，大部分の鉱山で鉱石を採掘し尽くし，国内で操業している金属鉱山はごくわずかになった。現在，海底のマグマ活動などで形成された海底金属資源が，将来有望な金属資源として注目されている。

5.1.7　地熱資源の熱源としてのマグマ

　地熱発電は，再生可能エネルギーのひとつとして太陽光や風力による発電と並び注目されている。地熱発電ができる地域は限られており，火山の分布域とほぼ一致する。環太平洋火山帯に位置するわが国は，米国とインドネシアにつぐ世界第3位の地熱資源をもつ。しかし，豊富な地熱資源の数％しか地熱発電に活用されておらず，今後の進捗が期待されている。

5.2　マグマが固結した火成岩

5.2.1　火成岩の基本的な特徴

　マグマが固結した岩石である火成岩は，地球の岩石の大部分を占めている。地表面を広く被覆する堆積岩も，その構成粒子の大部分は火成岩を起源としている。変成岩は，主として堆積岩が高い温度・圧力に置かれることにより構成鉱物が変化した岩石だが，温度がさらに上昇すると融解してマグマになり，ついには火成岩になったかもしれない。このように火成岩は，量的にも成因的にも，地球の岩石の代表ともいえる岩石である。火成岩は，多くの種類に細分されるが，その区分の基本は簡明である。ひとつはもとになるマグマの化学的性質のちがいを軸とした区分であり，もうひとつはマグマの冷却過程を反映した岩石の内部組織の様式のちがいを軸とした区分である。

5.2.2　マグマの化学的多様性に対応する4種類の火成岩

　火成岩は，その化学的性質のちがいに基づいて4種類に区分される。その区分は5.1.4項で述べたマグマの化学的性質の区分と共通である。SiO_2の質量比率が45％に達しない火成岩を超苦鉄質岩，45％を超えて52％に達しないものを苦鉄質岩，52％を超えて66％に達しないものを中間質岩，66％を超えるものを珪長質岩とよぶ。なお，区分に用いられるSiO_2の質量比率は，ヒトが定めた数値であり，研究者によって若干のちがいがあるなど絶対的なものではない。SiO_2の質量比率が高まるにつれて，火成岩を構成する鉱物は，かんらん石や輝石などのFeやMgに富む有色鉱物の量比が低下するとともに，カリ長石や石英などのSiO_2やKに富む鉱物の量比が上昇する。その結果，一般

的には SiO_2 の質量比率が低いほど黒っぽい，高いほど白っぽい色調になる。

5.2.3　岩石の内部組織の様式に対応する2種類の火成岩

　火成岩の内部組織は2種類に区分される。ひとつは**等粒状組織**であり，もうひとつは**斑状組織**である（図5.4）。等粒状組織をもつ火成岩を**深成岩**，斑状組織をもつ火成岩を**火山岩**とよぶ。

　等粒状組織（完晶質等粒状組織ともいう）は，肉眼で容易に判別できる大きな鉱物の集合した組織である。細粒の鉱物を欠き大きな結晶のみからなる組織は，含まれる鉱物のすべてがゆっくり冷却する地下深部のマグマだまりの中で晶出して大きく成長したために形成される。

　斑状組織は，ルーペでも判別できないほどの細粒の組織の中に，肉眼で判別できるほどの大きな結晶が斑状に点在する。地下のマグマだまりの中での緩慢な冷却過程で鉱物の晶出が始まり，早めに結晶化する鉱物がある程度成長してきた時点で地上に噴出したためにできる組織である。地下で結晶化していた大きな鉱物を**斑晶**，噴出時に急冷固結した細粒または非晶質物質の広がりの部分を**石基**という。

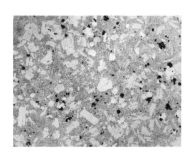 

図5.4　斑状組織と等粒状組織
左：輝石安山岩の斑状組織，右：黒雲母花こう岩の等粒状組織（いずれも青木正博氏撮影）

5.2.4　火成岩全体の分類

　火成岩の分類は，マグマの化学的性質に基づく軸と，岩石の組織の様式に基づく軸により，7〜8種類に区分される（表5.1）。

　これらの火成岩の名称は，化学的区分と組織区分を併記して，たとえば中間質火山岩とよべば事足りるはずである。しかし，地学分野ではそれを「安山岩」とよんでおり，同様にすべての種類に対する固有の岩石名が与えられている。自然の本質とは関わりないことなので覚えるのがたいへんだが，名前の由来を知ることでいくらかでも親しみを感じてもらえるかもしれない。たとえば，花こう岩は，珪長質で明るく華やいだ色調であり，かつ硬いことに由来する。玄武岩の「玄武」は黒を意味し，苦鉄質火山岩の色調を示している。安山岩は「アンデス山脈の岩」を意味する英語 Andesite の音に由来する。流紋岩は，粘性の大きなマグマ中の不均質な色や鉱物の分布などが流動により引き延ばされて「流れの紋様」が記されているかのように見えることによる。なお，岩石名のかんらん岩と鉱名のかんらん石を混同しないように注意したい。

表 5.1　火成岩分類表

マグマの種類		超苦鉄質 かんらん岩質	苦鉄質 玄武岩質	中間質 安山岩質	珪長質 流紋岩質
火山岩	斑状組織 （地表で急冷）	——	玄武岩	安山岩	流紋岩・ デイサイト
深成岩	等粒状組織 （地下で徐冷）	かんらん岩	はんれい岩	閃緑岩	花こう岩
主要な 構成鉱物	無色鉱物	Ca に富む斜長石　　（固溶体組成の連続的変化）　　Na に富む斜長石			
					カリ長石・石英
	有色鉱物	かんらん石			——
		輝石			——
		——		角閃石	黒雲母
SiO$_2$ の質量%		45　　　　52　　　　66			

基本事項の確認

① マグマとは，岩石が（　　　）した液体で，それが冷却固化した岩石を（　　　）という。

② マグマは，（　　　）の融解物だけでなく，溶解している水や二酸化炭素などの（　　　）も重要な構成物である。

③ マグマは地球上どこにでもあるのではなく，海底の（　　　），海洋プレートの（　　　），ハワイに代表される（　　　）の地下だけに存在する。

④ マグマがマントル中で形成されるための 3 つの要件とは，（　　　）の上昇，（　　　）の低下，（　　　）の付加である。

⑤ マグマの化学的多様性の指標には（　　　）が用いられる。それが 45%以下を（　　　）質，45 ～ 52%を（　　　）質，52 ～ 66%を（　　　）質，66%以上を（　　　）質とよぶ。

⑥ 火成岩はマグマの（　　　）的な多様性と，岩石の（　　　）の 2 つの軸で分類される。

⑦ 火成岩の形成深度に注目すると，地下で形成された（　　　）と地上に噴出した（　　　）に区分される。前者は（　　　）組織を，後者は（　　　）組織を示す。

⑧ 火成岩の分類名は，超苦鉄質の深成岩を（　　　），苦鉄質の深成岩を（　　　），火山岩を（　　　），中間質の深成岩を（　　　），火山岩を（　　　），珪長質の深成岩を（　　　），火山岩を（　　　）とよぶ。

⑨ 地下のマグマを熱源とする資源を（　　　）資源とよび，わが国は世界有数の保有国だが，それを（　　　）に利用する取り組みが遅れている。

⑩ マグマは熱水性鉱床の（　　　），（　　　），（　　　），交代鉱床の（　　　），（　　　），正マグマ鉱床の（　　　），（　　　）など多くの種類の金属資源の供給源となった。

演 習 問 題

(1) アセノスフェアでは部分溶融しているにもかかわらず，マグマが地球上の限られた場所の地下にしか存在しない理由を説明せよ。

(2) さまざまなマグマの共通のおおもとである本源マグマが，ほぼ同じ化学的特徴をもつ理由を説明せよ。

(3) 本源マグマがほぼ同じ化学的特徴をもつにもかかわらず，マグマが化学的な多様性を示す理由を説明せよ。

(4) 火成岩分類の基本的な考え方を述べよ。

(5) わが国がかつては多くの種類の金属資源を盛んに採掘していたことと，現在その活動はほとんど停止していることの理由を説明せよ。

6 火山噴火と火山体

　マグマが地表に噴出する現象が火山噴火であり，火山噴火によって形成された地形が火山体である。したがって，火山が存在する場所の地下には必ずマグマが存在するが，逆に地下にマグマが存在するからといってその地上に火山が存在するとは限らない。火山が噴火したり，火山体が形成されたり，それらに関連して地下のマグマが運動することをまとめて火山活動という。火山活動には，大規模な噴火や山体の大崩壊などで巨大な災害を引き起こすマイナスの側面と，広範囲に降り積もった噴出物が豊かな土壌を形成したり，崩壊土砂がつくる緩やかな山麓斜面が耕地や集落の立地に活用されたりなど，われわれの生活に恩恵を与えてくれる側面がある。現在，火山活動と無縁の地域でも，明日には火山噴火の影響を受けることがあるかもしれない。火山を理解することは，わが国で暮らしていく上で必要不可欠といってよい。

6.1　火山の基本的な特徴

6.1.1　地球上の火山の分布

　地球上には，無数の海底火山と 1000 座以上の陸上火山が活動している。それらはすべて，5 章で述べたマグマが発生する場所に位置している（図 6.1）。

　火山が途切れなく分布する場所は，海洋プレートが生まれる大洋中央海嶺である。中央海嶺での火山活動の大部分は海底で起きているため，われわれにはなじみが薄い。しかし，そこでのマグマ生産量は地球全体の過半を占めていると見積もられており，きわめて活発な火山活動が営まれている。中央海嶺において海底火山として噴出した溶岩は

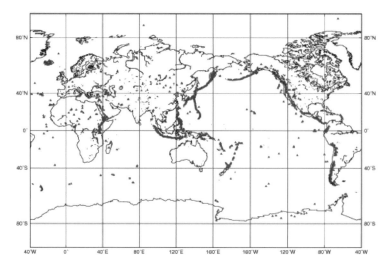

図 6.1　世界の陸上活火山の分布〔出典：内閣府防災情報，http://www.bousai. go.jp/kazan/taisaku/k101.htm〕

海嶺玄武岩となって海底表面を埋め尽くし，それよりも下方に定置されたものははんれい岩となって海洋地殻の主要部分を構成する。

中央海嶺についで活動的火山が数多く分布する場所は，海洋プレートの沈み込みにともなう火山帯である。日本列島に代表される島弧やアンデス山脈に代表される陸弧には，沈み込みにともなう多数の火山が分布する。地球上の陸上火山や火山島の多くが，沈み込みにともなう火山活動で形成されている。

プレート境界でないにも関わらず活動的な火山が存在する場所が，ホットスポットである。ホットスポットにおける火山活動は，ハワイ島に見られるように巨大な火山体を形成する。ただし，ホットスポットはプレートテクトニクスとは無関係のマントル深部の熱異常に起因する活動なので，海底だけでなく陸上にもホットスポット火山は存在する。米国のイエローストーン・カルデラはその例である。また，中央海嶺が海面上に顔を出しているアイスランドは，中央海嶺とホットスポットの活動がたまたま重複する珍しい場所である。

6.1.2 日本列島の火山分布

日本列島は，地球の陸地面積の 1/100 にも満たない小さな領域ながら，世界の陸上火山の 1 割に近い 111 座の活動的火山が分布する。日本列島の火山分布を見ると，千島海溝・日本海溝・伊豆小笠原海溝・琉球海溝など，海溝に平行した火山の配列が顕著である。海溝は，海洋プレートの沈み込みにともなって形成された地形であるから，火山の配列から火山活動とプレートの沈み込みが密接な関係をもつことがわかる（図 6.2）。

5 章で述べたとおり，沈み込む海洋プレートの上面が地下約 100 km に達すると，マグマが形成される。沈み込むプレートはさらに深部でもマグマを形成するが，深度

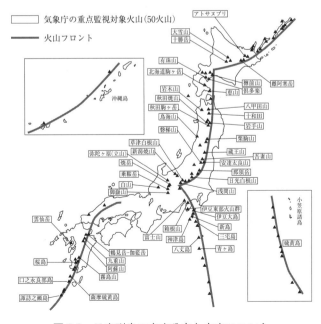

図 6.2　日本列島の火山分布と火山フロント

200 km 近くに達すると，もはやマグマはつくられない。このように，マグマが形成されるのは，沈み込む海洋プレートの上面がおよそ 100 ～ 150 km の深度範囲であり，火山が分布するのはその上方の地上である。火山の分布域のうち，海溝側に最も近い火山を連ねた線は**火山フロント**とよばれ，沈み込む海洋プレートに起因する火山活動が最初に起こるラインである。火山フロント上には多数の火山が分布するが，フロントの大陸側の火山の分布密度は小さい。火山フロントと海溝の水平距離は，海洋プレートの沈み込みの角度によって決まり，角度が急なほど火山フロントは海溝に近づく。東北日本では，日本海溝から太平洋プレートが急角度で沈み込むため，西南日本と比べて火山フロントと海溝が近い。

　現在活動している火山の分布に対して，数十～数百万年前に形成されたより古い時代の火山は，その時々の海洋プレートの沈み込みの位置や様式に応じた地理的制約を受けるので，現在の火山とは異なる地理的分布を示す。

6.1.3　火山噴火と火山体の多様性

　火山噴火は，地下のマグマが地上に噴出する現象である。ケイ酸塩鉱物の融解物に水を主とする揮発成分が溶解した高温高圧の流動体（**ケイ酸塩溶融体**）が，常温常圧の環境へと短時間に移動することにより，急速な状態の変化を生じる。また，マグマには SiO_2 含有量のちがいに代表される化学的性質のちがいがあるうえに，水分やガスの含有量のちがいもあり，物性の差は大きな範囲に及ぶ。それに起因した爆発性や流動性をはじめとする挙動の差もきわめて大きい。1 回の噴火で放出されるマグマの量は，ほぼゼロから 100 km³ を超える超巨大噴火まできわめて広範囲に及ぶ。つまり，一口に火山噴火といっても，その様式や規模の多様性が非常に大きい。

　加えて，単一の火山であってもさまざまな様式でくり返し噴火を起こした歴史（噴火史）をもつことが普通なので，火山から噴出した物質が集積した火山体の多様性も非常に大きい。ひとつの火山体は，数万年以上の期間に及ぶ無数の噴火を経て形成される**複成火山**をなすこともあれば，単発の噴火だけで形成される**単成火山**のこともある。富士山よりも桁ちがいに大きなホットスポット上の火山体もあれば，高さ数十 m 足らずの噴石丘あるいは凹地をなす火山体すらある。山腹傾斜も数度程度の緩斜面を主体とするものから，数十度以上の急傾斜のものまで存在する。

　このように火山活動は，火山噴火と火山体のいずれについても，規模の点でも様式の点でもたいへん多様性に富んでいる。

6.2　火山噴火

6.2.1　火山から噴出する物質

　火山から噴出する物質を**火山噴出物**という。火山噴出物は，一体性を保つ塊状のもの，細粒の砂や小石状のもの，水蒸気や二酸化炭素などの気体成分の 3 種類に大別される（表 6.1）。

表 6.1　火山噴出物の一覧

大 区 分	小 区 分		特徴など
溶 岩	玄武岩		苦鉄質
	安山岩		中間質
	流紋岩・デイサイト		珪長質
火山砕屑物	特定の外形・構造なし	火山岩塊	直径 > 64 mm
		火山礫	直径：2 ～ 64 mm
		火山灰	直径 < 2 mm
	特定の外形・構造あり	火山弾	紡錘形（飛行中に固結）
		溶岩餅	餅状（着地後に固結）
		軽 石	多孔質
火山ガス	水蒸気		H_2O
	その他のガス		CO_2
			SO_2
			H_2S

　火山噴出物のうち，一体性を保つ塊状の岩石を**溶岩**とよぶ。溶岩は，地上に噴出したマグマが急速に冷却して固結した岩石であり，5 章で見た火山岩に相当する。溶岩は，マグマの多様性に対応してさまざまな特徴を示す。たとえば，高温で流動性が高く，気体成分がスムーズに分離した溶岩は気泡をもたないため平滑な表面をもつ。一方，低温で粘り気が大きい，あるいは流動性は高くても揮発成分量が多いタイプの溶岩には，気泡の痕跡である大小多数の孔があるためにゴツゴツとした表面を示す。SiO_2 含有量が高い珪長質のマグマが固結した溶岩は白っぽく，Fe や Mg 含有量の高い苦鉄質の溶岩は黒っぽい。ただし，SiO_2 含有量が高くてもほぼ完全なガラス質である黒曜石は，その名のとおり黒っぽいので注意が必要である。

　火山噴出物のうち，細粒の砂や小石状のものを**火山砕屑物**とよぶ。次項で述べるように，火山噴火とはマグマの固結と揮発成分の発泡がさまざまに組み合わさって進む現象である。発泡の度合いが大きい場合，泡が固結した無数の小さな球殻どうしが激しく衝突して破砕され，小片となる。こうして，さまざまな大きさや形の火山砕屑物が放出される。火山砕屑物のうち大きさが 2 mm に満たない細粒のものを**火山灰**，それよりも大きなものを**火山礫**とよぶ。さらに 64 mm よりも大きいものを**火山岩塊**とよぶ。また，発泡で生じた無数の細孔をもち密度が小さい珪長質よりの岩石を**軽石**とよぶ。軽石の多くはみかけの比重が 1 よりも小さく，水に浮く。同様の組織で黒っぽい色をした苦鉄質よりの岩石を**スコリア**という。なお，火山灰の正体は固結したマグマ，つまり岩石の小片であって，燃焼灰とは関係ないことに注意したい。

　火山砕屑物は，一度高空に舞い上がってから風に運ばれながら降り注ぐ降下火砕物と，噴火口から火山体の斜面上を滑り降りてさまざまな距離に到達する火砕流に大別できる。噴火口から上昇して降下火砕物をもたらす噴煙を**噴煙柱**とよぶ。噴煙柱は，火山砕屑物と気体との混合物のみかけの密度が周囲の大気よりも小さいために，浮力によって上昇する。ただし，火口の直上では体積膨張による噴流（ジェット）として勢いよく放出される。**火砕流**は，混合物の密度が大気よりも大きい場合に発生する。大気よりも重

いとはいっても激しく発泡する高温の火山砕屑物は水よりも軽いことが多く，噴出量が多い場合には水面上を流走することもある。

　火山噴出物のうち，水蒸気やCO₂などの気体成分を**火山ガス**または**揮発成分**とよぶ。マグマには最大で数wt％に達する水が含有される。それらの揮発成分は，噴火に際して地下から上昇する過程のさまざまな局面でマグマから分離する。噴火口から上昇する噴煙のうち，白色のものは水蒸気が凝結した水分だが，非凝縮性のガス，たとえばCO₂やSO₂などは無色透明の気体として大気中に拡散していくため，観察には専用の測定装置が必要となる。ただしSO₂は，その刺激臭から存在がわかる。質量含有率で数％に達するということは，気体となったあとの体積含有率にすると，火山噴出物全体の中で大きな分率を占めることを意味する。

　上記とは別に，噴火口から弾道飛行(放物線軌道)してその周辺に飛散する岩片を**噴石**とよぶ。噴石の到達範囲は噴火の爆発性によって異なり，数kmに達することもある。噴石は，その噴火で噴出したマグマが固結して生じる場合もあれば，以前の噴火で噴出して堆積していた溶岩や火山砕屑物が吹き飛ばされて生じる場合もある。

6.2.2　火山噴火の本質

　火山の地下に存在していたマグマが地上に噴出する火山噴火に際して，マグマの周囲の環境は劇的に変化する。噴火前のマグマは多くの場合，火山の地下数〜10kmの深所に位置している。その深度での圧力は，上方にのる岩石の重量が静かにかかっているとすると，少なくとも1000気圧(100MPa)に達する。また，マグマの温度は1000℃前後である。一方，地上に噴出したマグマは，常温常圧の環境に置かれる。したがって，噴火前後におけるマグマの置かれた環境の変化は，1/1000以上の圧力減少と約1000℃の温度低下ということになる(図6.3)。

　この環境変化の結果，マグマ自体にも大きな変化が生じる。つまり，温度低下による冷却固結と圧力減少による減圧発泡である。冷却固結と減圧発泡の2つの現象が，もとになるマグマの性質のちがいや噴出するマグマの量のちがいなどに応じて，さまざまに組み合わさって多様な様式を見せる自然現象，それが火山噴火である。

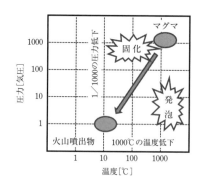

図6.3　火山噴火時のマグマの温度・圧力変化と挙動

6.2.3 火山噴火の規模の多様性

　火山噴火の規模は，きわめて広い範囲に及ぶ。噴火の規模の指標としては，マグマの噴出量が基本といえる。小規模な噴火におけるマグマの噴出量はゼロであり，大規模な噴火では $1\,km^3$ のオーダーになり，きわめて大規模な噴火では $100\,km^3$，さらには $1000\,km^3$ に達する噴火すら地球史の中では発生してきた。実際に多く用いられる噴火規模の指標である VEI（**火山爆発指数**）では，火山砕屑物の量を指標としている（表 6.2）。

　ごく小規模な噴火では，マグマが地表に噴出しない。にもかかわらず噴火と称するのは，浅所に到達したマグマに加熱された地下水が急激に気化し，それにより生じた地下の圧力上昇により火山体の一部が破壊され飛散するなどして，爆発的事象が起こるからである。この種のごく小規模な噴火であっても，その場に人が居合わせた場合には重大な人的被害が生じる。後述するように戦後日本最悪の火山災害となった 2014 年の木曽御嶽山の噴火は，VEI = 0 の噴火であった。

　富士山は 1707 年の宝永噴火を最後に，その後 300 年以上沈黙を保っている。宝永噴火では 100 km 以上東に離れた江戸にも数 cm の降灰があった。同規模の事象が現在発生すると，首都の都市機能が麻痺すると危惧される噴火である。このときの火山噴出物

表 6.2　火山爆発の規模の指標（VEI）

区分	VEI	噴出物の体積〔km³〕	典型的噴火様式	噴煙柱高〔km〕	代表的事例	発生頻度/千年
非爆発的	0	微小	ハワイ式	< 0.1	木曽御嶽山（2014 年）	無数
小規模	1	0.00001 以上	ハワイ式ストロンボリ式	0.1 〜 1	浅間山（2009 年）	数万回以上
中規模	2	0.001 以上	ストロンボリ式ブルカノ式	1 〜 5	北海道・有珠山（2000 − 2001 年）ハワイ・キラウエア（1924 年）	数万回
やや大規模	3	0.01 以上	ブルカノ式サブプリニー式	3 〜 15	霧島・新燃岳（2011 年）コロンビア・ネバドデルルイス（1985 年）	数千回
大規模	4	0.1 以上	サブプリニー式プリニー式	10 〜 25	桜島・大正（1914 年）浅間山・天明（1783 年）	数百回
非常に大規模	5	1 以上	プリニー式		富士山・宝永（1707 年）セントヘレンズ（1980 年）	数十回
巨大	6	10 以上	プリニー式ウルトラプリニー式		フィリピン・ピナツボ（1991 年）インドネシア・クラカタウ（1883 年）	10 回
超巨大	7	100 以上	プリニー式ウルトラプリニー式	> 25	阿蘇山・阿蘇 4（9 万年前）鬼界・アカホヤ（7300 年前）	1 回
	8	1000 以上	ウルトラプリニー式		インドネシア・トバ湖（73000 年前）ニュージーランド・タウポ湖（26500 年前）	1 回以下

の量は $1\,km^3$ 程度で，VEI $= 5$ であったと推定されている。

　九州阿蘇山は，約 9 万年前にきわめて大規模な噴火を起こし，九州全域が火砕流に覆われ，日本全域に火山灰が降り注いだ。大量のマグマが地上に噴出した結果，マグマが存在していた地下には巨大な空洞ができ，噴火とともにその天井が崩落して巨大な陥没地形（**カルデラ**）が形成された。このときの火山噴出物の総量は $100\,km^3$ の桁であり，VEI $= 7$ クラスの噴火である。北海道・北部東北・九州地方には大規模なカルデラをともなう火山が多く，それらの噴火では最大到達距離が $1000\,km$ を超えるほどの大量の降下火砕物が噴出した。

　このように，火山噴火の規模はさまざまだが，規模が大きくなるにしたがってその発生頻度は小さくなる。たとえば，日本国内で噴出総量 $100\,km^3$ 級（VEI $= 7$ クラス）の超巨大噴火が起こる頻度は，過去の火山噴出物の研究から 1 万年に 1 回程度と見積もられている（世界全体では 1000 年に 1 回程度となる）。噴火の規模は，噴煙柱の到達高度とよい相関がある。到達高度が数 km の噴火は，日本でも鹿児島県桜島火山などで頻繁に起きている。到達高度 $10\,km$ 以上の噴火は大規模の範ちゅうにはいり，最大規模の噴火では，噴煙柱は高度数十 km に達し成層圏深くまで突入する。過去のこの規模の噴火では，成層圏中に長時間漂う微粒子の影響により，地球規模の寒冷化が生じたことがわかっている。

6.2.4　火山噴火の様式の多様性

　火山噴火は，その規模とともに様式についても大きな多様性を示す（表 6.3）。火山噴火の多様性の指標として，噴火の爆発性に注目することが多い。

　たとえば，高温で流動性が高い苦鉄質のマグマでは，減圧発泡によって発生した気相はサラサラなマグマ中を速やかに浮上して大気中に放出される。その結果，マグマ本体が噴出する際には気相の大半が逃げ去った後なので，液体状のマグマのみ，つまり溶岩が静かに流動する穏やかな噴火になることが多い。この種の噴火は**ハワイ式**，あるいはさらに流動性が高いと**アイスランド式**とよばれる。

　一方，より粘り気が大きな中間質から珪長質のマグマの場合，マグマ本体の噴出と発泡現象が同時並行で進行するために，液体と気体の混合流体が狭い噴出口から放出されることにより，噴出時に急速に体積膨張する気体とともに液体のマグマが勢いよく放出される。その結果，あたかも霧吹きから勢いよく噴出する空気が無数の細かい水滴を散布するかのように，火山砕屑物が勢いよく飛散する噴火が起こることが多い。また，噴煙柱からの降下火砕物と火砕流のいずれも発生しうる。この種の噴火は**ストロンボリ式**あるいは爆発性が特に強いと**ブルカノ式**とよばれる。

　さらに粘り気の大きなマグマの場合は，気体成分のマグマからの分離は一層困難になる。それでも何らかの理由により徐々に気体成分が抜けた粘性の非常に大きなマグマは，あたかも溶剤の抜けた接着剤のように火口から盛り上がって，お椀を伏せたようなあるいはプリンのような山体をつくることがある。こうした噴火で形成された火山体を**溶岩ドーム（溶岩円頂丘）**とよぶ。気体成分がマグマ中に閉じ込められた状態が維持され，ついにガス圧が火山体を破壊するときわめて爆発性の高い噴火となる。地下のマグ

表6.3　噴火の主要な様式とマグマの諸性質との関係

噴火の様式	ハワイ式	ストロンボリ式	ブルカノ式	プリニー式	溶岩ドーム生成	水蒸気爆発
噴火の特徴	割れ目状の火口から粘性の低い高温の溶岩が大量に噴出	中心火口から比較的粘性の低い溶岩・スコリアを間欠的に噴出	中心火口から粘性の高い溶岩や火山砕屑物を爆発的に噴出	中心火口から噴煙柱を立てて大量の火山砕屑物を爆発的に噴出	粘性のきわめて大きな溶岩が静かに盛り上がり山体を形成	浅所に達したマグマの高熱で地下水や海水から生じた水蒸気による爆発的噴火
関連する火山体	盾状火山	成層火山火砕丘	成層火山	成層火山カルデラ火山	溶岩円頂丘	マール
爆発性	低い	中間的	高い	かなり高い	低い	高い
規模	大きい	中間的		大きい	小さい	不定
噴出物	溶岩	溶岩・火山灰		火山灰・軽石	溶岩	溶岩・岩屑
マグマの化学的性質	玄武岩質（苦鉄質）	安山岩質（中間質）		流紋岩質（珪長質）	安山岩質〜流紋岩質	不定
マグマの粘性	低い	中間的		高い		
マグマの温度	高い（1200℃）	中間的		低い（900℃）	低い〜中間的	

マだまりが巨大な場合は，マグマだまりの上部の岩盤を大規模に破壊して激しい大噴火を起こすことがある。巨大な噴煙柱と大規模な火砕流が発生するこのタイプの大噴火は**プリニー式**，あるいは最も大規模なものは**ウルトラプリニー式**とよばれる。

　また，6.2.3項で述べた，地下浅所に到達したマグマが地下水や海水を加熱することにより発生する噴火は，**水蒸気爆発**とよばれる。

6.3　火 山 体

6.3.1　火山の構造

　火山噴火と同様に火山体もその規模や様式は多様性をもつが，基本的には共通した特徴をもっている（図6.4）。

　火山の地下には，噴火時に噴出するマグマが蓄えられている**マグマだまり**が存在する。マグマだまりの深度は地下数 km であることが多い。さらにその深部にはより巨大なマグマだまりが存在し，火山体直下のマグマだまりへマグマを供給していると考えられている。噴火が近づくと，マグマだまりへのマグマの供給や，マグマだまりから周囲の岩盤へのマグマの侵入などの運動により，微小な地震が発生することがある。そうした震動は**火山性微動**とよばれる。

　火口は，マグマが地上に噴出する場所である。円形またはそれに近い形のことが多いが，直線的な裂け目のこともある。そのような火口からの噴火を**割れ目噴火**とよぶ。

　マグマだまりと火口の間は，噴火時のマグマの通り道である細長い**火道**が連結している。噴火の休止期には，火道に固結したマグマ，つまり溶岩がつまっている。新たな噴火が既存の火道を用いて行われる場合は，火道を塞いでいる溶岩を粉砕して放出しなければならない。噴火の都度，新しい火道が使われることもある。

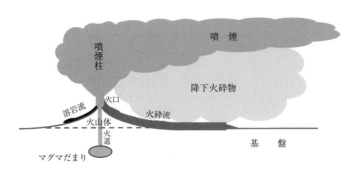

図 6.4　典型的な火山の構造と火山噴出物

　火山噴出物が集積して形成された構造体を**火山体**とよぶ。多くの火山では，溶岩や火山砕屑物が積層した，あるいは崩れたり積層したりをくり返しながら，全体としては上に凸の地形となることが多い。しかし，爆発性の強い単発の活動で形成された火山体の場合，火口周辺のもともと存在する地盤が吹き飛ばされてできた凹地が火山体となっていることもある。そうした場合，爆発で飛散した岩片が凹地の周囲にリング状に堆積していることもある。

　火山体がのっている，そして周囲に分布するもとから存在する地層や岩石を**基盤**という。

6.3.2　火山活動と火山地形

　大部分の火山は，数万年以上の長期間にわたってきわめて多数の噴火をくり返してきた複成火山である。複成火山が大量の火山噴出物が積み重なった大規模で複雑な構造をもつのに対して，ただ一度の噴火のみからできた単成火山は小規模でその構造も単純である。

　複成火山の多くは，くり返す噴火により溶岩や火山砕屑物が積層して大きな火山体を形成する。そうした火山体が大規模に成長して高度や傾斜が重力的な安定限界に近づくと，噴火や地震を契機として火山体が大規模に崩壊することがある。

　単成火山は，複数の火山が集合して単成火山群を形成することが多い。静岡県伊豆半島東部の単成火山群がよく知られている。

6.3.3　火山体の規模と様式の多様性

　火山体も，その規模と様式のいずれについても，大きな多様性を示す。単成火山の場合，ひとつの噴火様式がその火山体を形成する。複成火山の場合は，単一のあるいは特定の噴火様式の組合せによって山体が形成されることもあれば，数十万年におよぶ長期にわたり活動している火山の場合は，活動史の途中で噴火の様式が変化したり，大規模な崩壊現象を起こすなどして，山体が大きく変形することなどもある。しかし，一般的な傾向としては，火山体の規模と様式の間には一定の関係性が認められる（図 6.5）。典型的な成層火山の場合，その高さは数 km，底部の直径は数十 km に達する。

　単成火山の場合，1 回の火山活動で噴出した火山砕屑物が火口の周辺に堆積して直径数百 m，高さ数十 m 程度の山体をつくるタイプがある。この種の火山は**火砕丘**とよば

れ，多くの場合，その体積は $1\,km^3$ に満たない。阿蘇山中の米塚や伊豆半島の大室山などが典型例である。水蒸気爆発で形成された単成火山は**マール**とよばれるが，その地形は凹地となる。秋田県男鹿の目潟火山，伊豆大島の波浮港などが典型例である。平坦な耕作地が突然隆起をはじめ，粘性の大きな珪長質マグマが噴出成長してその成長過程が観察された稀有な事例が北海道の昭和新山である。これは**溶岩円頂丘**または**溶岩ドーム**とよばれる単成火山である。後述するカルデラ火山の末期に噴出することも多い。多くの場合，その体積は $1\,km^3$ に満たない。

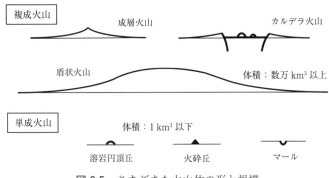

図 6.5 さまざまな火山体の形と規模

日本列島の火山で最も多く見られるタイプは，安山岩質の成層火山である。無数の噴火で噴出した溶岩と火山砕屑物からなる成層構造をなす山体であり，その体積は $10 \sim 100\,km^3$ 以上に達する。鹿児島県桜島や長野・群馬県境の浅間山などが典型例である。わが国の本土の火山では珍しい玄武岩の成層火山である富士山の体積は $1000\,km^3$ 以上に達する。

九州や北海道には，大規模なカルデラ火山が分布する。それらの多くは，珪長質のマグマを大噴火してカルデラを形成している。形態が異なるためにほかの火山の火山体と同列に比較はできないが，大規模なカルデラ火山のマグマ噴出量は 1 回の噴火で $100\,km^3$ 以上に達するうえに，その規模の噴火をくり返して起こすことが珍しくない。成層火山の山頂部の円形の窪地を**火口カルデラ**とよぶことがあるが，カルデラ火山とは規模も成因も異なるので注意したい。

ハワイ島の火山のように，高温の苦鉄質マグマの溶岩が大量に積層した火山を**盾状火山**とよぶ。盾状火山は山腹傾斜が緩く，かつ山頂高度が高いために山体の体積はきわめて大きい。マウナロア火山の体積は 10 万 km^3 に近く，地球上で最大級の火山である。

6.4 火山災害

6.4.1 火山噴火に直結した火山災害

火山の噴火形態は，噴煙柱，火砕流，溶岩流，噴石，泥流，岩屑流，火山ガスなどに大別でき，それぞれに特徴的な火山災害をもたらす。

噴煙柱は，火山灰に代表される細粒の火山砕屑物や高温の火山ガスの混合物であり，噴火の規模と風向きにしたがって，火口から風下に向かって降下・堆積する。降灰は，

農耕地の荒廃，農業施設や家屋の圧壊，交通網や電力・通信網の損壊，呼吸器系を中心とする健康への被害などさまざまな被害をもたらす。積雪と異なり，物理的に排除しない限りなくならないため，回収・運搬・廃棄にも膨大なコストが生じる。

火砕流は，火山灰や火山ガスからなる高温の粉体が高速で流走するきわめて危険な噴火形態である。プリニー式噴火で発生した噴煙柱が崩壊して生じるタイプと，溶岩円頂丘が崩壊して発生するタイプに大別される。1991 年に長崎県雲仙普賢岳の溶岩円頂丘の崩落で発生した火砕流では，消防団員・報道関係者・火山学者など 50 名を超える死者・行方不明者が出る惨事となった。

溶岩流は，流下速度が最大でも時速数 km 程度であることから，人命に及ぼす危険はさほど大きくはない。しかし，溶岩流の到達範囲の土地や施設は，埋没・焼失して完全に破壊される。

噴石は，特に火山噴火の開始時に，閉塞火道を突き破るなどして突発的に放出される。たまたま居合わせた人の避難が間に合わず，被害に遭うことがある。人頭大の噴石は一発で致命傷となり，こぶし大でも急所に当たれば命に関わる負傷となる。2014 年の木曽御嶽山の噴火では，主として噴石により約 60 名の登山者が死亡した。

泥流は，火口の近傍に堆積した火山灰が，降雨のたびに流出して土砂災害を引き起こす。密度の大きな泥流は大きな土石を巻き込んで**土石流**となることも多い。噴火が積雪期に起こると，高温の溶岩や火山ガスにより大量の積雪が一気に溶けて**融雪泥流**となり，高速で流下して山麓に甚大な被害を及ぼすことがある。1926 年の北海道十勝岳の噴火で発生し山麓に達した融雪泥流では，144 名の犠牲者を出す惨事となった。

岩屑流は，火山噴火や地震を契機として，火山体を構成する土石が大規模かつ高速で流下するきわめて危険な現象である。6.4.2 項で述べる山体崩壊との間に明確な境界はない。流下する大量の土砂に埋積された被災地域は壊滅状態になる。1888 年の福島県会津磐梯山の噴火にともなう岩屑流は，北麓の桧原村を埋積し，500 人近い村民が犠牲となった。

6.4.2 火山噴火に直結しない火山災害

火山災害には，噴火現象とは直接には関係しないタイプのものもある。大規模な成層火山や急傾斜面をもつ溶岩円頂丘などは，もともと力学的な安定性が低い。そうした山体が地震で震動したり，豪雨で多量の水分が浸透して重量が増加したりすると，安定性が低下して一気に崩壊することがある。

山体崩壊は，火山の形状が一変するような大規模な崩壊現象である。噴火にともなって発生することもあれば地震時に起こることもある。崩壊土砂の量が膨大でかつ流下速度が大きいために被災人口がそのまま犠牲者数になりかねないきわめて危険な災害である。ただし，その発生頻度は高くない。1792 年に長崎県の雲仙眉山で発生した山体崩壊では，崩壊土砂の直撃による被害と，有明海に突入した土砂によって引き起こされた津波による被害が重なり，約 1 万 5000 人の犠牲者を出す大惨事となった。

山体崩壊は，隣接する河川に天然ダムを形成して**堰止湖**をつくることがある。堰止湖が不安定化して天然ダムが決壊すると洪水被害が発生する。

6.4.3　火山災害への対策

　世界でも最大級の火山の分布密度をもつ国土に1億2000万人の国民が暮らし，高度に集積された社会インフラをもつわが国では，火山の災害を軽減する取り組みはたいへん重要である。

　火山災害の軽減に向けた具体策として，重点的な監視が必要な火山の指定と観測体制の強化，火山噴火時あるいは噴火が近づいた際の行動指針となる噴火警戒レベルの設定と運用，主要な火山を対象としたハザードマップの作成と周知などが行われている。

　わが国では，火山噴火予知連絡会により「過去約1万年以内に噴火した火山及び現在活発な噴気活動のある火山」が活火山として定義されている。現在111の火山が**活火山**とされており，そのうち噴火が及ぼす影響や切迫性などの観点から50火山が**重点監視対象火山**として選定されている。重点監視対象火山では，常時，微小地震，山体傾斜，空震などが計測され，監視・観測体制の強化がされている（図6.2）。この中には，桜島や阿蘇山のように噴火をくり返す火山のほかにも，富士山のように300年以上も噴火が休止しているが，噴火が切迫ないし噴火時の影響が多大な火山も含まれる。

　噴火警戒レベルは，火山活動の状況に応じて「警戒が必要な範囲（生命に危険を及ぼす範囲）」と，防災機関や住民等の「とるべき防災対応」を5段階に区分した指標であり，噴火警報，噴火予報とともに発表される。噴火を予報したうえで防災対応の助言があれば理想的だが，現実的には噴火の予報は困難なため，既往の噴火警戒レベルの運用は火山の噴火が発生してからなされている。

　地震や洪水と同様に，火山を対象とした**ハザードマップ**も，主要な火山を対象として作成・周知がなされている。自身が居住したり訪問したりする地域の火山についてのハザードマップをよく理解することは重要である。しかしほかの災害と同様，火山噴火についても，ハザードマップは一定の前提を設けた上でつくられていることに留意する必要がある。実際に火山噴火が起きた場合，もしハザードマップの前提としている条件とは異なる事象が展開した場合，ハザードマップが避難行動の指針にならないこともありうる。ハザードマップは活用すれども妄信すべからず，である。

6.5　火山の恵み

6.5.1　豊かな土壌や豊富な湧水などの暮らしの基盤

　火山噴火における降灰は，短期的には耕作地の荒廃をもたらすが，長期的に見れば無機栄養素と土壌の母材を供給することにより，豊かな土壌の形成に寄与している。火山が分布しない地域における土壌母材の形成速度は，火山地域と比べて桁ちがいに遅い。

　また，山麓に流下した溶岩流は，火山砕屑物の層と協働して地下水の貯留層や流路として機能することで，地域に対する豊かな水源を提供する。火山山麓の豊かな湧水は，富士山の白糸の滝や北海道羊蹄山麓の京極の噴き出しなど，各地で知られている。

　さらには，岩屑流が堆積した傾斜のゆるい平坦地は，耕作地や居住地としての利用の便がよく，静岡県御殿場市のような有力な市街地に発展することもある。

6.5.2 温泉や堰止湖などの景勝地

　火山の地下に存在するマグマは，巨大な蓄熱体でもある。岩盤に浸透した降水は，マグマの熱で加熱されるとともに，さまざまな有用成分を溶かし込んだ温泉として，火山山麓に湧出する。有力な観光地の多くが，火山と温泉の恩恵にあずかっている。

　溶岩流や岩屑流で発生した土砂が近接する河川に流入すると，河川を堰き止めて天然ダムをつくり景勝地となることがある。福島県磐梯山の北側の裏磐梯エリアや栃木県男体山の西側の中禅寺湖などが好例である。

6.5.3 金属鉱床や地熱発電などの地下資源

　マグマの熱により駆動される地下の熱水系は，マグマから供給される，あるいは周囲の岩盤から抽出される有用金属成分を特定の場所に沈殿させることで，金属鉱床を形成することがある(5.1.6項参照)。また，地中に浸透した降水がマグマの熱で $200 \sim 300$ ℃まで加熱されると，加圧蒸気が得られる。この蒸気を汽力発電のタービンに導入することで再生可能な電力エネルギーである地熱発電を運転できる(5.1.7項参照)。

基本事項の確認

① 火山とは，地下の（　　）が地上に噴出する現象・場所である。
② 火山から噴出する物質を（　　）とよび，（　　），（　　），（　　）の3種類に大別できる。
③ 日本には過去（　　）万年以内に活動歴のある活火山が（　　）座あり，そのうち（　　）座が重点的な監視対象とされている。
④ 海洋プレートの沈み込みとともに最初にマグマが発生する場所の地上に分布する火山を連ねた線を（　　）とよび，火山の（　　）が最も高い。
⑤ 火山噴火では，高温高圧のマグマは冷却（　　）するとともに，減圧（　　）する。
⑥ 苦鉄質のマグマは高温で（　　）が高いため，減圧で生じた（　　）が速やかに分離して爆発性が低い。
⑦ わが国の火山で最も多く見られる岩石は（　　）だが，富士山や伊豆諸島の大島の主体の岩石は（　　）である。
⑧ 火山体は，マグマが地表に噴出する（　　），地下に存在する（　　），それらを連絡する（　　）などから構成される。
⑨ 火山噴火の主な形態として，マグマ自体が流下する（　　），高温の火山砕屑物が上昇する（　　），その密度が空気よりも大きい場合に発生する（　　），水と火山灰が混合して流下する（　　），火山体を構成する土石が流下する（　　）などがある。
⑩ 火山の噴火により発生が予想される事象の種類や分布を示す地図を（　　）という。

演習問題

(1) 火山が噴火する際のマグマに生じる環境の変化と，それにより起こるマグマの状態の変化について説明せよ。
(2) 火山噴出物の大きさや一体性が，細かな破片や大きな岩塊などの多様性に富む理由を説明せよ。
(3) マグマの化学的性質と火山噴火の様式との関係を説明せよ。
(4) 代表的な火山体の種類とそれぞれの特徴を説明せよ。
(5) 火山噴火のハザードマップの利用上の注意点を述べよ。

7 固体地球表面の変化と地形

　地形とは地表面の形状である。泣き笑いがつきものの人生は「山あり谷あり」といわれるが，土地にもさまざまな起伏や高低がある。地形には，地球表面の基本的なかたちを決めている大規模なものから，規模の大きな洪水や地震などが起こると姿を変えていく小規模で繊細なものまで，さまざまな規模や様式が存在する。このような大小さまざまな規模や様式を示す地形を階層的に捉えてみたい。そうすることで同じ階層に属する地形が，しばしば共通する過程や媒体によって形成されていることがわかる。地形はある一定の傾向に沿って，壮大な時間をかけて変化しているが，その変動を現時点におけるショットとして捉えてみたい。そのような作業の面白さに気がつくと，世界中どこへ行っても退屈するということがない。

7.1　地形の階層構造と大規模な地形

7.1.1　大陸と海洋

　1章でみたように，表面の7割を占める海洋と残りの3割の大陸をもつことは，地球の大きな特徴のひとつである。地形的観点からは，地球上の地形の階層構造の土台をなす第一級の地形が，大陸と海洋である（表7.1）。海洋の平均深度と陸地部分の平均高度の差は約5 kmに達する。固体地球の表層部では浮力の原理（アイソスタシー）が成り立っているので（1.2.4項参照），両者の高度差は，海洋地殻よりも大陸地殻が非常に厚いことを意味する。

　地球表面の約3割を構成する厚くて軽い大陸地殻こそ，30億年以上もの長期にわたって固体地球の浅層で駆動されてきたプレートテクトニクスにおける沈み込み過程にともなって形成された「軽いマグマ」が集積したものにほかならない。プレートの沈み込みに際してさまざまな深度で発生するマグマには，軽い元素が濃集する。そのため，それらが固結した岩石はもとのマントルよりも軽いので，アセノスフェアの上に浮いたままで沈むことができず，単調に増加を続けた。つまり大陸とは，プレートテクトニクスが10億年単位の歳月をかけてつくり続けてきた岩石であり地形である。

　大陸上には**大陸平原**とよばれる比較的平坦な地域が広く分布する。大陸平原は，地球史46億年の前半から中盤にかけて大きな地殻変動を受けて大山脈を形成したのち，長期間にわたって安定して侵食が徐々に進んで低平になった地域である。海洋底の大部分は，**深海平原**とよばれる水深3〜5 kmのほぼ平坦な海底となっている。海洋プレートの上面である深海平原には，ところどころに海底火山活動により形成された高さ1000 mを越える海山がそびえている。

表 7.1　地球上の地形の階層構造

階層区分	営力	主たる原因	主たる過程	代表的な地形
基盤形状	内的営力*	プレートテクトニクス	過去の沈み込み過程の集積	大陸
			現行のプレート生産境界	中央海嶺，大地溝帯
			現行の生産プレート	大洋底
大規模			現行のプレート消費境界(沈み込み)	海溝，島弧(火山弧)，陸弧
			現行のプレート消費境界(衝突)	大山脈，大高原
			現行のプレートすれ違い境界	トランスフォーム断層
		ホットスポット	ホットスポット火山活動	巨大火山島，巨大海山，海台，巨大カルデラ，溶岩台地
		プレートテクトニクス	プレート境界における地殻変動	山脈，山地，盆地，地溝帯，構造湖，河岸段丘，海岸段丘，隆起準平原，地塁，穿入蛇行
			火山噴火	火山，火砕流台地，カルデラ
	外的営力*	河川の水流	流水の侵食・運搬・堆積(上流域)	V字谷，堰止湖，地滑り地形
			流水の侵食・運搬・堆積(中流域)	扇状地，谷底平野，河岸段丘
小～中規模			流水の侵食・運搬・堆積(下流域)	氾濫原，自然堤防，三日月湖
			流水の侵食・運搬・堆積(河口域)	三角州
		氷河の流動	氷河の侵食・運搬・堆積(上流域)	圏谷(カール)，U字谷
			氷河の侵食・運搬・堆積(下流域)	氷堆石(モレーン)，氷河湖
		風	風の侵食・運搬・堆積	岩石砂漠，砂丘，風送土高原，メサ・ビュート，涸れ川(ワジ)
		気候変動	海水準変動	リアス海岸，フィヨルド，海岸段丘，河岸段丘，多島海
		潮流	潮流の侵食・運搬・堆積	砂し，砂州，陸けい島
		波浪	波浪の侵食・運搬・堆積	海食崖，海食台，海食洞
		溶解	弱炭酸酸性水による石灰岩の溶食	ドリーネ，ウバーレ，鍾乳洞

*外的営力は太陽放射エネルギーに，内的営力とは地球内部の熱エネルギーに起因する。

7.1.2　現在進行中のプレートテクトニクスの活動に起因する地形

　現在進行中のプレートテクトニクスの営みによる地球表面形態の変化は，大陸と海洋につぐ大規模な地形をつくりだす。この作用は，プレートが生まれたり消えたりすれちがったりする境界部分で特に顕著である。

　プレートの発散境界，つまりプレートが新しく生産される大洋中央海嶺は，水深5 km 前後の深海平原から立ち上がる比高2〜4 km の海底山脈である。中央海嶺は長大な距離を緩やかな曲線で枝分かれをせずに延び，総延長は約10 万 km に達する。ひとつの中央海嶺をたどっていくとどこかで別の中央海嶺と出会う。その中央海嶺のT字路は，3つのプレートの境界地点である(図2.2)。中央海嶺をより詳しく見ると，曲線に見える区間では多数のトランスフォーム断層によって寸断されていることがわかる(図2.6)。また，プレートの生産速度が小さな中央海嶺では，できたばかりのリソスフェアが拡大軸沿いに多数の正断層で陥没し，**中軸谷**とよばれる溝状の陥没地形が連続する。

　通常のプレート収束境界では，海洋プレートがマントル中に沈み込む過程で特有の地

形が形成される。沈み込み帯では，斜め下方に向かって沈み込む海洋プレートの上面が，水深6 km以上に達する地球上で最も低い狭長な深所をつくる。その地形を**海溝**とよび，幅は100 km前後で延長は数百〜数千kmに達する。構造的に海溝と同じだが，堆積物の埋積などにより水深が6 kmに達しないものを**舟状海盆（トラフ）**とよぶ。中央海嶺が多数のトランスフォーム断層により寸断されるのに対して，海溝を横切るトランスフォーム断層はごく少ない。

火山弧は，海溝における海洋プレートの沈み込みにともなって発生するマグマが，海溝から中央海嶺と逆方向のやや離れた場所に断続的に噴出して形成される。陸上に形成される火山弧を**陸弧**，海域に形成される火山弧を**弧状列島**または**島弧**とよぶ。島弧は，大陸との間に背弧海盆または縁海とよばれる海域をもつ。

プレート収束境界の双方のプレート上に大陸がのっていると，どちらも沈むことができずに衝突境界となることがある。衝突境界は固体地球表面の最高所である大山脈を形成し，その高度は最高で約9 kmに達する。衝突過程が進行すると大陸地殻が大きく変形したり二重構造になるなどしながら地形的高所が拡大していく。

互いに接するプレートがすれちがう運動を行う境界であるトランスフォーム断層は，リソスフェアが薄い中央海嶺付近に非常に多く見られる。大規模なトランスフォーム断層の延長は数千kmに達する。

7.1.3　ホットスポット火山の活動に起因する地形

プレートテクトニクスとは無関係のホットスポット火山の近くでは，プレートテクトニクスにつぐ大規模な地形が形成される。ホットスポットについても詳細は2章で述べたので，ここでは地形に関連した内容に限定する。

ホットスポットに起因する地形は，現在活動中のホットスポットに起因するものと，過去の巨大なホットスポット活動（図7.1）に起因するものに大別できる。

ハワイ島に代表される現在のホットスポット活動は，現在の地球上では最大級の火山活動であり，ほかのタイプの火山と比べると突出して大規模の盾状火山を形成する（図6.5）。火山島が水中に没したものを**海山**とよび，水没の際に頂上付近が波浪侵食で削られて平坦になったものを**平頂海山（ギヨー）**とよぶ。一般的な火山の形態と規模の詳細は，6章を参照されたい。現在のホットスポット火山は，過去の巨大なホットスポット活動の余韻と考えられている。

図7.1　巨大火成岩岩石区

過去の巨大なホットスポット活動は現在のそれとは桁ちがいに巨大な火山活動であり，噴出した膨大な玄武岩が広大な台地を形成する。そうした地域は**巨大火成岩岩石区**または**洪水玄武岩**とよばれ，地球上に 10 か所以上知られている（図 7.1）。ひとつの地域の洪水玄武岩の噴出量は数百万～数千万 km^3 に達し，平面的な広がりが 1000 km 四方以上の規模に達する。陸上で噴出した洪水玄武岩は，デカン高原やコロラド高原のような広大な溶岩台地を形成する。海底で噴出した洪水玄武岩はオントンジャワ海台のような巨大な台地状の海底地形（海台）を形成する。

7.1.4　プレート境界近傍での火山活動や地殻変動にともなう地形

プレート境界の近傍では，火山活動や地殻変動による地形が形成される。これらは，地球内部の熱に起因する内的営力（詳細は 8 章）により形成される地形の中で，最も繊細なものである。火山活動により形成される個々の火山に見られる地形については 6 章に，また火山弧およびプレートの衝突帯における地形については 7.1.2 項に記した。

現在の日本列島のようなプレート沈み込み帯では，プレートの相互作用に起因して地殻が大きく変動することにより地形が変化する。そうして形成される地形を**変動地形**とよぶ。変動地形は，本来はプレート衝突帯の大山脈などを含むが，本項では，狭義の変動地形として断層と褶曲に関連する地形をみる。変動地形は，その本質において地球内部に起因する営力によって形成されるものだが，侵食作用などの太陽放射を起因とする外的営力も関与しつつ形成される。

地殻内部に生じた位置の変化，すなわち変位（ずれ）をともなう不連続面を**断層**という（詳細は 3 章）。地震は断層変位が短時間で起こる現象だが，断層における一定方向の変位が長期間くり返されて蓄積すると，断層地形とよばれる特有の地形が形成される。変位が鉛直方向に累積すると断層崖ができて地形の高低差が生じ，**断層山地**や**断層盆地**などの地形が形成される（図 7.2）。

兵庫県の六甲山地は断層山地の，東北地方中軸部の西側に南北に点在する盆地群は断層盆地の，長野県の諏訪湖や青木湖は断層盆地が水没した構造湖の，それぞれ好例である。断層の変位が水平成分に卓越していると断層を境とした横ずれ運動になる。横ずれ断層を横切る河川や尾根などは，同じ向きとずれの大きさをもつ屈曲形状を示す。

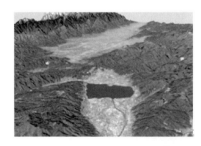

図 7.2　断層地形
左：代表的な断層盆地の長野県諏訪湖，右：代表的な断層山地の鈴鹿山脈（左上は琵琶湖）〔出典：いずれも国土地理院，https://www.gsi.go.jp/kikaku/tenkei_daichikei.html# 断層盆地〕

　地層が水平方向に圧縮を受けてアコーディオンまたはドレープのようにひだ状に変形することを褶曲（しゅうきょく）とよぶ（詳細は9章）。褶曲構造のうち，下に凸の部分を向斜，上に凸の部分を背斜とよび，背斜と向斜は互いにその軸を平行にして交互に分布することが多い。褶曲構造をもつ地層の分布域では，背斜や向斜が山稜や谷系と対応した褶曲地形が形成されることがある。わが国では，日本海拡大（詳細は11章）以降に形成された海成層の分布地域に，褶曲山地が分布することが多い。福島県会津盆地の北西縁や長野県中野市の高丘丘陵などがその好例である。波長の大きな褶曲構造で侵食に対する抵抗力の異なる地層がくり返す場合，巨大な洗濯板状の地形が形成されることがある。そうした地形をケスタ地形とよぶ（図7.3）。

図 7.3　ケスタ地形

左：ケスタ地形の断面，右：典型的なケスタ地形の秋田県七座丘陵〔出典：国土地理院，https://www.gsi.go.jp/kikaku/tenkei_chishitsu.html〕

7.2　地形の形成様式

7.2.1　造形の基本操作

　固体地球表面の形状である地形の形成過程は，一般的な造形の基本的操作と対応づけることができる。たとえば，ある形の物体をつくろうとするときに用いる手段を考えてみる。現在，普及が目覚しい3Dプリンターを使うとすると，樹脂などの材料を積層して溶着するであろう。石膏や粘土を用いた塑造とも共通する「つけ加える操作」である。また，非常に精密な造形加工をしたいのであれば，たとえばアルミニウムの塊を数値制御旋盤で切削加工するといった方法がある。伝統的な方法ならば，彫刻と共通する「材料を削る（除去する）操作」である。さらに，自動車部品製造のような大量生産の現場では，あらかじめ作成した強固な金属製の型（金型）に金属板などの材料をはさみ込み，大きな力を加えて変形させるプレス加工が多用される。これは「力学的な変形操作」である。

　地球表面の形状変化すなわち地形形成も，このように「つけ加える操作＝堆積作用」，「除去する操作＝侵食作用」，「力学的な変形操作＝地殻変動」といった個々の作用の組合せとして理解することができる。

7.2.2　侵食・堆積・地殻変動

　地形を形成する作用の基本を，付加に対応する堆積作用・除去に対応する侵食作用・

力学的変形に対応する地殻変動と考えると，地球上のさまざまな場所で進行する地形形成作用には一定の傾向があることがわかる。こうした地形の形成作用が，地球内部の熱エネルギーに起因してつくられた大規模な地形の基本構造の上にはたらいて，より小規模で繊細な地形が装飾されるようにして形成される。

　侵食作用のはたらきが活発な場所は陸上である。陸上では，水や氷などの媒体が太陽放射により位置エネルギーを獲得したのち，重力によって下方へと移動する。その過程で地層や岩石を侵食する作用が発現して地形が形成される場所が多い。ただし，大気の運動（風）は，乾燥気候地域などの一部では，砂粒を運搬して堆積する作用を発現することもある。陸上での地形の形成は，大局的には重力ポテンシャルの基準面である海水面に向けて粒子が移動する過程で進行する。

　堆積作用のはたらきが活発な場所は水中である。堆積作用が発現されるためには，その前段階の侵食・運搬作用が必要である。地球上で侵食・運搬・堆積作用が継続して営まれる主要な場は河川である。地殻変動で隆起して高所に持ち上げられた地層や岩石が流水などにより侵食されつつ運搬され，下流域にさまざまな様式で堆積されたあとに，最終的には河口の沖合，さらにはより深部の海底へと移動して堆積する。寒冷な気候下で大陸上に広く氷河が発達する場合は，氷河による侵食・運搬・堆積作用も活発に行われる。

　地殻変動のはたらきが活発な場所はプレート収束境界である。地殻変動が発現するためには，力学的なはたらきかけが必要であり，それが最も活発な場がプレートの収束境界である。衝突境界において激しい地殻変動が生じることはもちろんであるが，沈み込み境界においても沈み込む海洋プレートが他方のプレートを押すことにより，双方のプレートの内部には応力が発生し，力学的な変形過程が進行する。

7.2.3　関与する媒体と運動の特徴

　太陽放射をエネルギー源とする地形形成においては，太陽放射の熱エネルギーが直接に地形形成に作用する度合いよりも，太陽エネルギーによって駆動される水・大気・雪氷などの媒体の運動による地形形成作用が優勢である。

　水を媒体とする地形形成過程としては，河川，波浪，潮流などがあげられる。河川は上流から，大地の侵食，生成した粒子の運搬，運搬してきた粒子の堆積作用を行いつつ，各種の地形を形成する。

　風は，大気を媒体として地形を形成する。風による作用は乾燥気候下で卓越する。火山灰や粘土鉱物などの微細な粒子は，風によって運搬され風下に堆積する。また風力が強い場合は，風によって高速で移動する多量の粒子が地層や岩石に衝突してその表面を侵食することがある。この作用を**風食**とよぶ。

　氷を媒体とする地形形成過程は氷河である。氷河の運動は速度が小さいが質量が大きいため，侵食の強度が大きい特徴をもつ。一方，氷河の上にのって運搬される堆積物は互いに衝突することがないため，形状変化が少ない。その結果，氷河の運動によって形成される粒子は，粘土サイズから巨大な礫にいたるさまざまな大きさをもち，形状は円磨度が低いものが多いなどの特徴をもつ。なお，過去の寒冷な時期に拡大した大陸氷河

の前線付近に形成された地形は，氷河が縮小後退した現在の温暖な気候下では，近傍に氷河が存在しない場所に位置することになる。こうした地形の場合，一見しただけでは氷河との関係性が思い浮かばない点に注意が必要である。

7.3　中小規模のさまざまな地形

7.3.1　河川の上流域で発達する地形

　河川の上流域は山地であり，標高が高く土地の傾斜が大きいなどの基本的な特徴をもつ。こうした場所では，水流による侵食や重力による移動の作用が活発にはたらき，V字谷，地滑り地形，堰止湖などの地形が形成される。

　V字谷は，傾斜の大きな河谷を流速の大きな水流が流下する際に，堅硬な岩石のれきが河床に衝撃を加えて破壊することにより，河床が下方に削られて形成される。河谷の下方への侵食により両岸が急傾斜の斜面となり，それによる斜面の崩壊でもたらされる土石が水流に加わって下方侵食を促進する。つまり，れきの運動による下方侵食と，急斜面からの崩壊土石の供給が並進しつつ形成される地形である（図7.4左）。

　地滑り地形は，やや固結度の低い比較的新しい地質時代（数百万〜数千万年前）に形成された砕屑性堆積岩や火山砕屑性の地層などで発生することが多い。自重を支えきれなくなった土塊が，円弧状の面を滑り面として尻もちをつくように回転しながら下方に移動する現象である。移動した土塊は下方ほど激しく破砕されながら定置されることで，上方から移動しようとする土塊に対する抵抗が増加する。その結果，重力的に安定すると運動が停止する。変形は数年あるいはそれ以上をかけてゆっくり進むこともあれば，短時間で進行することもある。また，運動が単発で終わることもあれば，ひとつの地滑りによる土塊の移動がほかの地滑りを誘発して順次発生拡大することもある。規模の範囲は大きく，滑り面の長さが数十m程度のものから数kmに達するものまである。地滑りが発生すると，上部に急傾斜の滑落崖，下部に破砕された土石からなる緩い傾斜面をもつ地滑り地形が形成される。地滑り土塊は山間の急傾斜地では貴重な緩斜面となり，農耕や居住用の土地として活用されることも多い（図7.4右）。

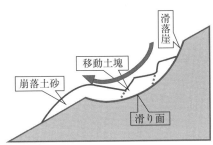

図7.4　河川上流部にみられる地形
左：新潟県十字峡付近の黒部川のV字谷〔出典：国土地理院，https://www.gsi.go.jp/kikaku/tenkei_kasen.html〕，右：地滑り地形の断面

<ruby>堰止湖<rt>せきとめこ</rt></ruby>は，大規模な地滑りや斜面の崩壊により発生した多量の土砂が隣接する河川を堰き止めることで出現する。中小の堰止湖は，湛水の圧力や越流による侵食，地震などにより比較的短期間に堰き止め土砂が流失して消失する。しかし，成層火山の山体が大規模に崩壊して発生した土砂による堰止湖などでは，土塊量が膨大なために長期間維持されることもある。堰止湖が長期間存続すると流入土砂が徐々に湖底に埋積し，埋積が完了すると広大な平坦面が出現する。栃木県日光の戦場ヶ原が好例である。

7.3.2 河川の中流域で発達する地形

河川の中流域では，基本的には，河谷の下方への侵食力は小さくなる一方，曲流区間における側方への侵食作用が優勢になる。また長期的には，気候変動や地殻変動などによって，侵食作用が活発化する時期と堆積作用が活発化する時期が入れ替わることも多い。短期的には，流況の変化によって，侵食作用が発現する局面と堆積作用が発現する局面が入れ替わることがある。そのため，河川の中流域では，侵食作用と堆積作用の組合せで形成される地形，たとえば谷底平野，扇状地，網状流，河岸段丘などさまざまな地形が出現する。

谷底平野は，下方侵食が活発な区間の下流側に出現する。降水量の減少や地盤の沈降などの理由により河川上流部の侵食力が低下すると，それまで形成されていたV字谷の底部が礫に埋積されて平坦部が形成される。また，側方侵食により河谷の幅が広がって形成された平坦面も谷底平野となる。

扇状地は，本流の谷底平野に，より急傾斜の支流が流入する合流点に形成されることが多い（図7.5）。谷底平野をしたがえる本流の周囲には，急峻な山地が分布することが多い。そのような急峻な山地を流下する支流の河川勾配は大きく，V字谷を形成する。豪雨時，こうした支流沿いに斜面崩壊が発生するなどして短時間に多量の土石が供給されると，土石と水が入り混じった流れが発生する。このような流れを土石流とよぶ。土石流は高速で流下して本流の谷底平野に到達する。すると，河床勾配の減少と流路幅の拡大による相乗効果で流速が急減する。そのため，運搬力が一気に低下して多量の土石が支流の出口付近に堆積する。こうした現象は豪雨の都度くり返される。ある豪雨時に堆積した領域は地形的な高まりとなるために，その流路は放棄される。そのため，次の豪雨時には別の流路沿いに土石流が流入，堆積する。こうして発生の都度，異なる方向に土石流堆積物が集積される結果，土石が扇状の領域に堆積した地形が形成される。このようにして扇状地は形成される。扇状地の上端を扇頂，中央を扇央，下端を扇端とよぶ。扇頂付近は粗大な礫を多く含み，扇央付近では地表面下を流れる伏流が主体となるために表流水が枯れ，扇端付近で伏流が地表面に再び戻って復帰流となる湧水が分布することが多い。扇状地の横断面形は上に凸の弧状をなすので，大規模な扇状地上の河川は一定の流路を維持しにくく，網目状の流路（網状流）をなすことがある。わが国では，谷底平野に面した扇状地として山梨県の笛吹川・釜無川沿いの扇状地，海岸に接する扇状地として富山県黒部川河口や静岡県大井川河口の扇状地などが知られている。

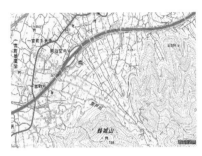

図 7.5　扇状地

左：山梨県甲府盆地の釈迦堂扇状地の地形図〔出典：国土地理院，http://
maps.gsi.go.jp〕，右：富山県黒部川河口付近の扇状地〔出典：国土地理院，
https://www.gsi.go.jp/kikaku/tenkei_kasen.html#〕

　幅広い谷底平野を流下する河川が，何らかの理由により段階的に下方侵食力を強める
と，流路にほぼ平行なひな壇状の地形が河岸に形成される（図7.6）。こうした地形を**河
岸段丘**とよび，わが国の河川の中流部沿いにしばしば認められる。段階的な侵食力の増
加は，たとえば，巨大な堰止湖の堰き止め土塊つまり天然ダムが段階的に崩壊する場合
などに発現する。天然ダムが形成されたときの高さで長期間存在すると，当初は堰止湖
であった水域に土砂の流入が継続することでついには完全に埋め立てられ，当初の湛水
面は土砂の堆積面となる。豪雨や地震などで天然ダムの上部が崩壊して有効高さが減少
すると，上流側の河川は低くなったダムの最上部に向かって下方侵食を開始する。堆積
したばかりで未固結の土砂は容易に下方侵食を受けた後，側方侵食の状態に移行し，か
つての湛水面よりも少し低い平坦面を形成する。もしもこの期間が長いと，最初の平坦
面はすべて失われるが，そうなる前に再び天然ダムの一部が崩壊すると，より低いダム
の頂部に向かう新たな下方侵食がはじまり次のサイクルが開始される。このサイクルが
何度もくり返されることにより，各段階に対応した多数の平坦面が順次形成されて，河
道とだいたい平行な階段状の地形，つまり河岸段丘が形成される。河岸段丘の形成過程
からわかるように，平坦面は上位のものほど古い。下方侵食力の段階的な増加は，土地
の段階的な隆起や気候変動にともなう海水準の変動によってもたらされることも多い。

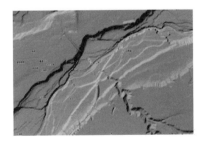

図 7.6　河岸段丘

群馬県沼田の河岸段丘の俯瞰写真（左）と濃淡地形図（右）〔出典：いずれも国土
地理院，https://www.gsi.go.jp/kikaku/tenkei_kasen.html〕

7.3.3　河川の下流域で発達する地形

　河川は，上流から下流に向かい河床勾配を減少させるとともに，湿潤気候ならば支流が合流をくり返して流量が増加していく。下流に平野部をしたがえる大河川では下流域の流速は小さくなるので，洪水時でも運搬・堆積される粒子は砂泥に限られる。しかし，海岸線近くまで山地が迫る地域を流下する河川では，河口付近の河床勾配も大きいため，れきが堆積する扇状地性河川となることが少なくない。ここでは，平野を流れる河川が形成する代表的な地形として，蛇行河川，蛇行州，三日月湖，氾濫原，自然堤防，後背湿地，三角州を取り上げる。

　河床勾配が緩い河川は，流路上の微細な高低差や流動の抵抗差などを契機として，より流れやすい方向へと転向する。いったん流れの向きが変わって曲流部が形成されると，その外側では侵食作用が増すため曲流区間が成長する。こうして曲流の度合いが増すことで，平野部の河川は**蛇行河川**となる（図 7.7）。曲流区間の内側には，砂泥が堆積して**蛇行州**が形成される。曲流区間の成長が続くと，ついにはとなり合う曲流部分どうしが接触して流路が短絡する。すると，取り残された流路は本流と分離されて孤立する。こうしてできた C 字型の孤立水域が腐植や泥などで徐々に埋め立てられると，三日月形をした水域（**三日月湖**）が形成される。治水工事や流域開発などにより人工的に整備された直線的な流路に隣接して C 字型の孤立水域が見られることがあるが，そうした人為の水域は厳密には三日月湖ではない。

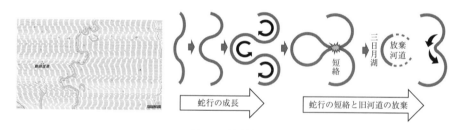

図 7.7　蛇行河川
左：湿地（アミかけ部）の中を自由蛇行する北海道釧路川〔出典：国土地理院，http://maps.gsi.go.jp〕，右：蛇行の成長，短絡と三日月湖の形成

　上流部の V 字谷や谷底平野と比べると，平野部の河川は流路の周囲に広大で低平な土地が広がっている。そのため，河川の流量が増加して通常時の流路からあふれると，低平地を広範囲に水没させて一時的な湖沼状態をつくり出す。こうした水域の流れはごくゆっくりとしており，水没した地表には有機物に富む泥が堆積する。洪水氾濫が収束したあとも，流路の外部の低平地は水の退きが悪く湿地状態を維持するため，その地域を**後背湿地**とよぶ。また，後背湿地と河川本流部をあわせた低平地の全体を**氾濫原**とよぶ。わが国で大都市が立地する低地の多くは，河川整備が行われる以前は氾濫原であった場所である。通常時の河川流路から水があふれる際には，限定された流路断面積の中を大きな流速で流下していた河川水が，広大な流路へと拡大するためにその流速が突然低下する。このとき，速い流れの中で運搬されていた懸濁物のうちの粗大な粒子が，平常時の流路に沿った狭長な地帯に沈積する。この作用がくり返されることにより，蛇行

表 7.2　三角州と扇状地の比較

	三角州	扇状地
形成場所	内湾や湖沼に面した河口	山間の谷底平野沿いまたは急流河川の河口
典型例	広島市，千葉県小櫃川，福島県猪苗代湖長瀬川など	甲府盆地の勝沼，黒部川河口など
平面形	扇型が多いが，鳥趾状〜尖頭状も	扇型
傾斜	ほぼ水平	数度傾く円錐曲面
等高線	ほとんど現れない	等間隔の同心円状
流速・流向	常時はほぼゼロないし感潮により逆流	常時はごく少，ないしゼロ（完全に伏流）
豪雨時の流況	濁流，ただし礫は含まない	濁流ないし土石流
構成物	砂泥	礫と砂泥，とくに上流側には巨礫を含む

　河川の流路沿いに周囲の氾濫原よりもわずかに高い土地（微高地）が形成される。自然に形成されたこの堤防状の地形を**自然堤防**とよぶ。自然堤防が一定の高度を超えると，洪水の収束局面で本流に水が戻ることができなくなるので，それまでの流路が廃棄され新たな流路が作られる。氾濫原では，蛇行河川がこうして大洪水のたびに流路を変更しながら，自然堤防での砂の堆積と氾濫原での泥の堆積をくり返しつつ，広域的な堆積作用が進んでいく。治水整備が十分に進んでいない段階の氾濫原の開発においては，中小の洪水氾濫に対しては自然堤防が水没を免れる唯一の土地だった。そのため，現在の大都市でも，江戸時代から続く街道や町並みには自然堤防上に立地しているものが多い。

　三角州は，洪水時に土砂を懸濁運搬する河川水が静かな水域に到達した段階で，懸濁粒子を沈積することにより形成される。三角州の平面形状は，流入した水域の水底地形，波浪や潮流の強度によって多様性を示す。たとえば，潮流や波浪による侵食作用が小さい場合は鳥の足先に似た形状を示す。三角州は，典型的な平面形状が扇型である点が扇状地と似ているが，構成粒子に礫を含まないこと，傾斜がほとんどなく水平面に近いことなど，さまざまな点で扇状地と異なっていることに注意したい（表 7.2）。

　平野部は，海面の高度変化の影響を直接に被る地域である。津波や高潮などの一時的な海面変動だけでなく，地球全体の気候変動に呼応した海面変動の影響も受け，それを記録している。たとえば関東平野には，現在の海面高度すれすれの低地（都心の「下町」）と，それよりも 20 m ほど高い高度をもつ平坦面である台地（都心の「山の手」）の，2 つの地形要素が認められる。低地は現在の河川が運搬堆積した土砂でできた土地である。一方の台地は，10 万年以上前の世界的な温暖期の海面上昇にともなって，現在の関東平野の全域に拡大した海（古東京湾）の海底に堆積した土砂でできた地形面である。

7.3.4　海岸線付近の陸上と海底で発達する地形

　海岸線の周辺には，波浪による侵食や潮流による運搬・堆積など海水を媒体として形成される地形，海岸の砂が風で運搬されてできる地形，それらと海面変動や地殻変動とが相補的に形成する地形などさまざまな地形が見られる。

　外洋に面した海岸では波浪のエネルギーが大きいため，固い岩盤や地層も破壊されて流失し海岸線は後退する。しかし，波浪のエネルギーは海面か数 m でほぼゼロとなる

ため，侵食されるのは海面直下までで，陸地が後退した跡には干潮時には海面スレスレの浅い岩礁である**海食台**が形成される。海食台の広がる海岸線で波による侵食（波食）が進行中の急な崖を**海食崖**（がい）という（図7.8左）。

　海食台と海食崖からなる海食地形が地殻変動により隆起すると，海岸線に併走する高所の平坦面がつくられる。これを**隆起海食台**とよぶ。土地の隆起が段階的に行われると，海岸線に平行に階段状の隆起海食台が形成される。これを**海岸段丘**とよび，その各面の境界部分は隆起した海食崖である。高知県室戸岬には典型的な海岸段丘が分布する（図7.8右）。海岸段丘も河岸段丘と同じく，上位の面ほど形成年代が古い（表7.3）。

図7.8　外洋の波浪による侵食が関与する地形
左：高知県室戸岬の海岸段丘〔出典：国土地理院，https://www.gsi.go.jp/kikaku/tenkei_umi.html# 海成段丘〕，右：徳島県千羽海岸の海食崖〔出典：国土地理院，https://www.gsi.go.jp/kikaku/tenkei_umi.html# 海食崖〕

表7.3　河岸段丘と海岸段丘の比較

	河岸段丘	海岸段丘
形成場所	主として河川中流部の河岸	主として外洋に面した海岸線
典型例	群馬県沼田市利根川，新潟県津南町信濃川	高知県室戸岬，千葉県南房総市野島崎
断面形	河道の両岸または片岸に階段状，各段は水平	海岸線から内陸に階段状，各段はほぼ水平
段の新旧	上位ほど古い	上位ほど古い
各崖の成因	河川の側方侵食	海食崖
各面の成因	谷底平野	海食台
全体の成因	隆起と気候変動，堰止湖の段階的侵食など多様	隆起と海面変動，海溝型地震による隆起の反復など

　樹枝状に河谷が発達した臨海部で地殻変動による土地の沈降あるいは海水準の上昇が起きると，谷筋に海水が浸入して樹枝状の海岸線が形成される。こうした地形を**リアス海岸**という（図7.9左）。リアス海岸は外洋に面していても，複雑な海岸線により波浪が減衰する。一方で，十分な水深があるため良港として重用されてきた。わが国では，東北地方の南三陸や三重県志摩半島などで，養殖漁業の適地として活用されている。

　海食作用により生産された大量の砂の一部は，潮流に運搬され周辺の海岸に漂着し，**海浜**を形成する（図7.9右）。沿岸流により運搬された砂がくちばし状に突き出して堆積した地形を**砂し**（さ）といい北海道野付埼が好例である。砂しが成長して湾口部を塞いだ地形を**砂州**といい，京都府天橋立が好例である。海岸付近にあった島と海岸との間が砂で連

絡されたものを**陸けい島**といい，和歌山県潮岬が好例である。海浜の風の卓越方向が内陸を向いている場合に，隣接する内陸部に形成される砂丘を**海岸砂丘**といい，鳥取砂丘や山形県の庄内砂丘が好例である。

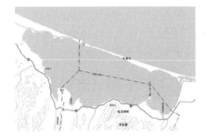

図 7.9　海岸沿いに見られる地形
左：三重県五ヶ所湾のリアス海岸〔出典：国土地理院, https://www.gsi.go.jp/
kikaku/tenkei_umi.html# リアス式海岸(溺れ谷)〕，右：北海道サロマ湖の砂州
〔出典：国土地理院, http://maps.gsi.go.jp〕

　大河川から供給される大量の砕屑粒子は，陸地の沖の水深 100 ～ 200 m に分布する平坦な海底面である大陸棚に沈積する。日本列島周辺の大陸棚の分布は地域による差が大きく，対馬海峡や宗谷海峡ではよく発達して朝鮮半島や樺太まで連続するのに対して，太平洋岸ではたかだか数十 km 沖までである。大陸棚の発達が悪く，その沖により水深の深い海溝やトラフなどが存在する場合，大河川の河口付近に沈積した土砂は，海底に刻まれた谷(海底谷)の中を海底懸濁流として流下し深所に堆積する。代表例として，利根川や荒川が東京湾に供給した堆積物を相模トラフに運ぶ東京海底谷，飛騨山脈から供給される土砂を日本海盆まで運ぶ富山海底長谷などがある。

7.3.5　寒冷地で発達する地形

　地球上の寒冷地では，降雪が夏に融解することなく年を越し，それが集積・圧密されて氷となった氷河が存在する。そのうち，高山にあるものを**山岳氷河**，極域の大陸上にあるものを**大陸氷河**または**氷床**という。わが国でも，過去の寒冷な時期(たとえば約 2 万年前など)には，中部山岳地帯や北海道の日高山脈などに山岳氷河が発達していた。氷河は，U 字谷，カール(圏谷)，氷堆石(モレーン)，氷河湖などの特徴的な地形をつくる。

　U 字谷は，氷が塑性変形しつつ年間数～数百 m の速度で流下しつつ，底面や側面に強大な圧力を加えて岩盤を削ることで形成される U 字断面の谷である。強大な圧力の硬い氷により岩盤が削られるため，その表面には無数の引っかき傷(擦痕)が残される。山頂付近にできるスプーンで掻きとったような急傾斜の U 字谷を**カール(圏谷)**という(図 7.10 左)。氷河の前面はいわば氷のブレードをもつブルドーザーによる岩屑の押し出しが行われる。したがって，氷河の最大到達地点の直下には押し出され，あるいは氷河の上に乗って運ばれてきた岩屑が集積しており，それを**氷堆石(モレーン)**という。融解が進み後退する氷河の前面には，モレーンで堰き止められた**氷河湖**ができる。氷河湖

の水底には，夏と冬で氷河からの融水量が異なるためにできる1年周期の縞模様をもつ**氷縞粘土**が堆積する。U字谷が沈降や海面上昇により水没すると，絶壁で囲まれた大きな奥行きの**フィヨルド**が形成される。フィヨルドは湾口から湾奥までほとんど幅の変わらない深い湾入地形で，スカンジナビア半島やグリーンランドに好例が多い。

　周氷河性波状地は，地盤の凍結融解作用がくり返されることで形成された，表面がなだらかな凸状の起伏の小さな丘陵地である。北海道の宗谷岬周辺に好例が知られる（図7.10右）。岩盤からなる地域では，大量の岩塊や岩屑が生成される。

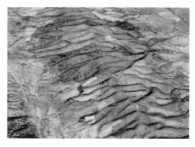

図 7.10　氷河が関与する地形
左：北アルプス黒部五郎岳のカール，右：北海道宗谷丘陵の氷河性波状地〔出典：いずれも国土地理院，https://www.gsi.go.jp/kikaku/tenkei_hyoga.html〕

7.3.6　乾燥地域で発達する地形

　陸地面積の約1/3を占める乾燥地域では，風が地形を形成する主要な作用となることが多い。また，低頻度で発生する豪雨時にのみ生じる水流がつくる特異な地形もある。

　乾燥地域の地形である砂漠は，風による侵食作用で形成される**岩石砂漠**と，堆積作用で形成される**砂砂漠**に大別できる。岩石砂漠は砂漠の大半を占め，特に硬い地層や岩石が風食作用に抵抗して残ることで形成された台地状の**メサ**や塔状の**ビュート**などの特徴的な地形をもつ。砂砂漠は岩石砂漠の周囲に分布し，さまざまな形態や規模の砂丘が発達することが多い。砂漠の雨はまれに，しかし大量に降るので，降水地域では一時的に水流が発生し洪水災害が起こることすらある。そうした水流の流路になるのが**ワジ**（涸れ川）であり，ワジに沿って地下水の湧出する**オアシス**が点在する。

7.3.7　特定の地質に関連して発達する地形

　特定の地質に関連する地形として，石灰岩に関係する地形と火山島のサンゴ礁に関係する地形を取り上げる。

　石灰岩における侵食作用は通常の岩石と異なり，その主要成分である方解石（$CaCO_3$）が降水に溶解して侵食・運搬される**溶食作用**として進行する。通常の岩石の場合，一定以上の強度の降水は地表面を流れる（表流水）ので，水による物理的な侵食作用により谷が形成される。一方，石灰岩からなる山体では，地下に溶食による空洞が発達するために強い降雨でも全量が地下に浸透して表流水が発生しない。そのために谷がほとんど発達しない巨大な台地状の地形となる。石灰岩の溶食地形を総称して**カルスト地形**とよ

び，ドリーネ，ウバーレ，ポノール，ポリエなど各種の溶食地形が見られる。

　ドリーネは石灰岩の割れ目沿いなどに発達する空隙で，降水が地下に流入する水路となる。ドリーネの延長で地下に網の目のように分布するトンネルが**鍾乳洞**である。ドリーネが発達して集合すると巨大な窪地である**ウバーレ**ができ，ウバーレで降水が鍾乳洞へ流入する穴を**ポノール**という。石灰岩の溶食が進行すると地下水面まで到達した平坦地である**溶食盆地（ポリエ）**が形成される。さらに溶食が進むと，中国南部カルストの名勝「石林」のように，溶食から取り残された岩体が塔状に立ち並ぶ地形ができる。

　低緯度の火山島は，サンゴ礁が成長するための条件である温暖・清澄・浅海の3つの条件を満たすため，サンゴ礁に囲まれた特徴的な地形が形成される。サンゴ礁は，裾礁，堡礁，環礁の3つに大別される。**裾礁**は火山島の海岸線に密着して発達する。**堡礁**は火山島の周囲を防波堤状に取り囲んで発達し，島との間に浅い礁湖をもつ。**環礁**は海面に火山島が存在せず，浅い円形の礁湖を取り囲んでサンゴ礁が環状に発達する。環礁の地下には数百 m 以上の厚さの巨大な円柱状の礁性石灰岩が存在する。火山島本体の年代とサンゴ礁の様式との間には対応関係があり，裾礁，堡礁，環礁の順に古くなる。これらのサンゴ礁は，サンゴ生育に好適な海象条件の地域を，プレートテクトニクスの運動により火山島が長期間移動しながら形成されたと考えられる。

基本事項の確認

① 地球上の大規模な地形は（　　）の営みで形成されてきた。プレート収束境界の（　　）帯で形成される軽いマグマが集積したものが（　　）であり，プレート発散境界の（　　）で生産された海洋プレートが覆う地域が（　　）である。

② 海洋プレートが沈み込む場所には，深く狭長な海底地形である（　　）や（　　）が形成されるとともに，大陸側に少し離れた地域には（　　）が形成される。

③ 大陸をのせたプレートどうしが接近すると，ついには互いに（　　）し，さらにプレートが水平運動を続けると（　　）や（　　）のような大山脈が形成される。

④ 地形の形成過程を一般的な造形操作と比べると，塑造と類似するつけ加える過程が（　　）であり，彫刻と類似する除去する過程が（　　）であり，プレス加工と類似する力学的に変形させる過程が（　　）であるといえる。

⑤ 陸域において，水を媒体とする地形形成作用の主体が（　　）であり，大気を媒体とする主体が（　　）であり，氷を媒体とする主体が（　　）である。

⑥ 河川の上流では，河床（　　）が大きく下方（　　）が活発なため，（　　）が形成される。

⑦ 河川の中流では，本流の（　　）平野に流入する支流の出口付近で，（　　）がくり返し起こることで堆積物が集積し，（　　）が形成される。また，（　　）平野の堆積物が段階的な（　　）作用を受けることで，階段状の地形である（　　）が形成される。

⑧ 河川の下流部で河床（　　）が小さい地域では，河道が屈曲をくり返す（　　），それが過度になり短絡してできる（　　），河道沿いの微高地である（　　），それらとともに広がる低平な土地である（　　）が発達する。河口が湖沼や（　　）など静かな水域に面していると（　　）が発達する。

⑨ 海岸沿いで（　　）の力で陸地が侵食されると，海岸線に面した急斜面である（　　）と沖に向かう岩礁である（　　）が形成される。この地形が段階的に隆起すると階段状の（　　）ができる。この地形の（　　）の面ほど新しい点は，河岸段丘と同じである。

⑩ ほかの地質と異なり，（　　）は微弱な炭酸酸性である降水に溶解するため，（　　）という侵食様式を受け，特有の（　　）地形をつくる。（　　）は，その中の地下水のトンネル

であり，（　　）や（　　）はそこへ表流水が流入する入り口である。

演習問題

(1) プレートどうしがすれちがうトランスフォーム断層の大部分が大洋中央海嶺にともなうことの理由を説明せよ。

(2) 三角州と扇状地の特徴を比較し，共通点と相違点を説明せよ。

(3) 河岸段丘と海岸段丘の特徴を比較し，共通点と相違点を説明せよ。

(4) リアス海岸は，通常は波浪をよく減衰して荒天時の避難港や養殖漁業の拠点として利用されるが，津波に対してはいかなる特徴をもつか説明せよ。

(5) 関東平野の低地における歴史的な街道や集落が，不規則な曲線に沿って分布することが多い理由を説明せよ。

8 固体地球浅層の物質循環と堆積岩

固体地球の表層では，長大な時間をかけて岩石がくり返しさまざまにその姿や場所を変える運動を継続している。いいかえれば，岩石は固体地球の浅層で物質循環を行っている。本章では，その循環の中でも特に，表面付近で形成される岩石である堆積岩を扱う。表層の物質循環とはいっても，対象は地球なのでその深度範囲は数十 km に及び，ほぼ地殻の内部が対象となる。その空間領域では，岩石圏の表層部分と気圏と水圏が活発な相互作用を行っている。さらに，生物の活動との相互作用も加わることにより，深度や地域ごとに特徴をもつさまざまな物質が生産される。それらの産物は領域内をゆっくりと移動し，長大な時間をかけてまた元の場所や状態に戻ってくる。広大な時空を俯瞰して，そこで進行する過程の理解が進むと，地球の息吹を実感できるのではなかろうか。

8.1 地質学的過程とその原動力

8.1.1 地質学的過程と地質学的営力

河川では，流れる水のはたらき，つまり侵食・運搬・堆積の 3 つの作用が営まれている。地層や岩石が侵食されるためには，その下ごしらえともいうべき風化作用により，砕かれたり，軟らかくなっていることが必要である。水流で運ばれたのちに水底に沈積した土砂は，後続の沈積物が次々に上にのってくるために押し固められ，粒子間の間隙の減少や粒子相互の接着などによる続成作用を受けて岩石化していく。そうしてできた地層が，地殻の大規模な変動により陸上に出て再び風化・侵食のプロセスを受ける。このように地球を構成している物質が，時間経過とともにその姿や場所を変えていく過程を，**地質学的過程**とよぶ。地質学的過程は，移動や加熱，圧縮などの物理的な仕事がなされる過程であるから，エネルギーを消費する過程である。地層や岩石などの地質体が地質学的過程を経る際に投入されるエネルギーのことを**地質学的営力**とよぶ。

8.1.2 内的営力と外的営力

地質学的営力は，地球内部の熱に由来する内的営力と，太陽放射に由来する外的営力に大別される。

地球内部の温度は，その中心部で 5000 ℃以上，マントル底部でも 3000 ℃と推定される。マントルや核がこの温度を保っていることは，それらの質量を考えると，地球はその内部に途方もない熱エネルギーを有していることになる。2 章で見たプレートテクトニクスやプルームテクトニクスは，地球内部の熱エネルギーが一種の対流によって徐々に地球表面に運搬され，宇宙空間に放熱される過程にほかならない。この地球内部の熱エネルギーがさまざまな地質学的な過程を駆動するとき，これを**内的営力**という。なお，地球内部の熱エネルギーの多くは，46 億年前に地球が形成された際に集合した宇

宙塵・隕石・大小の天体がもっていた速度が熱エネルギーに転換されたものである。放射性元素の崩壊熱の寄与もあるが，その比率は小さい。

外的営力は太陽放射によりもたらされる。太陽では水素の核融合反応で常時膨大なエネルギーが発生し，宇宙空間に放射される。太陽から約 1 億 5000 万 km 離れた地球の公転軌道上には，$1.4\,\mathrm{kW/m^2}$ の太陽放射が常時到達している。この太陽から放射されるエネルギーによって，地球上での水や大気の運動が駆動され，それらを媒体とするさまざまな地質学的作用が行われる。

このような地質学的営力とさまざまな地質学的な作用や過程との関係を包括的に理解することが重要である（表 8.1）。

表 8.1　地質学的営力と地質学的過程・作用との関係

外的営力（太陽放射）により駆動される地質学的過程・作用	
主として陸上	風化作用，侵食作用
主として水中	運搬作用，堆積作用，続成作用
内的営力（地球内部の熱）により駆動される地質学的過程・作用	
浅　部	続成作用，地殻変動，火山活動
深　部	火成作用，変成作用

8.1.3　さまざまな地質学的過程

固体地球の浅層では，さまざまな場所で特有の地質学的過程が進んでいる。ここでは，陸上の山地をスタート地点と考えて，それらの地質学的過程を見ていく。さまざまな地質学的過程の進行を，大気や水との相互関係，温度や圧力との関係などを含めて包括的に理解することが重要である（図 8.1）。

（a）風 化 作 用

山地を構成する地層や岩石は，マグマが固結した火成岩や，水底で堆積物が長期間を経て固結した堆積岩などを主としており，堅硬で一体をもった物質である。そのような堅硬な物質でも，水や酸素に富み季節や昼夜の寒暖の差がある地表環境に長時間さらされることで，徐々に破砕され分解されていく。この過程を**風化作用**とよぶ。

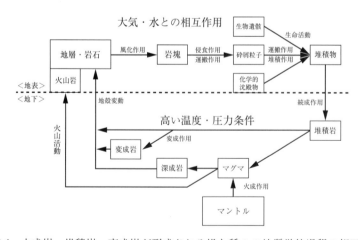

図 8.1　火成岩・堆積岩・変成岩が形成される場と種々の地質学的過程の相互関係

　風化作用は，物理的風化と化学的風化に大別できる。**物理的風化**とは，一体性を保っていた岩体が破砕され岩屑になっていく現象である。物理的風化では，水が重要なはたらきをする。水は氷点以下で固体（氷）になると，その体積が増加する。季節や昼夜の寒暖差による膨張収縮のくり返しで生じた微細な割れ目に水が浸入する。冬季に凍結する地域では，固化の際の体積膨張がくさびの役目を果たして，割れ目が拡大し延伸する。また泥質の堆積岩では，乾燥と湿潤のくり返しが膨張収縮を引き起こし細片化する（スレーキング）。これらに加えて植物の根系の進入や動物の巣穴の掘進などでも物理的風化が進行する。**化学的風化**は，造岩鉱物が水や酸素と反応して粘土鉱物に代表される軟弱な鉱物に変化する現象である。物理的風化と化学的風化は相補並行的に進むことにより，一体性をもった堅硬な岩石は，細かく砕けた軟らかい土砂へと変化していく。

(b) 侵食作用

　侵食作用は，風化により破砕され軟弱になった大地が，水や雪氷などの密度や強度の大きな媒体によって削り取られる現象であると広く理解されている。一方，力学的強度の低下した山体が，豪雨時の水分量の上昇による重量増加や大地震時の加速度に耐えられずに，自分から落下する現象がある。重力が本質的な役割を果たしているこうした現象は**マスムーブメント（土塊の移動）**とよばれ，媒体による削り取りの作用と同等あるいはそれ以上に重要な現象である。地滑りや豪雨時の土砂崩れなどが，マスムーブメントの典型例である。陸上で化学的に不安定な岩石，たとえば石灰岩などでは，微弱な炭酸酸性である降水に溶解して侵食が進む場合があり，これを**溶食**という。海岸に面した地層や岩石に対して波浪の力が作用する侵食作用を**波食**という。媒体の運動にともなう侵食作用では，侵食現象と運搬現象は同時に起こる。

(c) 運搬作用

　運搬作用は，河川や氷河，強風などにより，破砕され軟弱になった地層や岩石の砕片（砕屑粒子）が媒体の運動とともに移動する現象である。移動には種々の様式があり，たとえば水中の場合，浮遊状態の懸濁，水底を跳ねながら流下する跳動，水底を転がって動く転動などが典型例である。

(d) 堆積作用

　堆積作用は，運搬作用により運ばれてきた砕屑粒子や化学的に過飽和になり生じた沈殿物などが媒体の底部に沈積する現象である。媒体が流動体の場合は，運搬される粒子の大きさや密度により決定される運搬可能速度の下限に達したときに，堆積現象が起こる。また氷河の場合は，低所や水域に到達して消滅して，堆積現象が起こる。

(e) 粒径-流速図

　河川における上記の3作用の発現する粒径と流速の関係は，やや複雑であり，粒径-流速図（図8.2）により確認する必要がある。粒径-流速図中の2本の曲線は，上が**初動速度**，下が**沈積速度**とよばれる。ある粒径の粒子に注目すると，運搬現象が起こるときの速度（初動速度）は，それまで水底に静置されていた粒子が移動を始めることなので，流速が上昇して初動速度曲線と交わるときの速度になる（図8.2の点A）。一方，運搬現象が終わるときの速度（沈積速度）は，それまで水中を懸濁していた粒子が水底に定置されることなので，流速が減少して沈積速度曲線と交わるときの速度になる（図8.2の点B）。

　流水の作用と砕屑粒子の関係は「動き始めると沈みにくい」「沈んでいると動きにくい」ことが最も重要である。「起きているとなかなか寝ない」「寝ているとなかなか起きない」宵っ張りの朝寝坊のようで面白い。また，その初動速度と沈積速度の差が細粒になるときわめて大きくなる。つまり，細粒の粒子は非常に広い速度範囲で運搬されることにも注意したい。

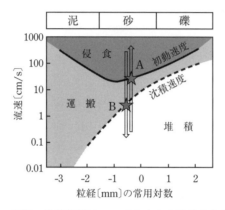

図8.2　侵食・運搬・堆積作用についての水中の粒子の大きさと流速との関係
流速の増加局面：実線が示す流速(A)に達すると水底の粒子が動き始める。
流速の減少局面：破線が示す流速(B)に達すると浮遊していた粒子が沈積する。

　河川や海底では，粒径–流速図上における上下方向の変化，すなわち種々の大きさの砕屑粒子の沈積や運搬がくり返されながら，砕屑粒子は徐々に下流へと移動していく。そうした移動は，河川が河口に達した後も継続する。最終的に砕屑粒子が移動を終えるのは，わが国のようなプレート収束域においては海溝やトラフなどの深海底である。河口付近が最終的な堆積の場とならないのは，海底の傾斜がより深所に向かって単調に増加することと，プレート収束境界において周期的に発生する巨大地震により堆積物に大きな加速度が加わることによる。こうして，巨大地震の都度，大河川の河口付近で巨大な海底地すべりが発生し，大量の砕屑粒子が乱泥流(懸濁流)となって海溝やトラフに流れ込む。このようにして形成された砂と泥が交互に堆積する地層は，**乱泥流堆積物**また

図8.3　乱泥流(水中懸濁流)とその堆積物からなる地層
左：海底斜面を流下する乱泥流〔出典：産業技術総合研究所地質調査総合センター，https://gbank.gsj.jp/geowords/picture/illust/turbidite.html〕，右：くり返し発生した乱泥流堆積が岩石となった砂岩泥岩互層(神奈川県城ヶ島)

はタービダイトとよばれる(図 8.3)。

(f) 続 成 作 用

続成作用は，砕屑粒子や沈殿物などの集積体が，時間の経過とともに一体性が高まり，力学的強度が増加して岩石へと変化する現象である。続成作用は，圧密作用と膠結作用に大別できる。圧密作用とは，沈積の継続により増加する上載荷重により粒子間の隙間が減少し，堆積物の密度が増加する現象である。膠結作用とはセメント作用ともよばれ，粒子の間隙に存在する水が化学的に過飽和になり，$CaCO_3$ や SiO_2 などの成分が析出して粒子相互を固着させる現象である。続成作用により堆積物が堆積岩へと変化するためには，通常は少なくとも数百万年以上の時間を必要とする。

(g) 変 成 作 用

変成作用は，堆積岩や火山砕屑物が岩石化した火山砕屑岩などが，それらが形成された条件よりも高温や高圧の状態に置かれることにより，固体の状態のままでその構成鉱物を変化させる現象である。変成作用は，再結晶作用と変形作用に大別される。続成作用が行われる温度の上限は 200 ℃ 前後であり，火成岩の源となるマグマが形成される温度領域が 800 ～ 1200 ℃ である。したがって，両者の間のおよそ 200 ～ 800 ℃ の範囲が，変成作用が生じる温度領域となる。変成作用の詳細は 9 章で述べる。

(h) 火成作用と火山活動

火成作用は，岩石の周囲が溶融開始温度を超過し，部分溶融が活発化した結果，マグマを形成し，そのマグマがさまざまな過程を経て冷却し火成岩になる作用である。火成作用の詳細は，5 章で述べたとおりである。マグマが地下深部でゆっくりと冷却すると深成岩になり，地上に噴出して急速に冷却されると火山岩になる。火山活動の詳細は，6 章で述べたとおりである。

(i) 地 殻 変 動

地殻変動は，プレート収束境界において最も活発に行われる地質学的過程である。大地の昇降・伸縮・傾動などによる変位，および断層運動や褶曲運動による変形などからなる。地殻変動の詳細は 9 章で述べる。地殻変動の最も大規模な様式である造山運動により広範囲に大地が隆起すると，深部に存在していた岩石が高所に押し上げられる。こうして，深成岩や堆積岩が山岳の高所に出現することも珍しくない。

8.2 堆積物と堆積岩

8.2.1 堆積の場

砂や泥などの砕屑粒子や火山灰，化学的沈殿物や生物の遺骸などは，さまざまな場所で堆積するが，最も一般的な堆積の場は水底である。陸上でも，堆積が起こる環境が全くないわけではないが，基本的には水流による侵食と運搬作用が活発に行われる。

堆積した場が海底の場合を海成層，陸域の場合を陸成層とよぶ。海成層は，大陸棚で堆積した浅海成層や深海で堆積した深海成層などに大別される。海成層はすべて海底で堆積したものであるのに対して，陸成層は必ずしも陸地上で堆積したとは限らない。陸域の湖沼や大河川などの水底で堆積したものは陸水成層とよばれる。陸水成層を除く陸

域の堆積物は**陸上成層**とよばれ，砂丘や火山灰などの**風成層**を主とする。

8.2.2 砕屑物と砕屑性堆積岩

　一体性をもっていた地層や岩石が破砕されて細片化した砂や泥などの粒子を**砕屑物**または**砕屑粒子**とよぶ。砕屑物はその粒子の大きさに基づいて区分される（表8.2）。粒径の直径が2 mm以下で1/16 mm（63 μm）を超えるものを砂，砂より大きな粒子を礫，砂より小さな粒子を泥とよぶ。それぞれの大きさの粒子を主とする砕屑物が岩石化すると，砂岩，礫岩，泥岩になる。

　砕屑粒子の記述では，大きさのほかにも円磨度や淘汰の度合いも注目される。**円磨度**は，粒子の丸み加減のことで，角ばった粒子を「円磨度が低い」，丸い粒子を「円磨度が高い」という。長距離を運搬された粒子は互いに衝突をくり返して角がとれていくので円磨度が高くなる。**淘汰**とは，砕屑物を構成する粒子の大きさのそろい具合のことで，同程度の大きさの粒子を主体とする場合を「淘汰がよい」，大きさがバラバラの粒子の集合を「淘汰が悪い」という。供給源からの運搬距離が小さい粒子は，淘汰が悪い。

8.2.3 生物遺骸と生物性堆積岩

　堆積岩のうち生物の遺骸を主体とするものを，**生物的堆積岩**または**生物岩**とよぶ。いわば化石が集合した岩石である。生物的堆積岩は，含まれる生物化石の特徴に基づいて，その堆積岩が形成した時代や環境を推定できる場合が多い（表8.2）。たとえば，石炭は陸域の沼沢地をともなう大森林で，放散虫化石に富むチャートは陸源の砕屑粒子が到達しない遠洋域で形成されたことを示唆する。

表 8.2　堆積岩の分類

構 成 物 質				岩石名	
砕屑性堆積岩	泥	粘土	粒径：1/256 mm以下	泥岩	粘土岩
		シルト	粒径：1/256 〜 1/16 mm		シルト岩
	砂		粒径：1/16 〜 2 mm	砂岩	
	礫		粒径：2 mm以上	礫岩	
生物的堆積岩	生物遺骸	CaCO₃	貝殻, フズリナ, サンゴ, 有孔虫など	石灰岩	
		SiO₂	放散虫, 珪藻など	チャート	
		C	植物	石炭	
化学的堆積岩	沈 殿 物		CaCO₃	石灰岩	
			SiO₂	チャート	
			NaCl	岩塩	
			KCl	カリ岩塩	
			CaSO₄・2 H₂O	石膏	
火山砕屑岩	火山砕屑物	火山灰	粒径：2 mm以下	凝灰岩	
		火山礫	粒径：2 〜 64 mm	火山礫凝灰岩	
		火山岩塊	粒径：64 mm以上	凝灰角礫岩	

8.2.4　化学的沈殿物と化学的堆積岩

　堆積岩のうち化学的に沈殿した物質を主体とするものを，**化学的堆積岩**または**化学岩**とよぶ。化学的堆積岩は，構成する沈殿物の特徴に基づいて，その堆積岩が形成した環境を推定できる場合が多い（表8.2）。たとえば，岩塩や石膏は乾燥気候下での閉鎖性海域の海水が蒸発することで形成される。そうした岩石を**蒸発岩**とよぶ。石灰岩とチャートは，生物的作用と化学的作用のどちらでも形成されることに注意したい。化学的堆積岩の場合には，化石が認められない。

8.2.5　火山砕屑物と火山砕屑岩

　冷却固結したマグマが細かく砕けた物質である火山砕屑物は，噴火の規模が大きい場合，火口から遠方まで流走したり風送されたりして堆積した結果地層となる。そうした地層が続成作用を受けて固結した岩石を**火山砕屑岩**とよぶ。火山砕屑岩は，その構成粒子の大きさに基づいて区分される（表8.2）。火山砕屑岩の中には，砂や泥など通常の砕屑粒子が混じったものもある。

8.3　地層の構造

8.3.1　地層の基本的特徴

　堆積物は厚さに対して大きな広がりを持つ層状の構造をもつことが多く，**地層**とよばれる。地層は，固結していない堆積物からなる場合もあれば，堅硬な堆積岩からなる場合もある。つまり，地層とは硬さや一体性とは関係がない。地層どうしの境界面を**地層面（層理面）**という。地層に関する二大原理として，地層累重の法則と地層同定の法則が知られている。これらの原理は，地質学の黎明期である19世紀初頭に確立された。

　地層累重の法則とは，層状の堆積物から構成される地層は下から上へと累積されていくので，下の地層ほど古くて上の地層ほど新しいという原則である。地層が形成後に大規模な地殻変動を受けると，地層が大きく傾いたり極端な場合は上下が反転することがある。地層の上下が判別できれば，地殻変動による逆転構造を判定できる。

　地層同定の法則とは，地層中に含まれる生物の遺骸，すなわち化石の種構成が同一であれば，同じ時代の地層とみなせるという原則である。たとえば，フズリナの化石が含まれる地層は互いに離れていても，すべて約3億年前の地層といえる。地層同定の法則を用いて，互いに離れた場所に存在する地層の同時性を確認することを**地層の対比**という。

8.3.2　地層の姿勢と測定法

　地層の多くは水底で堆積するため，形成当初はほぼ水平であることが多い。しかし，その後の地殻変動などにより，地層が傾いて姿勢が変化することもある。地層の姿勢は，走向と傾斜を用いて表す。

　走向とは，地層面を平面とみなせる場合，地層面と水平面との交線の向きである。走向の表示は，北からどれだけ東または西に振れているかで記す。たとえば，北から30°

東に振れている場合は「北30°東」といい「N30°E」と表示する。**傾斜**とは，地層面の傾きの大きさである。水平を0°，鉛直を90°とする。傾斜の大きさが同じでも面対称の2つの斜面があるので，区別のため，大きさとともに傾斜の向きを付記する。傾斜の向きは，地層面上にボールを置いた場合に転がっていく最大傾斜方向であり，東西南北の中の最も近い方位で表す。水平面から60°の傾斜があり，ボールがおよそ南のほうへ転がる場合の走向傾斜は，「60°S」と表示する。

地層の走向と傾斜は，クリノメーターを用いて，以下の手順で測定する（図8.4）。

① クリノメーターの長辺を地層面に押し当てる。
② 水準器の中の気泡が中心になるようにしてクリノメーターを水平にする。
③ 磁針盤のE, N, Wがつくる半円に注目して磁針が指す外側目盛りを読み取る（走向）。
④ クリノメーターの長辺を地層面の最大傾斜線の向きに押し当てる。
⑤ 磁針盤の中の重錘の指す内側目盛りを読み取る（傾斜）。
⑥ 方位磁針を見て最大傾斜の東西南北を判断する。

クリノメーターの走向読み取り用の目盛り盤を見ると，東西が方位磁針と逆に印字されていることがわかる。そうすることで「北から何度東西に振れているか」を直読できるようになっている。走向や傾斜の読み取りに際して，支点保護つまみで磁針や重錘の動きを止めてはならない。つまみは，運搬の際に支点の磨耗を防ぐためのものである。

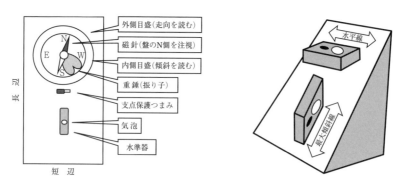

図8.4 クリノメーター（左）と地層の走向傾斜の測定法（右）

8.3.3 整合と不整合

地層が途切れることなく形成されて，下位から上位に向けて順次新しい地層が堆積していく関係を**整合**あるいは**整合一連**という。

一方で，一連の地層の堆積が中断し，水中から陸上へと環境が変化して侵食作用が生じた後に再び水中に没して，侵食で形成された陸化時の地表面上に，再び地層が堆積していくときに形成される一連の構造を**不整合**という（図8.5）。つまり，水中→陸上→水中の環境変化を記録した一連の地層の重なりの関係が不整合である。不整合の地層群の中に保存されている陸化時の地表面を**不整合面**という。陸上環境に置かれていた期間の長さと，侵食により欠落する地層の量はほぼ対応する。つまり，陸上期間が長いほど，不整合面上の地層の欠落部分が大きくなる。欠落部分が少ない小さな不整合は，海面の変化により形成されることがある。一方，欠落部分が多い大きな不整合は，その間に地

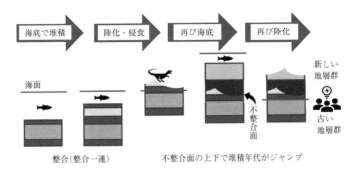

図 8.5 不整合の形成過程

殻変動による大規模な隆起，さらには造山運動が起きた可能性などを示唆する。

8.3.4 化 石

骨格や殻など生物体の硬組織が保存されたり，生物体に沈殿した鉱物が軟組織と交代することにより構造が保存されたり，巣穴や這い痕など生物の活動の痕跡が地層中に保存されているものを化石とよぶ。

化石は，化石となった生物の生息域とその化石の産出地点との関係から，現地性と異地性とに大別される。たとえば，巣穴の中から発見される底生生物化石は現地性化石であり，化石の産出地点における環境を推定する情報が得られる。一方，死後に水流で運搬されて吹きだまりのような場所に大量に堆積した化石（化石床という）は異地性の化石であり，生息場所が近いこともあれば遠いこともある。生物体そのものではなくても，巣穴や糞，這い跡や足跡なども化石である（生痕化石）。

地層が堆積した時代や環境についての情報が得られる化石がある。**示準化石**はその化石を含む地層が堆積した時代がわかる化石である。たとえば，三葉虫は古生代，アンモナイトは中生代，大型哺乳類は新生代を示す（地質年代については 10 章で詳述）。示準化石は，生息環境が広くて大量に生息しかつ進化速度が大きいことが条件となる。**示相化石**はその化石を含む地層の環境がわかる化石である。たとえば，シジミ貝の化石は海水と真水の混じった汽水域環境を，造礁性サンゴの化石は暖かく透明度の高い浅海環境を示す。示相化石は，生息環境が限定されており進化速度が小さいことが条件となる。

8.3.5 さまざまな堆積構造

運搬や堆積を行う媒体の運動に際して，媒体と粒子とが相互作用することでさまざまな堆積構造が形成される。

級化層理は懸濁している水から大小さまざまな粒径の粒子が沈積するときにできる（図 8.6 左）。粗大な粒子が下方に，細粒の粒子が上方に沈積する構造，つまり上方細粒化の構造として地層の上下判定に利用できる。一連の流出イベントで水流が徐々に弱まる場合にも形成される。

斜交層理は水流や風の強い環境で粒子が堆積するときにできる。高密度の微細な層状構造が層理面と斜交するように堆積する構造である。斜交部で切られた側が下方，切る側が上方になるので，地層の上下判定に利用できる（図 8.6 右）。

図8.6　左：級化層理，右：斜交層理〔出典：いずれも産業技術総合研究所地質調査総合センター，https://gbank.gsj.jp/geowords/picture/photo.html〕

覆瓦構造は川原の平たい石ころなどでよく見られ，扁平な石が一定の方向に向いて傾きながら重なる構造である。インブリケーションともいう。傾いた面が向いている方向が上流を示すので，過去の流向（古流向）の推定に利用できる（図8.7左）。

漣痕は水底に流れの強さと方向に応じてつくられる波形の模様である。斜交層理とともに出現することが多い。

火炎構造は砂層の下位にある泥や火山灰などの細粒で流動性の高い層に見られる火炎のような構造である。地層が固結する前の流動性をもっていた時期に，地震により強い振動を受けるなどして一時的に大きな荷重を受けて変形した軟らかい地層をなす粒子が，上位の地層中へ注入されて形成される。したがって，火炎構造も地層の上下判定に利用できる（図8.7右）。

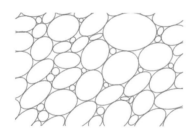 

図8.7　左：覆瓦構造，右：火炎構造（神奈川県城ヶ島）

8.4　地層・堆積岩とわれわれの生活との関連

8.4.1　生活の基盤としての堆積層

わが国の国土は，約7割の山地と残りの丘陵地と平野から構成される。このうち，平野は現在の河川が上流から運搬してきた土砂が堆積してつくった，地質学的にはもっとも新しい地形面である。この平野部分に，われわれの多くが居住し社会資本の大部分が集積する。したがって，河川の運搬・堆積作用やそれにより形成された未固結で力学的強度の小さな地層についての理解を深めることは，われわれの生活の物理的な基盤の実態を知り，それを合理的に活用したり地震や津波などの自然災害の猛威を低減させることに役立つ。

8.4.2 資源として活用される堆積岩・堆積層

堆積岩や堆積層には，資源として利用されるものが少なくない。

主要な化石燃料資源のひとつである石炭は，植物の化石の集合であり生物的堆積岩である。石油と天然ガスも，その源となる地層は，生物生産量が活発だった時代の有機物に富む泥質の堆積物，いわばヘドロが岩石化した泥岩である。

金属資源についても，堆積岩や風化作用が関与した大規模な鉱床タイプがある。工業化社会の主柱ともいえる鉄鋼の原料である鉄鉱石の多くは，地球史のほぼ中間点の25億年前頃に光合成生物が関与して形成された**縞状鉄鉱層**が起源である。原子力発電の燃料として利用されるウランは，酸化環境で水に溶解し還元環境で沈殿する性質をもつ。そのため，地下水の酸化還元状態の変換点付近に沈殿濃集して鉱床となる。深海底での微生物が関与して濃集するマンガンに起源をもつマンガン鉱床や，孤島で長期間営巣した鳥類の糞が集積したリン鉱床も，堆積岩の一種である。

造礁性サンゴの集合体ともいえる石灰岩は，その$CaCO_3$を焼成してセメントを生産するが，さらにセメントと混合してコンクリートをつくる際に不可欠な砂や砂利も堆積層から採取される。

細粒の堆積物中には有機物が含まれることが多く，容易にメタンが生成される。海底の堆積物からメタンが発生すると，水深1000 m前後の低温高圧の海底面下で水分子とともに特有の構造（包接水和物）をつくる。これを**メタンハイドレート**とよび，日本周辺の水域は世界でも有数の埋蔵量をもつことがわかってきた。現在は経済的に採掘する技術が確立されていないが，将来の重要な燃料資源として期待されている。

基本事項の確認

① 固体地球浅部の物質循環を駆動するエネルギーは，（　　）放射による（　　）と（　　）内部の熱による（　　）に大別される。

② 風化作用は，岩石が細かく（　　）される（　　）風化と，岩石が（　　）して軟弱になる（　　）風化に大別され，それが（　　）作用を促す。

③ 河床に存在する土砂が，流速上昇時に運搬され始める速度を（　　）速度，水中に懸濁して運搬中の土砂が河床に堆積を始める速度を（　　）速度とよび，（　　）速度のほうが（　　）速度よりも大きい。

④ 河川で運搬されて海域に出た土砂は，河口付近にいったん堆積した後に（　　）により海底深部まで移動し，（　　）として安定的に堆積する。

⑤ 堆積物が堆積岩へ変化する（　　）は，間隙が小さくなる（　　）と粒子どうしが結合する（　　）に大別される。

⑥ 堆積岩は，砂岩や泥岩などの（　　），石灰岩やチャートなどの（　　），岩塩や石膏などの（　　），凝灰岩などの（　　）の4種類に大別される。

⑦ 地層が途切れなく連続的に堆積されることを（　　），一時的な侵食過程をはさむことを（　　）とよぶ。後者のうち，大規模なものは（　　）で形成される。

⑧ 過去の生物の体組織やその型だけでなく，（　　）や（　　）などの生活の跡である（　　）も化石とよばれる。

⑨ 化石のうち，それを産する地層の形成年代を示すものを（　　），環境を示すものを（　　）とよぶ。

⑩ わが国周辺の海域には，有機物に富む堆積物から生成された（　　）が低温高圧環境で水

と結合した，（　　）が多量に存在していることがわかってきた。

演 習 問 題

(1) 地質学的営力を 2 つに大別し，それぞれの概要を説明せよ。
(2) 不整合の形成過程とその間の地層の環境変化について，順を追って説明せよ。
(3) 示準化石と示相化石のそれぞれに必要な条件を述べよ。
(4) 洪水被害に遭った方々がスコップで除去している堆積物は，多くの場合，泥であることの理由を説明せよ。
(5) われわれの生活と関係の深い堆積物や堆積岩について，実例をあげて説明せよ。

9 地殻変動と変成岩

　地震断層によって大地に食いちがいが生じたり，大地震の後に海岸線が沖に後退したりする様子を見ると，われわれの足元の地盤が不動ではないと実感できる。2章や3章で見たとおり，日本列島のようなプレート境界は，土地の形や位置の変化（地殻変動）が地球上で最も活発な地域である。そうした変化が一定の傾向をもって長期間継続すると，地形や地質の構造が大きく変化する。また，プレートの沈み込み運動によって，浅所で形成された岩石が地下深部に運び込まれると，形成時よりも高温・高圧の条件に置かれることになる。その結果，岩石を構成する鉱物が再結晶する，岩石の内部構造が変形するなどの変化が起こり，変成岩が形成される。地殻変動の様式や変成岩の形成過程などを見ていこう。本章を学び終えると，火成岩・堆積岩と合わせて，地球上の三大岩石のすべてについてその基本的な特徴を理解できたことになる。

9.1　地殻変動

9.1.1　さまざまな変形様式

　物体に力を加えると，弾性変形・塑性変形・粘性流動などのさまざまな様式で変形する。弾性変形では，加えた力を取り去ると変形が以前の状態に戻る。ばねばかりのばねや弓の弦などがその典型である。塑性変形では，加えた力を取り去っても変形はもとに戻らない。工作などに使われる粘土がその典型である。弾性的挙動と塑性的挙動をあわせもった変形運動はごく普通に見られる。プラ板やブリキ板などは，軽く曲げた（力を加えた）だけでは，ほぼもとの状態に戻ってしまうが，強く折ると折り目（変形）が残る。粘性流動では，外力と粘性に応じた変形速度で流動体としてふるまう。お皿の上に置くと，最初は盛り上がっていても最終的には水平に広がる蜂蜜やコンデンスミルクなどが身近な粘性流動体である。

　地殻を構成する地層や岩石に力が加わった場合は，地層や岩石の材料としての性質と温度・圧力・変形速度などに応じて，これらの変形様式がさまざまに組み合わさった変形運動を行う。たとえば，海溝型地震は，沈み込む海のプレートに引きずりこまれた陸のプレートの弾性変形で蓄えられたエネルギーがアスペリティ（ひっかかり）の限界に達し，突然もとの状態に戻る急速な動きと考えられる。厚さ100 kmの岩盤が水平方向に動き続けるプレートテクトニクスにより発生する巨大な力は，地下の岩石に対して塑性的な変形運動を発生させ，カーテンやスカートのひだのような変形構造（褶曲）ができる。プレートの下位に存在する部分溶融した領域であるアセノスフェアは，地震波のような短い周期の入力に対しては固体としてふるまうが，より周期の大きな力に対しては粘性流動体としてふるまう。

9.1.2　地殻の変動

　地殻に力が加わると，さまざまな変形運動が生じる。土地が上昇する運動を**隆起**，下降する運動を**沈降**といい，それらをまとめて**昇降**という。土地が伸びる運動を**伸張**，縮む運動を**短縮**といい，それらをまとめて**伸縮**という。また，土地の傾斜が変化する運動を**傾動**という。これらの運動が組み合わさり，岩盤がアコーディオンのじゃばらのように連続的に波曲する変形を**褶曲**という。地下深部の差別的な昇降運動で生じた段差状の構造の上に，布団を乗せたかのように滑らかになぞる変形運動を**撓曲**という。さらに3次元的な運動として，ドーム状(丸屋根)の隆起(曲隆)やボール状(盆状)の沈降(曲降)などの変動がある。

　こうした変形がいずれも空間的に連続的な運動であるのに対して，特定の面を境界として不連続に変位が生じる運動が断層運動である。一定の姿勢と運動傾向をもつ一群の断層が，全体としてひとつの大きな変形構造，たとえば波長の大きな褶曲などをつくることもある。また，連続的な変形の度合いが強くなり，ついには非連続的な断層運動になる変形様式もある。衝上断層(低角度の逆断層)は，その一例である。

9.1.3　地殻の連続的な変形

　不連続な変形である断層については，3章で見たとおりである。ここでは，連続的に変形する地殻変動である褶曲運動を中心に見ていく。

　褶曲は，地層が圧縮力を受けて形成される波曲状の構造である。地層は，強度の異なる層状の構成要素が累積した構造であるため，力学的に弱い層が大きく変形する，層間の結合が壊れて層どうしが滑るなどの機構により褶曲する(図9.1)。力学的に均質性の高い塊状の岩石，たとえば深成岩体などは褶曲を起こしにくい。

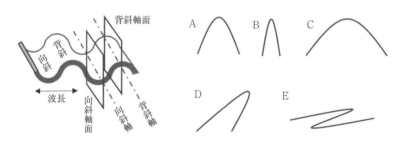

図 9.1　褶曲の基本的構造と種類
左：波曲の上に凸の部分が背斜で下に凸の部分が向斜，一組の向斜と背斜の間
　　が1波長。
右：直立した(A)，閉じた(B)，開いた(C)，傾いた(D)，倒れた(E)褶曲

　波曲構造はくり返して連続することが多い。個々の波曲面の近接する最大曲率部分を連ねた線を**褶曲軸**という。波曲構造の中の，上に凸の部分を**背斜**，下に凸の部分を**向斜**とよび，一組の背斜または向斜の軸間の距離を褶曲の**波長**という。となり合う背斜と向斜の軸間の距離は半波長となる。波長は，顕微鏡サイズ～露頭規模～数km以上までさまざまである。褶曲軸面が鉛直なものを**直立した**褶曲，鉛直でないものを**傾いた**褶曲といい，軸面傾斜が特に小さいものを**倒れた(横臥)**褶曲という。褶曲軸面の両側の曲面を

褶曲の翼といい，軸面をはさんで向かい合う翼のなす角が小さいものを閉じた褶曲，大きいものを開いた褶曲という。横臥褶曲では，片側の翼の上下が逆転する(逆転層)。横臥褶曲の変形がさらに進行すると，軸面付近が破断して逆断層(衝上断層)となり，水平方向へ大きく変位することがある。

　直立する開いた褶曲の背斜構造が水平面内のすべての方向に発達すると，ドーム状の構造(曲隆構造)となる。こうした構造は，紀伊半島や四国など，大規模な山地や半島で見られる。直立する開いた褶曲の向斜構造が水平面内のすべての方向に発達すると，ボール状の構造(曲降構造)となる。こうした構造は，関東平野に代表される大規模な平野の地下構造である。関東平野では，古い時代の地質構造(基盤岩)の上面の深度が，最も深いところでは海面下 4 km に達する(図 9.2)。

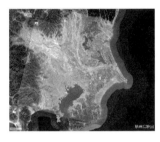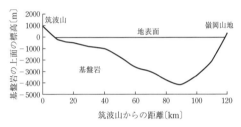

図 9.2　ボール状の沈降構造をもつ関東構造盆地
左：関東平野の衛星写真〔出典：国土地理院，http://maps.gsi.go.jp〕
右：関東平野の基盤深度(茨城県筑波山から千葉県嶺岡山地の間の断面)

9.1.4　地殻変動の認定方法

　古典的な測量作業や，近年では人工衛星を用いた精密な位置特定システムにより，土地の空間座標の経時変化を知る測地学的方法を用いて地殻変動の量を認定できる。大地震の前後での変位はもちろんのこと，年間 1 cm にも満たない平常時の微小な変位も，測地学的手法により計測される。このように正確な地殻変動量を識別できる測地学的方法だが，その対象期間はたかだか 100 年ほどである。

　それに対して，示準化石や放射性元素の壊変を利用した年代測定手法で推定された経過時間と，地形や地質構造の形状変化の対応関係に基づいて，100 万年以上の過去にまでさかのぼった長期間の地殻変動の量を認定できる。こうした方法を地質学的手法による**地殻変動の認定**という。

　測地学的手法と地質学的手法の認定結果に基づいて算出される地殻変動の速度や向きが一致しないことは少なくない。地殻変動が周期の異なる変化の組合せである場合にそうしたことが起こる。考察の対象とする時間の大きさに注意する必要がある。

9.1.5　造 山 運 動

　地殻変動には，さまざまな周期や振幅のものがあるが，最大の地殻変動は**造山運動**である。最も活発な造山運動は大陸どうしの衝突時に生じ，**大陸衝突型造山運動**とよばれる。また，沈み込み活動が活発な地域においても造山運動が営まれ，**沈み込み帯型造山運動**とよばれる。

　現在の地球上で造山運動が進行中の地域は，**アルプス・ヒマラヤ造山帯**および**環太平洋造山帯**である。それらの造山帯は，大規模な山脈や地形的高まりとなって地理的に連続している。アルプス・ヒマラヤ造山帯は，地中海西端に接するアトラス山脈・ピレネー山脈からアルプス山脈やカフカス山脈・ザクロス山脈を経てヒマラヤ山脈，さらに東南アジアのマレー半島・スンダ列島に至る，ユーラシア大陸の南縁を走る造山帯である。環太平洋造山帯は，南米大陸西岸のアンデス山脈，北米大陸西岸のコルディレラ山脈，ユーラシア大陸東縁のカムチャッカ半島，日本列島，フィリピン・インドネシア，ニューギニア，ニュージーランドを連ねる太平洋を取り囲む造山帯である。環太平洋造山帯は，環太平洋火山帯でもある。アルプス・ヒマラヤ造山帯が陸上の大山脈を主体とする一方，環太平洋造山帯は必ずしも陸上の山脈ではなく，弧状列島も多く含まれることに注意したい(図 9.3)。

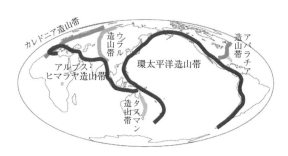

図 9.3　世界の造山帯。濃い帯は新期，淡い帯は古期造山帯。

　過去に造山運動が行われた地域では，運動が終了した後に経過した時間に応じて土地が侵食されるので，徐々に低くなだらかな地形へと変化する。古生代に活発な造山運動が行われた地域を**古期造山帯**，中生代から新生代にかけて行われてきた地域を**新期造山帯**とよぶことがある。古生代に造山運動が行われた地域は，スカンジナビア半島，ウラル山脈，北米のアパラチア山脈，オーストラリアのグレートディバイディング(タスマン)山脈などである。これらは，現在では急峻な山地ではないものの大陸の表流水系を分かつ大規模な尾根(分水嶺)として機能している。つまり，穏やかな地形となった現在でも，かつての大山脈時代の水理的なはたらきを維持している。さらに古い時代(先カンブリア時代)の造山帯は長期にわたる侵食作用により，もはや地形的高所としては残されておらず，現在の大陸の内部に安定地塊(盾状地)として存在する。

　造山運動によって，大規模な不整合が形成されることがある。運動開始前に海底下で形成された堆積岩は，隆起して陸地の高所に持ち上げられる。造山運動の期間中には侵食作用により上部が失われる。造山運動が終了した後，長期間侵食された後に水面下に没すると，山地が削剥された地表面の上に再び堆積物がのる。こうして，造山運動で地表に露出していた面が，時間間隙の大きな不整合面として地層中に記録される。

9.1.6　わが国の地殻変動

　現在の日本列島は，プレート沈み込みにともなってほぼ東西の水平方向に圧縮される力を受けている(**東西圧縮応力場**)。そのため，地殻は基本的には東西方向に短縮しつつ

隆起する傾向を示す。

日本列島の水平方向の地殻変動は，多くの地域で年間 1 cm 前後であることが測地学的手法により確認されている。それに対して，海洋プレートの水平移動速度は年間数〜10 cm である。北米プレートまたはユーラシアプレートの大陸プレート上にのっている日本列島 (図 3.9) は，その下に沈み込む海洋プレートである太平洋プレートまたはフィリピン海プレートの水平移動速度の数分の一程度の速度で水平方向に変位をしていることになる。

一方，鉛直方向の変位については，測地学的手法と地質学的手法で異なる結果が得られる。過去約 100 年間の水準測量データに基づく測地学的手法では，日本国内の隆起域と沈降域の分布は複雑である。北海道は全体で沈降傾向が，九州は全体で隆起傾向が認められる。その間にはさまれた本州と四国については，東北側では日本海側に隆起傾向が，西南側では太平洋側に隆起傾向が認められる。それに対して過去数十万年にわたる地形変化に基づく地質学的手法によれば，飛騨・木曽・赤石山脈が連なる日本アルプスを筆頭にして，東北日本の奥羽山脈，房総・三浦半島，紀伊半島・四国などの山岳・丘陵地域における隆起傾向が顕著である。その他の地域も大部分で隆起傾向が認められる。隆起速度が最大の飛騨山脈近傍では，100 万年あたりの隆起量が 1000 m に達する。平均すると 1 年間に 1 mm の隆起速度である。全国的に隆起傾向である中，沈降傾向をもつ地域が一部に存在する。最大の沈降域は関東平野であり，第二の沈降域が北海道の石狩平野と勇払平野からなる石狩低地帯である。測地学的手法と地質学的手法で鉛直変位の観測結果が異なる傾向を示す理由としては，運動がさまざまな周期をもっており，そのなかのどの周期の傾向を捉えているかのちがいに起因する可能性が高い。

大局的に見れば，土地の標高が高い地域ほど隆起速度が大きい関係が見られ，高度上昇とともに強大になる侵食作用に打ち勝って高所が維持されていることがうかがえる。一方，沈降して形成される岩盤の凹地には現行の河川が運搬した土砂を埋積し，海面高度すれすれの低地を形成している。

9.2 変成作用と変成岩

9.2.1 変成作用の基本的特徴

岩石は，天然の結晶である鉱物の集合体である (厳密には非晶質を含むこともある)。既存の岩石が，それが形成された時よりも温度や圧力が高い状態に長時間置かれると，岩石を構成する鉱物がより高い温度・圧力の下で熱力学的に安定な別の鉱物に変化する。これを**再結晶作用**または**変成結晶作用**という。再結晶作用と並行して，岩石の内部には高い圧力により生じた変形構造が生じる。これを**変形作用**という。再結晶作用と変形作用をあわせて**変成作用**という。変成作用が起こると，岩石はもともと構成していた鉱物とは異なる鉱物の集合体となる。そうなると，もはやもとの岩石とは別の新しい岩石に変化したと考える必要がある。このように，変成作用によって新しくできた岩石を**変成岩**とよぶ。変成作用で重要な点は，このような岩石の変化が基本的に固体のままで進行する点である。温度が大きく上昇して岩石の一部が融解する温度・圧力条件に到達

した場合，その作用は**火成作用**となる。

　変成作用の基本的特徴から，もともと低い温度・圧力で形成された岩石が変成岩になる可能性が高いことが理解できる。実際に変成岩は，比較的に低温・低圧で形成される堆積岩を源岩（もとの岩石）とすることが多い。しかし，火成岩を源岩とする変成岩もないわけではない。

9.2.2　変成作用の温度・圧力領域

　変成作用が生じる温度・圧力領域は，マグマが発生する火成作用と，砕屑粒子や化学的沈殿物が岩石化する続成作用の 2 つの間の領域になる。具体的には，温度の範囲は続成作用の上限の約 200 ℃ から，火成作用がはじまる約 800 〜 1000 ℃ までになる。圧力の範囲は，部分溶融がはじまる地下約 100 km よりも浅い領域が目安になる。岩石の密度は約 3 g/cm^3 なので，地下 100 km の深度におけるその上に存在する岩石の質量（上載荷重）で発生する圧力は約 3 万気圧すなわち 3 GPa となる。したがって，1000 ℃，3 GPa 程度が一般的な変成作用の上限と考えられる。ただし，天体衝突のような特異な事象の場合は，きわめて高い圧力での変成作用も起こりうる（図 9.4 左）。

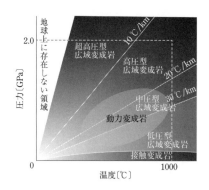
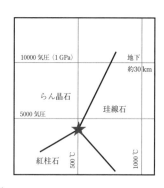

図 9.4　変成作用
左：変成岩ごとの温度・圧力条件〔産業技術総合研究所，https://www.gsj.jp/geology/fault-fold/formation/index.html#metamorphic をもとに作成〕，
右：Al$_2$SiO$_5$ の多形である 3 種類の鉱物が形成される温度・圧力範囲

　同質異像（多形）鉱物の中には，変成作用の温度・圧力条件を示す好適な組合せが知られている。地殻中に最も多く含まれる元素で構成される Al$_2$SiO$_5$ の組成をもつ鉱物には，紅柱石・ケイ線石・らん晶石の 3 種の多形が存在し，変成岩中に高い頻度で見出される。それぞれの鉱物は別々の温度・圧力範囲で安定なので，いずれかの鉱物が見つかれば，その変成岩が形成されたときの温度・圧力領域を限定できる（図 9.4 右）。また，3 種類のうちの 2 つの鉱物が見出された場合には，2 つの温度・圧力領域の境界線上のどこかの条件で形成された可能性が高まる。もし，これら 3 種の鉱物すべてが共存している場合，その岩石は 500 ℃，4000 気圧付近の温度・圧力条件に長時間置かれていたことが強く示唆される（図 9.4 右の★）。同様の関係は，より高圧での曹長石⇔ひすい輝石＋石英の関係，さらに高圧でのダイヤモンド⇔石墨，石英⇔コーサイトの関係などでも成立する。

9.2.3 広域変成岩と広域変成帯

海洋プレートが沈み込みを続ける際の中央海嶺と海溝との距離変化は2つに大別される。ひとつは互いに離れる場合で，もうひとつは近づく場合である。中央海嶺が海溝に接近すると，海洋プレートは縮小してついには消滅する。このとき，中央海嶺における（もはや「中央」ではないが）プレートの生産は突然停止せずに続けられる。その結果，ひとつの海洋プレートの沈み込みが完了した後，それを生産していた中央海嶺が海溝の下に沈みながらプレートの生産を続ける。一見奇妙な現象であるが，中央海嶺が海溝から沈み込む現象は現在の地球上でも起きており，たとえばチリ海嶺がペルー・チリ海溝に沈み込む**チリ三重点**などが知られている。中央海嶺が沈み込むと，沈み込み帯の地下にはマントルから高温物質が供給されるため，通常の沈み込みと比べて高温・高圧となる。このような条件で，海溝と並行して大規模に形成された後に地表に露出した変成帯が**広域変成帯**である。広域変成帯では，海溝側に高圧型の，大陸側に高温型の変成岩が，互いに接して狭長に出現する。

広域変成岩は，上記のような分布上の特徴に加えて，形成時期にも大きな特徴がある。通常の海洋プレートの沈み込みでは，大規模な広域変成岩が地表に露出することはなく，中央海嶺の沈み込みによって形成された場合にのみ変成帯が地表に現れる。たとえば，日本列島の地表に分布するいくつかの広域変成帯の形成年代は，互いにおよそ1億年の間隔をあけている。この間欠的な広域変成帯の形成時期が，中央海嶺が沈み込んだ時期に対応すると考えられる。

広域変成岩は高圧型の結晶片岩と高温型の片麻岩に大別される。**結晶片岩**は，もとの岩石に応じて，泥質岩からは黒色片岩が，火山灰に富む堆積岩からは緑色片岩が形成される。圧力の効果が大きいので，扁平な鉱物や粒子の面が最大圧縮方向と直交方向に配列する**片理**とよばれる構造をもつ。**片麻岩**は，再結晶作用が進むために鉱物組成が単純になるとともに結晶粒子が粗大になり，より高温で形成されたものは花こう岩との識別が難しい場合すらある。

9.2.4 接触変成岩と変成鉱床

接触変成岩は，大きな熱容量をもつ巨大なマグマだまりが周囲の地層を加熱しつつゆっくりと冷却する際に形成される。接触変成作用の熱源は地殻の比較的浅い場所に出現する珪長質のマグマであることが多い。そのため，広域変成岩と比べると形成条件の圧力が低いことが大きな特徴である。

源岩が砕屑性堆積岩の場合，再結晶作用によって個々の砕屑粒子の鉱物が成長することにより，粒界よくかみ合ってモザイク状の組織を形成する。このような岩石を**ホルンフェルス**とよび，力学的強度が大きいため上質の建設用骨材資源となる。

源岩が石灰岩の場合，方解石が再結晶して粗大な粒子となった結晶質石灰岩（大理石）になる。その表面の結晶面が光を反射してキラキラと輝く特徴を示す。硬度が低く加工性に優れているために，古来より彫刻の素材として活用されてきた。

接触変成岩は，金属鉱物資源を生み出すことがある。マグマが固結する最終段階では，ケイ酸塩溶融体に溶解できないさまざまな成分が遊離して**熱水**とよばれる高温の流

体をつくる。熱水と石灰岩が反応して生じる一群のケイ酸塩鉱物を**スカルン鉱物**という。スカルン鉱物は鉄，銅，鉛，亜鉛などの鉱物と共存してスカルン鉱床を形成することがあり，金属資源として採掘される。

9.2.5 その他の変成岩

　天体衝突時やマントル内部などでは，通常の変成作用よりもきわめて高い圧力が達成され，ダイヤモンドやコーサイトなどの超高圧鉱物が生成する。そのような変成作用を**超高圧変成作用**とよぶ。

　大洋中央海嶺では，海嶺で噴出した玄武岩や地下で冷却したはんれい岩の内部が，マグマの熱により駆動され深度数千 m の水圧による $200 \sim 300$ ℃ の熱水と反応して変成鉱物が生じる。変成作用としては最も低温低圧だが海洋地殻の上部で広く見られるこの作用を**海洋底変成作用**または**大洋底変成作用**とよぶ。

基本事項の確認

① 土地の位置が変化することを（　　）とよび，そうした変化が一定の傾向で長期間継続すると地形や地質構造が大規模に変化する（　　）となる。

② 地殻変動には，土地の高度が増加する（　　）と減少する（　　），水平方向の距離が増加する（　　）と減少する（　　），土地の傾斜が変化する（　　）などがある。

③ 地層や岩石がアコーディオンのじゃばらのように波曲する変形を（　　）という。その構造の中で下に凸の部分を（　　），上に凸の部分を（　　）とよぶ。

④ 地殻変動の中で最も大規模なものを（　　）とよび，それにより形成された地帯を（　　）とよぶ。

⑤ 中生代から現在にかけて活動している新期造山帯は，（　　）造山帯と（　　）造山帯に大別される。

⑥ 古生代に活動した古期造山帯には，欧州の（　　）造山帯，ユーラシア大陸の（　　）造山帯，豪州の（　　）造山帯，北米の（　　）造山帯などがある。

⑦ 岩石が，形成時よりも高温・高圧にさらされて（　　）のままでその鉱物の組合せを変化させる過程を（　　），それにより形成された岩石を（　　）とよぶ。

⑧ 変成作用は，新しい鉱物が生成される（　　）と，内部構造が変化する（　　）に大別される。

⑨ 変成岩は（　　）と（　　）に大別され，前者は高圧型の（　　）と高温型の（　　）に，後者は堆積岩起源の（　　）と石灰岩起源の（　　）に大別される。

⑩ 広域変成岩は（　　）の沈み込みにともなって形成され，そのときの（　　）に平行に狭長に，高圧型と高温型が互いに接して分布する。

演習問題

(1) 地層の上下が逆転（逆立ち）している場合，どのような過程を経ている可能性があるか説明せよ。

(2) アルプス・ヒマラヤ造山帯と環太平洋造山帯について，プレートテクトニクスとの関連性を説明せよ。

(3) 関東平野の地形と地下の基盤岩の構造を説明せよ。

(4) 大規模な不整合が，過去の大規模な造山運動を示唆する理由を説明せよ。

(5) Al_2SiO_5 の組成をもつ鉱物の多形3種を述べよ。それらの変成作用の温度・圧力条件を指標鉱物として多用される理由を述べよ。

10 地球の変遷と生物の進化

　われわれがいまここに暮らし，祖先が悠久の進化を遂げてきた舞台が地球である。46億年前に，太陽の赤道面のはるか延長上を周回する塵や微小天体が集合して成長し，質量の増加とともに重力も大きくなり濃密な大気を保持するようになった。原初の灼熱状態が落ち着くと表面が固化して岩石の表層が形成され，さらに表面温度が低下すると大量の水蒸気が凝結して海洋が生まれた。その海に生命が誕生して進化を始めたが，その後も何回もの大きな変化を経験した。地球表面の全体が氷点下となる全球凍結，あるいは極域の氷も融解消失する温暖期などの気候変動，天体衝突による凄まじい爆発と津波，そして舞い上がった大量の粉塵による暗黒の世界，世界中の海水から酸素が失われてヘドロの堆積する「死の海」になる環境の激変などはその一例である。無機地球の変化と地球生命の進化は連綿と相互作用を続け，地球の環境，特に水と大気の性質をゆっくりではあるが大きく変化させ，現在の地球をつくってきた。こうした過程のすべてが解明されたわけではないが，無機地球と生命が織り成す壮大な物語の理解は着々と進んでいる。46億年にわたり地球のたどってきた歴史全体を振り返る，壮大な知的作業を楽しもう。

10.1　地球史の概要

10.1.1　地球の歴史の枠組み

　46億年という長大な地球の歴史の扱いには，地質年代とよばれる階層構造をもつ時間の尺度が用いられる。階層の基礎となる最も基本的な年代区分は，地球史を古い順に冥王代，始生代（太古代），原生代，顕生代とする四大区分である（表10.1）。

　冥王代は，地球誕生から最古の岩石が形成されるまでの，46億年前から40億年前に至る期間である。「冥」は死の世界や何もわからないことを意味する。地球表面が高温で，岩石が融解状態だったために生命が存在しなかったことと，固化した岩石が存在しなかったために試料が取得できず，科学的なアプローチが限定されることに対応する。

　始生代は，冥王代が終わってから地球表層環境に分子状態の酸素が現れるまでの，40億年前から25億年前に至る期間である。生命活動がはじまりを告げてから，地球環境に重大な影響を与える酸素発生型の光合成生物が登場するまでの時代でもある。

　原生代は，始生代が終わってから生物進化が劇的に加速するまでの，25億年前から5億4000万年前に至る期間である。この間，原始的な生物がゆっくりと進化を続け，多細胞生物が現れた。地球の大気と海洋の環境が，現在に近づいてきた期間である。

　顕生代は，原生代が終わってから現在までの5億4000万年間である。多種多様な生物が登場して繁栄する一方，何度もの大量絶滅を経験してそのたびに次々と新しい生物種が出現してきた時代である。

　顕生代における生物の繁栄と進化は顕著であるため，地層中に残された生物の記録である化石も劇的に増加した。化石からは，地層の年代や形成環境など多くの情報が得ら

表 10.1　地球史の概要

	46億年前　　40		25	5	現在
四大区分	冥王代	始生代(太古代)	原生代	顕生代 (顕生累代)	
	先カンブリア時代				
基本的特徴	無生物	生物誕生と原始的進化	光合成生物等の進化	生物の繁栄と大進化	
固体地球の表面	マグマオーシャン	地殻とプレートの形成と進化			
固体地球の内部	核・マントルの形成	プレートテクトニクスの安定的駆動			
海洋	────	海洋の出現と継続(数回の全球凍結)			
大陸	────	大陸の出現と成長	大陸の離合集散		
地球磁場	────────	地球磁場の形成と安定的継続(反転は頻発)			
大気中の酸素	なし		低酸素	豊富な酸素	
オゾン層	なし			あり	

れるので，顕生代はほかの時代と比べると格段に詳細な理解が進んでいる。そのため地球史を，顕生代とそれ以前(**先カンブリア時代**)とに大別する見方もある。

　詳細な理解が進んでいる顕生代については，より細かな時代区分として，**古生代**，**中生代**，**新生代**に三分される。時代区分の異なる階層のよび名が「〜代」で共通しており紛らわしいので注意したい。

10.1.2　無機地球の変遷の概要

　生物が関与しない地球の無機的な側面としては，太陽放射，天体衝突，表面温度と表面状態，地磁気の有無，固体地球内部の運動様式などがあげられる。

　太陽放射は，太陽誕生以来つまり地球史全体にわたり徐々にその強度を増している。太陽放射の変化は太陽自身の放射力の変化を原因とする。初期の太陽放射強度は現在の約7割であり，ほぼ1億年に1%の割合で増加して現在に至っている。

　天体衝突はそもそも惑星が形成されるための主要な過程なので，初期の段階ではきわめて頻繁に起きていた。隕石や小天体が降り注ぐ状態を**隕石爆撃**といい，冥王代は隕石爆撃の時代であった。衝突の頻度は冥王代の終わり頃で現在の1000倍程度，始生代の終わり頃になりほぼ現在と同程度になったと考えられている。現在の地球では，大規模な天体衝突の頻度は小さいが，その可能性が皆無ではない。

　表面温度は，冥王代では水蒸気や二酸化炭素からなる濃密な大気による強烈な温室効果により1000〜2000℃に達していた。そのため，地球表面の岩石はすべて融解して固体表面は存在しなかった。この状態を**マグマオーシャン**という。宇宙への放熱が進み表面温度が徐々に低下するとともに，多量の水蒸気が凝結して始生代のはじめに地表面に降下し，低所へたまって海洋が形成された。

　地磁気は，溶融した鉄を主とする中心核の内部での対流運動が活発になるとともに，始生代の末期である27億年前頃に増大し安定化した。その結果，太陽から放出される高エネルギーの荷電粒子である太陽風が地磁気に遮られ，地表面に到達しなくなった。

　地球の内部では，表面の固化が終了してもしばらくの間，浅部は溶融状態であった。マントル内の浅い領域で活発な対流運動が行われ，初期のプレートテクトニクスの営み

が始まった。その後冷却が進むにつれて，原生代になるとより深い領域を含めて固化が進んだマントルの全層で，ゆっくりではあるが大規模な対流運動が始まった。この運動が，現在のプレートテクトニクスへと続いている。プレートテクトニクスの沈み込み過程では，マントルの岩石が化学的に分化して軽い岩石ができる。いったん形成された軽い岩石は沈むことができず，小さな大陸塊が次々につくられていった。それらの大陸塊は合体をくり返し，成長して大陸となった。「大陸が集合して超大陸となっては複数の大陸に分離する」という大陸の離合集散が数億年の周期で行われるようになった。

　上記のほか，現象としては無機物の挙動だが，生命活動との相互作用による影響を受けているものがいくつもある。海水の化学的特徴，大気の化学的特徴，地表面に到達する太陽放射の波長構成，地球の表面温度などである。こうした無機地球と生物との相互作用は，原生代以降に特に活発になる。それらについては後節で述べる。

10.1.3　生物の発生と進化の概要

　地球最初の生命は，始生代のはじめの海洋形成とともに，約38億年前に登場したと考えられている。初期の生命は，海底火山活動の近傍などで化学合成活動によりエネルギーを取得していたらしい。

　始生代の終わりに地球磁場が安定化するとともに，生物にとって致命的な高エネルギー荷電粒子の流れである太陽風が上空で遮断された。その結果，浅海へ進出して太陽光線に出会った生命は，化学合成より効率の高い光合成の機能を獲得した。酸素発生型の光合成生物が繁栄するにつれて生息環境である海水が次第に酸化的となり，自身のDNAも酸化分解される不都合に見舞われた。そこで原生代の初期には，DNAを酸化から守るための格納庫である核を装備した生物である真核生物が誕生した。その後，さまざまな機能をもつ生物どうしが共生をくり返しながら，多細胞生物へと進化した。

　5億4000万年前の顕生代のはじまりとともに，現在地球上に存在する大部分の生物のからだの基本構造(ボディプラン)をもつ生物が一斉に登場した。**カンブリア爆発**ともよばれるこの時期以降，地球上の生物はその種数も個体数も劇的に増加した。「食うか食われるか」の関係が現れると，守る側も攻める側も多彩な機能や機構を編み出して，生物の進化は一層加速した。

　光合成生物が生産した酸素は，海水中で飽和すると大気に放出された。大気中の酸素量が少ない間は，紫外線により生成される酸化力のきわめて強いオゾンが一定の割合で含まれるために，生物にとって陸上は接近不可能な領域だった。大気中の酸素が十分な量に達すると，オゾンの分布は上空に限定されて**オゾン層**が形成されるとともに，生物

表 10.2　無機地球の変化と生命進化との間の主要な関係

時期(億年前)	40	27	25〜20	20	22, 7頃	4
無機地球の主要な事象	海洋形成	地磁気の確立,太陽風の遮断	海水中還元鉄イオンの酸化沈殿	海水中酸素濃度の増加	全球凍結	オゾン層形成
因果関係	⇩	⇩	⇧	⇩	⇩	⇩
生物進化	生命の登場	光合成生物の登場	光合成生物の繁栄	真核生物の登場	凍結解除後の大進化	生物の上陸

に有害な**短波長紫外線**(UV-C)が上空で減衰して地上に到達しなくなった。こうして，約4億年前に生物は陸上へと棲息の場を広げた。

　生物の進化は，順調に右肩上がりではなかった。地球内外のさまざまな要因による壮絶な大量絶滅を何回も乗り越えてきた生物が，現在の地球の生態系をつくっている。

10.2　先カンブリア時代の地球史

10.2.1　最初期の地球

　地球は太陽の形成直後にほかの地球型惑星とほぼ同時に誕生した。岩石質や金属質の微小な天体が衝突合体をくり返し，そこに水に代表される揮発成分も加わって微惑星に成長する。成長につれて重力を増し，より多くの物質を引き寄せて加速度的に成長した。そして質量が現在の地球の1/10程度になると，重力圏からの脱出速度が多くの気体分子の運動速度を上回り，水や二酸化炭素などの揮発成分の大半が重力圏内に保持されるようになる。こうして，のちに海洋や石灰岩となる数百気圧の大気が形成される。この濃密な大気は，強力な温室効果をもたらす。一方では，継続する天体の衝突により，運動エネルギーから変換された大量の熱エネルギーが放出される。そのごく一部でも保持されれば，岩石が完全に融解する1500℃を超える表面温度が達成される。

　こうして，地球の大部分が溶融状態になったマグマオーシャンの時代を迎える。マグマオーシャンの中では，互いに溶解できない岩石質と金属質の相が分離する。岩石の倍以上の密度をもつ金属鉄を主体とする相は，徐々に地球の深部に落下する。重い金属が岩石を押しのけて地球の内部を落下する過程でも，位置エネルギーの開放により大きな熱が発生する。このような過程を経て，現在の大きさと内部構造をもつ地球が形成された。こうしたプロセスは，太陽系の初期の物質の残りである隕石から得られる情報と，コンピューターシミュレーションの結果から推定された。

　大陸上では古い時代の岩石を見出すことができるが，いまのところ40億年よりも古い岩石は知られていない。したがって，40億年より以前の冥王代を通じて，地球はマグマオーシャンの状態であったと推定されている。惑星成長期の隕石爆撃の時代が終わり，金属相の地球深部への落下も完了すると，放射性元素の崩壊に起因する少量の熱の発生を除いて，新たな熱の供給がほぼなくなるために地球は冷却を始める。冥王代の終わりとともにマグマオーシャンの表面が固化を始め，岩石が地球を覆う時代になる。

10.2.2　海洋の形成と生命の誕生

　マグマオーシャンが固化を始めた時点の地球の表面温度は1000℃程度であったが，さらに表面温度が低下して水の臨界温度である約400℃を下回ると，数百気圧の水蒸気が凝結して地上に降下を始める。こうして，約38億年前に，地球の表面を数kmの水深で覆う海洋が形成されたと考えられる。地球上で最古の堆積岩は38億年前の礫岩であり，玄武岩の枕状溶岩とともに発見された。礫岩は陸地が存在していたことを，枕状溶岩は水が存在していたことを意味する。つまりこの頃，海洋と陸地がすでに形成されていたと考えられる。海洋の出現により，数十気圧の分圧で大気中に存在していた二酸

化炭素の多くが海水中に溶解した。こうして海洋が形成されることにより地球の大気圧は激減し，大気組成は二酸化炭素を主体として現在と同程度の窒素を含むものとなった。この頃の大気には酸素は全く含まれず，大気も海洋も無酸素で還元的な環境だった。

　約38億年前に海洋が安定的に存在するようになると，ほどなく最初の生命が誕生した。生命体を構成するアミノ酸は，必ずしもそのすべてが地球上でつくられたとは限らない。隕石や彗星からも多種のアミノ酸が見出されているからである。生命の起源は依然として謎であるが，地球外起源の物質が関与していた可能性は高い。

　初期の生命は，高い温度・圧力や放射線強度などの過酷な環境に耐えながら進化したと考えられる。現在の地球上で生存している**古細菌（アーキア）**とよばれる一群の生物種は，その末裔とも考えられている。古細菌は，地球上の生物の最も基本的な区分である3つのドメインのひとつであり，ほかの2つのドメインである**真正細菌**と**真核生物**とは，細胞膜の脂質が異なる（表10.3）。古細菌は，現在の地球上では数的に弱小のドメインだが，ほかのドメインが棲息できない極限的な環境，たとえば高温，高圧，高塩濃度，高放射線量などの環境で棲息できる多くの種が含まれる。

　この頃の生命はDNAに損傷を与える太陽風が到達しない，深海の海底火山活動の場などに棲息していた可能性が高い。火山活動にともなって岩石中を循環する熱水中に溶存する種々のイオンを利用して，化学合成活動でエネルギーを取得していたと考えられる。

　なお，生物の分類は階層構造を用いて行われる。基盤から詳細な区分に向かって，ドメイン，門，綱，目，科，属，種の階層に分けられることが多い。たとえば，ヒトの生物分類学的表記は，真核生物 ドメイン脊索動物門 哺乳綱 サル目 ヒト科 ヒト属 ヒトである。

表 10.3　地球上の生物の大分類

ドメイン	原核生物		真核生物
	真正細菌（バクテリア）	古細菌（アーキア）	
	グラム陰性細菌・グラム陽性細菌・シアノバクテリアなどに大別，約30門	クレン古細菌門	動物・植物・菌類・原生生物などに大別，数十門
		ユーリ古細菌門	
		タウム古細菌門	

10.2.3　光合成生物の登場と縞状鉄鉱の形成

　約27億年前に，地球の中心核の溶融金属の流動状態の変化によって，地球磁場が安定化した。地球をとりまく安定した磁場の出現により，高エネルギーの荷電粒子である太陽風はその軌道が曲げられて地上へ到達できなくなり，上空数万kmに滞留する**ヴァン・アレン帯**が出現した。それまで太陽風にさらされる死の領域であった海洋浅部に浮かび出た生命は，そこで大きなエネルギーである太陽光に出会う。ほどなく，光のエネルギーを用いて水と二酸化炭素から炭水化物を合成する能力をもった生物，すなわち光合成を行う生物が登場する。この頃に繁栄した光合成生物は**シアノバクテリア（藍藻）**と

よばれる原核生物である。現生のアオコの仲間であるシアノバクテリアは，自身と泥の混合物である円柱状の構造物でコロニーをつくった。ストロマトライトとよばれるこのコロニーの化石は，この時代の世界各地の地層から発見されている。オーストラリアのガスコイン地域の高塩水域では，驚くべきことに現生のストロマトライトが知られている。

シアノバクテリアによる光合成で生産された酸素は，当時の世界中の海底に酸化鉄を主体とする**縞状鉄鉱層**(しまじょう)(BIF：Banded Iron Formation)を大量に沈殿させた。酸素は地殻を構成する主要元素だが，分子状態の酸素は光合成生物が登場する以前の地球には皆無だった。一方，海水中には塩分のほかに，陸地の岩石から溶出した大量の鉄が，還元鉄イオン(Fe^{2+})として溶存していた。そこに光合成生物の代謝産物である分子酸素が供給されると，還元鉄イオンと酸素が結合して酸化鉄として沈殿した。こうして形成された膨大な縞状鉄鉱層は，光合成生物の登場の証としても，また鉄鉱石の主要な供給源としても，重要な地層である。

海水中の還元鉄イオンの酸化による縞状鉄鉱層の形成は，数億年かけて続いたのちに20億年前頃に終息した。その後は，分子酸素はまず海水中に飽和濃度に至るまで溶解し，ついで大気中へ放出された。こうして原生代の前期には，大気中の酸素濃度は現在の1/100程度まで上昇した(**大酸化イベント**)。大気が酸化的になると，また各地の大陸に露出していた岩石の酸化が進み，大量の赤色砂岩が形成された。

10.2.4 全球凍結の発生と解除

光合成生物が大繁栄する間に，大気中の二酸化炭素濃度は低下していった。死後の生物体が完全に分解されれば，有機物は水と二酸化炭素に分解される。しかし，大量に生産された有機物の一部が地層中に取り込まれて岩石圏側に移行すると，大気中の二酸化炭素濃度は低下する。また，拡大を続ける陸地から供給されるカルシウムと海水中の溶存炭酸イオン種が化学的飽和に達して，海底に炭酸塩鉱物が沈積する過程でも大気中の二酸化炭素濃度は低下する。こうして大気中の二酸化炭素濃度が低下した結果，大気の温室効果が低下し，約22億年前に地球規模の強烈な寒冷化が起きた。赤道域を含む地球の全表面が氷点下となり，海陸の表面は雪氷で覆われた。宇宙から見た地球が真っ白であったと思われるこの状態を，**全球凍結**または**雪球地球**とよぶ(図10.1左)。この頃の太陽光度は現在よりも2割ほど小さいため，全球凍結時の大気中の二酸化炭素濃度は現在と比べると高かった。

全球凍結の状態に置かれた地球は，太陽放射反射率(アルベド)の大きな雪氷により，その表面が覆われる。その結果，ただでさえ寒冷な地球は，太陽放射の大半を宇宙空間に反射してしまい，ますます寒冷化の度を強めた。こうした極寒の状態は100万年ほど続いたと考えられるが，ついに内的営力によってこの状態が解除されるときがくる。全球凍結を解除した営力とは，火山活動である。

全球凍結の間，光合成生物は絶滅こそ免れたものの，その生息域は火山活動の近傍の局地的に温暖な場所に極限されたと考えられる。そのため，大気中の二酸化炭素が光合成により消費される量は実質的にゼロとなった。また，平常時の地球であれば，大気中

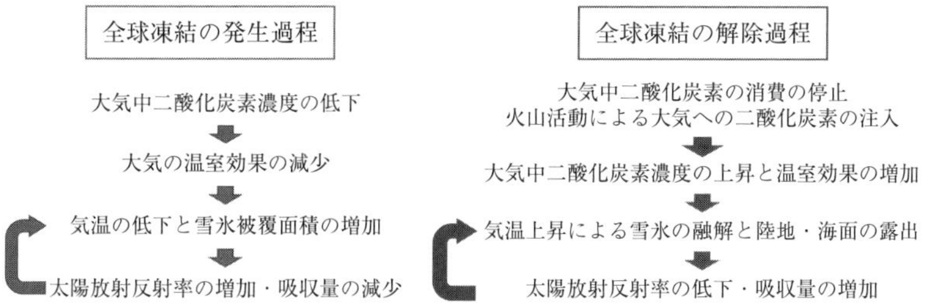

全球凍結の発生過程	全球凍結の解除過程

大気中二酸化炭素濃度の低下 　　　　　大気中二酸化炭素の消費の停止
　　　　　　　　　　　　　　　　　　火山活動による大気への二酸化炭素の注入
　　　↓　　　　　　　　　　　　　　　　　　　　↓
大気の温室効果の減少 　　　　　　大気中二酸化炭素濃度の上昇と温室効果の増加
　　　↓　　　　　　　　　　　　　　　　　　　　↓
気温の低下と雪氷被覆面積の増加 　　　気温上昇による雪氷の融解と陸地・海面の露出
　　　↓　　　　　　　　　　　　　　　　　　　　↓
太陽放射反射率の増加・吸収量の減少 　　　太陽放射反射率の低下・吸収量の増加

図 10.1　全球凍結の発生と解除の過程

の二酸化炭素は，気液間の分配比（ヘンリーの法則）にしたがって広大な海洋の水面を通じて海水中と出入りをする。つまり，大気中の二酸化炭素濃度が上昇すると，その一定部分は海水中に溶解していた。ところが，全球凍結状態では海水は固化しているためにガス成分は海洋に溶解できない。一方，内的営力である火山活動は地球の気候とは無関係に営まれるので，全球凍結期間中も地球上のさまざまな場所からマグマが噴出する。マグマはケイ酸塩の融解物を主とするが，必ず一定量の揮発成分を溶解している。揮発成分中には 1 割前後の二酸化炭素が含まれる。こうして，継続する火山活動によって大気中に注入された二酸化炭素は，消費者である光合成生物がおらず海水による吸収もないために徐々にではあるが確実に大気中に集積していく。

　全球凍結下での火山活動が 100 万年ほど継続すると，大気中の二酸化炭素濃度は数〜10 wt% に達し，温室効果がきわめて大きくなる。ついには地球表面の全域が氷結しているにも関わらず，大気温度が氷点を超えて氷の融解が始まる。融解で現れた海水面や陸地表面のアルベドは雪氷よりも小さいために，太陽放射を効率よく吸収する。こうして，高濃度の二酸化炭素を含む大気の下での温暖化には，融解が進めば進むほど気温が上昇する正のフィードバックがかかる（図 10.1 右）。加速度的に温暖化が進む結果，地球表面の平均気温は数十℃に達する。この間，出現した海面には大気から二酸化炭素が急速に溶解し，化学的に過飽和となった多量の炭酸カルシウムが沈殿する。全球凍結が解除されたときに形成されたこの化石を含まない石灰岩を**キャップカーボネート**という。キャップとはその下位の氷河成堆積物を覆うことを意味し，カーボネートは炭酸塩岩を意味する。炭酸塩鉱物の沈殿により大気中から過剰な二酸化炭素が除去されると，地球は再びもとの中庸な気候に回復する。全球凍結が解除される過程における一時的な激しい温暖化は，大気と水の循環を活発化させ，海洋を激しく撹拌する。こうした過程で，全球凍結の期間を生き延びた生物群の進化が促されたと考えられている。

10.2.5　大陸の成長と離合集散

　マントルの超苦鉄質岩や海洋地殻の苦鉄質岩よりも軽い，中間質ないし珪長質の岩石を主体とする大陸地殻は，その浮力のために一度形成されると再びマントルの中に沈むことはない。一方，冥王代の終わりにマグマオーシャンが固結した地球表面は，どこもほぼ均質な岩石であったと推定される。つまり，現在の地球表面の 3 割を占める軽い岩石の集積体である大陸は，地球の長い歴史を通じて形成されてきたと考えられる。

　大陸地殻を構成する軽い岩石は，プレートテクトニクスの沈み込みによるマントル物質の部分溶融によって形成される。部分溶融は，岩石の一部が融解するだけでなく，元素の分配作用により融解した側に軽い元素を選択的に移行させる。こうして部分溶融で生じた軽いマグマが浮上して地表近くで岩石化する過程が続くことで，軽い岩石が増加していく。プレートテクトニクスによりつくられた陸地は，始生代には多数の小規模な大陸塊であったと考えられている。その後，原生代に入ると大陸の面積が増加するとともに，多数の大陸塊が集合して巨大な超大陸をつくるまでになった。こうしてできた最初の超大陸を**ヌーナ**とよぶ。厚くて冷たい地殻である超大陸が出現すると，その部分では地球内部からの放熱が滞り，熱のこもる状態となる。その結果，それを分割させようとする力がはたらくため，超大陸の内部にはほどなくプレート発散境界が現れ，いくつもの大陸に分裂して互いに離れていく。その後，一定の期間を経て分離した大陸は再び集合して超大陸となる。こうして地球上の大陸は，プレートテクトニクスにより数億年の周期で離合集散をくり返している（表 10.4）。

　なお超大陸とは，大陸規模の陸地塊が複数合体しているものをいう。必ずしも，地球上の大陸すべてが集合して単一の大陸になっているわけではないことに注意したい。

表 10.4　地球上の主要な超大陸

主要な超大陸	存在期間（億年前）	主な特徴
パンゲア	3 ～ 2	直近の超大陸，囲まれた海洋がテチス海
ロディニア	12 ～ 7	ゴンドワナ大陸・ローレンシア大陸などに分裂
ヌーナ	19 ～ 17	最初の超大陸

10.2.6　真核生物を経て多細胞生物への進化

　縞状鉄鉱層が形成されていた始生代末から原生代はじめにかけての期間は，光合成生物が放出した酸素は即座に還元鉄の酸化に利用されていた。つまり，環境中に分子状態の酸素はきわめて少なかった。ところが，大酸化イベントの結果，それまでの遺伝情報を含む DNA を裸のまま細胞内に含む原核生物は，代謝産物である酸素によって自身が酸化分解されてしまう危機に直面した。そのため DNA が酸化されないよう，細胞内に DNA の格納容器としての核をもつ生物である真核生物が誕生した。初期の真核生物としては，約 20 億年前に棲息していたグリパニアが知られている。

　その後 10 億年以上もの歳月をかけて，生物は互いに共生や分化をしながら進化し，10 億年前頃になると多細胞生物が現れた。この間，世代交代時に遺伝子型を変換できる有性生殖を行う生物も登場した。これにより，多様な環境やその変化に素早く対応する生物進化が可能となった。6 億 5000 万年前の最後の全球凍結が終わると，**エディアカラ生物群**とよばれる大型の柔組織からなる生物群が出現した。しかし，この生物群は原生代末に絶滅し，その後 5 億 4000 万年前に先カンブリア時代は終わる。

10.3 顕生代の地球史

10.3.1 顕生代の概要

5億4000万年前に顕生代が始まると，生物の種類と個体数が劇的に増加した。その勢いの凄まじさを指して，顕生代の最初の時代であるカンブリア紀にちなんで**カンブリア爆発**ともよばれる。顕生代の全体像をつかむために，その間の重要な特徴に注目してみよう。

1つ目は，先カンブリア時代から引き続く特徴として，「無機地球と生命進化との密接な相互作用」がある。地球環境，とくに大気・水環境と生物活動とは顕生代においても活発な相互作用を続けてきた。

2つ目の重要な特徴は，「地球内外の要因によりくり返された大量絶滅」である。きわめて巨大な火山活動や地球外天体の衝突などを原因として，生物は大絶滅をくり返してきた。しかし，どの大量絶滅を見ても，環境の悪化をからくも生き延びた生物種が，環境の回復後に急速に進化発展した。

これらの顕生代の全期間にわたる特徴に加えて，以下の諸点も顕生代の重要な特徴として注目したい。

まず，「生命活動の極大期における化石燃料資源の形成」である。現代社会が必要とするエネルギーの多くをまかなっている石油・石炭・天然ガスなどの化石燃料資源は，すべて生物遺骸を原料としている。

つぎに，「さまざまな規模と周期の気候変動」も重要である。プルームテクトニクスの周期的運動，プレートテクトニクスによる大陸の離合集散，地球の軌道要素のゆらぎにともなう大陸氷河の成長・衰退などが含まれる。いまや人類共通の課題とされている地球温暖化問題に正しく対応するためには，自然状態での気候変動を正確に理解することが必要である。

さらに，「人類の登場と地球へのインパクト」も顕生代の特筆すべき事象といえる。増えすぎた人類による化石燃料資源の消費や森林の耕地化が無制限に続けられることにより，地球史的視点において環境や生態系に深刻な影響が現れている。

10.3.2 無機地球と生命進化との密接な相互作用

顕生代全体で最も重要な無機地球と生命進化との相互作用は，オゾン層の形成と生物の上陸である。先カンブリア時代に光合成生物の登場と繁栄により引き起こされた大酸化イベントで大気中にあまねく分子酸素がいきわたったとはいえ，その濃度は現在の1/100程度に過ぎなかった。その後，顕生代のはじめ頃に2回目の大酸化イベントが起こり，大気中の酸素濃度は現在と同程度まで上昇した。地球大気中の酸素は，紫外線の短波長側の紫外線C(UV-C)のエネルギーを吸収してその一部がオゾンになる。オゾンは強力な酸化作用のために，またUV-CはDNAを損傷するために，どちらも生物にとってきわめて有害である。大気中の酸素濃度が十分に高まると，UV-Cは地表に到達する前，つまり上空で減衰して消滅する。同時に，地表面付近ではオゾンが発生しなくなる。このようにして，UV-Cが地表に到達せず，また大気中のオゾンの大部分が上空に

限定して存在する状態であるオゾン層が形成される。2回目の大酸化イベントから2億年ほどあとの約4億年前にオゾン層が確立され，生物が上陸する条件が整った。はじめにコケの仲間の下等な植物が上陸したのちにシダ植物へと進化し，捕食者として昆虫などの動物も進化した。また，登場して間もない魚類もほどなく上陸を試みて両生類へと進化した。

　大局的に見ると，光合成生物の登場以降，大気中の酸素濃度は増加し二酸化炭素濃度は減少してきたが，もう少し詳しく見ると，時々の生命活動と呼応した変化も認められる。たとえば，3億5000万年前に始まった古生代石炭紀には，大型シダ植物の繁栄を起因とする大規模な気候変動が認められる。当時はリグニンを含む大型植物を分解できる生物が少なかった。そのため，枯死した植物体の多くが分解されずに埋積された結果，大気中の酸素濃度は上昇して最大で35％ほどに達するとともに，二酸化炭素濃度は減少した。酸素濃度の上昇は，巨大トンボや巨大ムカデなどの大型の昆虫や節足動物の繁栄をもたらした。一方，二酸化炭素濃度は現在と同程度にまで減少したために温室効果が弱まり，石炭紀末期には地球は寒冷化した。窒素は，地球史のほぼすべての期間を通じてその分圧がほぼ変化しないユニークな気体である（図10.2）。

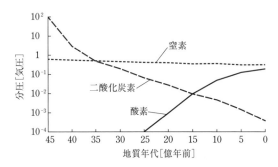

図 10.2　地球史全体を通じた大気成分の変遷

10.3.3　地球内外の要因によりくり返された大量絶滅

　顕生代は，古生代，中生代，新生代に三分され，それぞれはさらに「〜紀」とよばれる複数の時代に細分される。こうした時代の区分は，その地層から産出される化石の種類の構成に基づいて行われている。化石の種構成の変化とは，要するに生物種の「メン

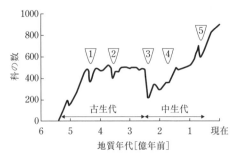

図 10.3　さまざまな要因による大量絶滅
数字は大規模な大量絶滅の時期：3は古生代末の，5は中生代末の大量絶滅

バー交代」である。つまり，それ以前に繁栄していた生物種の多くが絶滅し，それにより生じた生態学的空席をその後に進化した別種の生物が取って代わるということである。ある時期に，それまで繁栄していた生物種の多くが地球上から消滅する事象を**大量絶滅**という（図 10.3）。大量絶滅は，生物をとりまく環境が急激に悪化することで起こる。その理由としては，地球の内部に起因する場合と地球の外部に起因する場合がある。

　地球生命史上最大規模の大量絶滅である古生代末の事変は，地球内部に起因したと考えられている。この大量絶滅では，全生物種の 9 割前後が絶滅した。その時期，超大陸パンゲアの分裂の開始とともに優勢なホットプルームが上昇した。そうしたプルームは**スーパーホットプルーム**とよばれ，大規模に地殻を割って噴出してきわめて多量の玄武岩溶岩からなる広大な溶岩台地をつくった。この洪水玄武岩は現在のシベリアに分布し，**シベリアトラップ**とよばれる。玄武岩の洪水噴火にともなって大量の二酸化炭素が大気圏に放出され，地球の気候は強烈に温暖化し大気と海洋の循環のバランスが損なわれた。その結果，陸域では光合成生物の衰退による生態系の崩壊が，海域では広範囲の酸素欠乏（**海洋無酸素事変**）が発生して海棲生物の大量死が起きたと考えられている。

　中生代末の天体衝突による大量絶滅は，地球外部に起因する事変の代表例である。この時代に繁栄していた陸上の恐竜や海洋のアンモナイトは，中生代白亜紀の末期に一斉に絶滅した。この時期の世界中の地層には，地殻中には 1 ppb（10^{-9}）程度しか存在しないイリジウムが数桁高い濃度で含まれることが知られている。イリジウムは，密度が 20 g/cm^3 を超えるきわめて重い元素であり，地球上ではその大部分が鉄とともに核内部に存在するが，金属質の隕石中にも一定量が含まれる。そのため，大量絶滅の外来天体原因説が有力になっていたところ，メキシコのユカタン半島のチチュルブにその天体が衝突した際に形成されたと考えられる大規模なクレーターが発見された。チチュルブクレーターは直径が 200 km 弱で，衝突天体の直径は 10 km 前後と推定される。この衝突により M11 級の地震と波高 300 m の津波が発生するとともに，衝突のエネルギーによる地殻物質の急激な気化で大爆発が起こり，大量の粉塵が大気圏中に放出された。それにより地球規模の環境悪化が生じ，生物の大量絶滅を引き起こしたと考えられている。

　上記のほかにも，地質年代区分の境界時には規模の大小はあるものの，すべてにおいて大量絶滅が起きていた。であるからこそ年代が区分されたといえる。

10.3.4　生命活動の極大期における化石燃料資源の形成

　地球生命史を振り返ると，生命活動の勢いは平坦ではなく，上に見たように大量絶滅で瀕死の状態になることもあれば，活発化して大量のバイオマスを生産する時期もある。そうした生物活動の活発な時期にその死骸の分解が追いつかないと，有機物の蓄積すなわち化石燃料資源の形成が可能となる。このような，生命活動極大期において形成された化石燃料資源の代表が，古生代石炭紀に形成された石炭と，中生代白亜紀に形成された**石油根源岩**である。

　古生代の石炭紀はその名のとおり大量の石炭が形成された時代であり，世界の有力な

炭田の多くがこの時代に誕生した。シルル紀に上陸した植物は次のデボン紀に維管束を
もつシダ植物に進化し，石炭紀になると樹高 30 m に及ぶ大型のシダ植物が繁栄した。
自立する樹木には植物繊維であるセルロースを固めるリグニンが含まれるが，この当時
リグニンを効率的に分解できる微生物が存在しなかったため枯死した大量の植物体は分
解されることなく堆積し，地層中に取り込まれていった。地下の適度な温度・圧力で，
水分や水素などの揮発成分が除去されて炭素の含有量が増加すると石炭になった。

　石油は，地層中に閉じ込められたプランクトンの死骸などの有機物が，長時間適度な
温度・圧力を加えられることによりさまざまな大きさの炭化水素分子に変化したもので
ある。世界の有力な油田の根源岩は，白亜紀の地層で見つかることが多い。白亜紀に
は，顕生代で最大規模の火山活動のひとつであるオントンジャワ海台の洪水玄武岩が噴
出した。その噴出量は 1 億 km^3 にも達した途方もない巨大噴火で，大量の二酸化炭素
が大気中に放出されて強烈な温暖化が生じた。しかし，シベリアトラップの超巨大噴火
が生物の大量絶滅を引き起こしたのとは対照的に，オントンジャワ海台の大噴火では逆
に海棲生物の大繁栄を引き起こした。そうして生産された大量のバイオマスが，無酸素
状態の海底で分解されることなく堆積して石油根源岩になったと考えられる。シベリア
トラップとオントンジャワ海台の巨大噴火は生物に正反対の影響を与えたことになる
が，その理由はまだよくわかっていない。

10.3.5　さまざまな規模と周期の気候変動

　顕生代の地球の気候には，さまざまな周期と振幅の変動が見られる。

　最も重要な特徴は，どんなに寒冷化しても全球凍結はせず，どんなに温暖化しても海
水がすべて蒸発する全海洋蒸発は起きなかったという点である。つまり，全球の平均気
温は最大でも 0 ～ 100 ℃の振幅の中(実際にはそれよりもずっと狭い範囲内)に納まって
いた。地球の気温のこの節度あるふるまいは偶然とは考えられず，サーモスタットのよ
うな温度調節の機構がはたらいていたと考えざるを得ない。5 億年以上にわたってはた
らき続けている地球の温度調節機構は，炭素循環によるとする考え方が有力である。炭
素循環による地球気温の制御モデルでは，地球の気温を決める主因は大気中の二酸化炭
素濃度である。いま，何らかの理由で地球が温暖化すると，気温の上昇と水循環の活発
化により，大陸上での風化作用が促進されてケイ酸塩鉱物からのカルシウムの溶出速度
が増加する。河川を通じたカルシウムの流入により海洋中のカルシウム濃度が上昇する
と，カルシウム炭酸塩鉱物が沈殿する。除去された海水中の炭酸イオン種を補う方向で
大気中の二酸化炭素が海洋に吸収されて，大気中の二酸化炭素濃度は低下する。すると
大気の温室効果が弱まって気候が寒冷化する。つまり，地球の温暖化は一定の限界を超
えることがない。一方，火山活動は地球の気候変動とは無関係で，つねに一定以上の速
度で大気中に二酸化炭素を供給し続けるので，大気中の二酸化炭素濃度が過度に低下す
ることはない。したがって，気候の寒冷化は一定の限界を超えることがない。

　プレートテクトニクスにより地球上の大陸は離合集散をくり返している。数億年周期
の大陸の離合集散により，地質学的時間スケールで大陸配置が変化する。大陸全体の面
積は顕生代を通じてほぼ変わらないため，海面や雪氷に比べて太陽放射の吸収率が高い

大陸が，太陽放射強度の大きな低緯度地帯に配置されている時期のほうが，地球全体が受け取る太陽放射量は大きくなる。こうして，数億年周期の地球気候の変動が生じる。現在の地球上では南極や北半球の高緯度地域に大陸の多くが存在しており，大陸配置の点からは地球の気候が寒冷化傾向をもつ。

マントル内でのホットプルームの上昇とそれに起因する超巨大火山活動による温暖化は，顕生代の中で複数回発生したと考えられている。プレートテクトニクスで沈み込んだ海洋プレートの残骸は上部マントルの底部に集積するが，それが一定量に達すると下部マントルに一気に沈降して優勢なコールドプルームを引き起こすと考えられている。するとその反動で，核・マントル境界で加熱されていた高温のマントルが，優勢なホットプルームとして上昇する。その結果として超巨大火山活動が起こり，地球の気候が温暖化する。したがって，優勢なコールドプルームを引き起こす長大な周期も，地球気候の大規模な変動を引き起こしていると見ることができる。

光合成生物の進化と繁栄の大きな傾向も，先カンブリア時代の全球凍結ほど極端ではないが，地球の気候に大きな影響を与えた。陸上という新天地に巨大な維管束植物が進化繁栄して大規模なバイオマスの生産が始まったとき，有機物が分解されずに集積されたことは前項で見たとおりである。このときの大気中の二酸化炭素濃度は現在と同程度まで低下した可能性があり，気候が寒冷化した。このような機構により，古生代石炭紀末の寒冷化が生じた。

過去約300万年間の地球の気候を見ると，周期が数万〜10万年で寒暖の差が十数℃の気候変動が認められる。この周期的気候変動は，ミランコビッチサイクルとよばれる地球の軌道要素のゆらぎに起因する。地球の軌道要素には，(1) 地軸の傾きの方向の変動，(2) 地軸の傾きの大きさの変動，(3) 公転軌道の離心率の変動，の3種類の変動が知られている。(1)は回転するコマの軸の首振り(歳差)運動と同じで，現在の地球では公転面に垂直な方向から23.4°の地軸の傾きが周期的に回転する運動である。(2)はみかけ上(1)の大きさが±1°程度，周期的に増減する運動であり，巨大な質量をもつ木星の重力の干渉により地球の公転軌道面がゆらぐために生じる運動である。(3)は，わずかにつぶれた楕円形の公転軌道が周期的に膨縮(離心率が変化)する運動である。これら3つの周期的運動の合成された効果により，地球には年間を通じて北半球がより多くの太陽放射を受ける期間と，その反対の期間が現れる。合成周期は数万年から10万年である。現在の地球上の海陸分布は一様ではない。北半球に陸地が偏っているので，北半球の受け取る太陽放射が多い期間のとき，年間を通じて受け取る太陽放射が増え，その結果地球の気候は温暖化する。より正確には，太陽放射を最もよく吸収する北緯65°での太陽放射強度の変化に応じた地球気候の変動が出現する。

上記のほかにも，現在の気候に連なる第四紀(260万年前〜現在)には，より短い周期の気候変動が知られている。それらについては第2部で検討する。

10.3.6　人類の登場と地球へのインパクト

人類が出現したのは，初期の祖先でさえ数百万年前であり，地球史全体から見ればその直近0.1%の時間に登場した生物である。人類の特徴である直立二足歩行を始めたサ

ヘラントロプスの登場が 600 〜 700 万年前，完全な直立二足歩行を行う猿人のアウストラロピテクスの出現は約 400 万年前である．約 200 万年前からホモエレクトスなどの原人が打製石器の使用を始めた．約 20 万年前に現れた旧人のネアンデルタール人に至って，脳容積が現生人類と同じ 1500 mL に達した．ネアンデルタール人はホモサピエンスと共存や交雑してきたらしい．地球上の新参者である人類が地球環境に与えているインパクトは計り知れない．

　端的な例が生物種の絶滅速度である．古生代末の大量絶滅は地球生命史上最大規模だが，現在の地球上での種の絶滅速度はそれを上回る．今後数十年のうちに 100 億人にならんとする人類の存在が地球にきわめて大きな負荷を与えていることは間違いなく，人類はこの課題を解決していくしかない．

10.3.7　顕生代の時代ごとの特徴

　顕生代を構成する，古生代・中生代・新生代のそれぞれは，さらに以下の時代に区分される．古生代は古い順に，カンブリア紀，オルドビス紀，シルル紀，デボン紀，石炭紀，二畳（ペルム）紀に区分される．中生代は，三畳（トリアス）紀，ジュラ紀，白亜紀に区分される．新生代は，古第三紀，新第三紀，第四紀に区分される．それぞれの時代の特徴，生物進化，主な無機的事象などは表 10.5 のようにまとめられる．

表 10.5　顕生代の地質年表

	時代名	境界年代	生物進化の概要	無機的事象
新生代	第四紀	260 万年	**マンモス出現，人類の登場と繁栄**	周期数万〜10万年の気候変動と海水準変動
	新第三紀	2300 万年	**ウマ・ゾウの進化，被子植物の繁栄，草原**発達，ビカリア（巻貝）	寒冷・乾燥化，南極大陸に氷床
	古第三紀	6600 万年	**貨幣石（ヌンムリテス）の進化・繁栄，ウ**マ・ゾウの祖先出現	アルプス・ヒマラヤ山脈の形成
中生代	白亜紀	1.5 億年	恐竜・アンモナイトが繁栄・進化のののち絶滅，**被子植物の発展**	温暖，末期に巨大隕石の衝突
	ジュラ紀	2.0 億年	**恐竜・ソテツ・イチョウの繁栄，始祖鳥の**出現，トリゴニアの繁栄	温暖・低酸素，パンゲアの分裂開始
	三畳紀（トリアス紀）	2.5 億年	**アンモナイトの繁栄，大型は虫類・哺乳類**の出現，シダ・ソテツの繁栄	温暖・乾燥
古生代	二畳紀（ペルム紀）	3.0 億年	石炭紀から続くフズリナの繁栄と絶滅，三葉虫の絶滅，両生類の繁栄	超大陸パンゲア末期に超巨大火山活動
	石炭紀	3.6 億年	**裸子植物のリンボク類の大繁栄**（石炭形成），メガニウラなどの巨大昆虫	はじめ温暖で大気中の酸素濃度が極大，のちに寒冷化
	デボン紀	4.2 億年	ひれに骨格もつ魚類ユーステノプテロン，初期両生類イクチオステガの登場	末期に寒冷化，海洋無酸素事変
	シルル紀	4.4 億年	三葉虫・サンゴ類などの繁栄，最古の陸上植物クックソニア，昆虫出現	オゾン層の形成
	オルドビス紀	4.9 億年	**三葉虫・筆石・アノマロカリス・海生藻類**などの繁栄	寒冷，末期には氷河発達
	カンブリア紀	5.4 億年	**バージェス動物群・澄江（チェンジャン）動**物群，脊椎動物の出現	最後の全球凍結（6.5 億年前）終了ののち温暖化

10.4 地 質 年 代

10.4.1 2つの地質年代

46億年にわたる地球の歴史を対象とする際の時間の扱い方を**地質年代**という。地質年代は，**化石年代**と**放射年代**に大別される。化石年代は相対年代ともよばれる。地質学が成立した時期から積み上げられてきた化石生物種の生存期間についての知見に基づく年代の表し方である。放射年代は数値年代ともよばれる。第二次世界大戦後に急速に進歩した原子核物理学の知見に基づく，放射性元素を利用した数値による年代の表し方である。

10.4.2 化 石 年 代

生命活動が顕著になった顕生代の年代区分は，すべて化石の種構成に基づいて行われている。古生代・中生代・新生代は，それぞれ生物種の構成が基本的に異なっている。古生代は三葉虫やフズリナで，中生代は恐竜やアンモナイトで，新生代は大型哺乳類で，それぞれ特徴づけられる。より詳しい年代区分である，たとえば，中生代の三畳紀・ジュラ紀・白亜紀は，主として貝類やアンモナイトの種構成に基づいて区分されている。地質年代が化石の種構成によって区分できるということは，ある特定の時期に生物種が大幅に入れ替わることで可能となる。すなわち，化石年代区分は生物の大量絶滅の生じた時期に基づく区分ともいえる。こうした特定の地質時代を特徴づける化石を**示準化石**という(8.3.4項参照)。

10.4.3 放 射 年 代

放射年代とは，岩石や化石などの地質試料に含まれる放射性核種の崩壊速度，または放射線による損傷の進度を利用して求められた年代である。放射性元素の壊変速度は，いかなる物理的，化学的な環境の変化からも影響を受けないことに基づく測定法である。放射年代測定を行う場合には，対象とする年代に適した**半減期**をもつ放射性元素を利用する必要がある(表10.6)。

表 10.6　放射年代測定に用いられる元素と適応範囲

測定法	放射性同位体	最終生成同位体	半減期(年)	測定に適する年代範囲	測定に適する試料
U-Pb	^{238}U	^{206}Pb	45億年	数千万年〜	岩石
Th-Pb	^{235}U	^{207}Pb	7億年	数千万年〜	
Rb-Sr	^{87}Rb	^{87}Sr	140億年	数千万年〜	
K-Ar	^{40}K	^{40}Ar	13億年	数万〜数億年	
^{14}C	^{14}C	^{14}N	5700年	〜数万年	木材・貝殻・骨

基本事項の確認

① 地球史は，(　　)と(　　)と(　　)からなる先カンブリア時代と，最も新しい(　　)の4つの時代に大別される。

② 冥王代は，地表が溶融状態の岩石で覆われた(　　)の，始生代は海洋で(　　)が誕生した，原生代は(　　)を行う生物により海洋や大気に酸素分子が供給され始めた時代である。(　　)爆発に始まる顕生代は何度かの(　　)による危機を乗り越えながら多種多

様な生命が繁栄してきた時代である。

③ 地球の大気を特徴づける（　　　）は，（　　　）生物の代謝産物が蓄積されたものである。その生物の登場とともに，海水中に大量に溶存していた（　　　）イオンが酸化されて沈殿して生じた岩石を（　　　）とよぶ。

④ （　　　）の強度が現在よりも小さかった地球史前半においても，基本的に地球が温暖な気候を保てたのは（　　　）ガスである（　　　）濃度が現在よりもはるかに高かったためである。

⑤ 先カンブリア時代には気候が極端に寒冷化する（　　　）が 3 回ほどあったが，いずれも（　　　）で供給された（　　　）による温室効果により温暖な気候に回復した。

⑥ （　　　）による超巨大な玄武岩火山活動は，環境に破局的ダメージを与えて生物の（　　　）を引き起こすこともあれば，海棲生物が大繁栄して（　　　）に代表される炭化水素資源の原料が蓄積されることもある。

⑦ （　　　）の末期に（　　　）半島沖に落下した（　　　）は地球環境に破局的なダメージを与え，それまで繁栄していた（　　　）や（　　　）は絶滅した。

⑧ フズリナや三葉虫は（　　　）の，恐竜やアンモナイトは（　　　）の，ビカリアや大型哺乳類は（　　　）の示準化石である。

⑨ 地球史の大部分の期間にわたって気球の気候が生物進化に適した温度範囲を保てた理由は，（　　　）の循環が（　　　）のはたらきをしてきたからである。

⑩ 過去約 300 万年の間，地球の気候は周期が数（　　　）年ないし約（　　　）年で振幅が（　　　）℃程度の節度ある変動をしてきた。地球の（　　　）の周期的なゆらぎである（　　　）サイクルがその原因であると考えられている。

演習問題

(1) 始生代はじめに海洋が形成される以前の，地球大気の基本的な特徴を説明せよ。

(2) 生物の大量絶滅の原因と，その生物進化における意味を説明せよ。

(3) 化石燃料資源の利用ではいかなる化学反応によりエネルギーを得ているか，化石燃料側の反応物質はいかなる過程で蓄積されたものかを説明せよ。

(4) 顕生代初期に生物が陸上に進出するために必要だった地球環境の変化について説明せよ。

(5) ある貝化石中の ^{14}C 濃度を調べたところ，当初の濃度の 1/16 であることがわかった。^{14}C の半減期を 5800 年として，その化石を含む地層の形成時期を算出せよ。

11 日本列島の地質

　46 億年の地球の歴史の中で，日本列島はいつ頃から，どこで，どのようにして形成されてきたのだろうか。日本列島には，どんな地層や岩石が分布しているのだろうか。自分の住んでいる街やふるさとはどんな地質から成り立っているのだろうか。身近な地域の地形や地質の特徴を理解することは，はるか昔からの地球の営みに想像をめぐらす術を手に入れる以上の意味がある。地震，火山，水害，津波などの自然災害についてのリスクへの理解が深まり，ハザードマップ(災害予測図)などを活用して命や財産を守る力を身につけることにつながる。海陸 4 枚ものプレートが相互作用する変動帯に位置する日本列島には，世界的に見ても珍しい貴重な地形や地質を観察できる場所がたくさんある。身近な町や訪問先などの温泉，火山，海岸などがジオパークに認定されていれば，地形や地質を詳しく説明してくれるサイトがあなたの訪問を待っている。地学は机上の知識で終わるものではなく，私たちの暮らしと切っても切れない関係にある。身近な地域の地形や地質についての理解が進むにつれて，ますます興味が深まってくる正のフィードバック状態に入るのではないだろうか。

11.1　日本列島の基本的特徴

11.1.1　日本列島の地形の概要

　日本列島は，約 37 万 8000 km^2 の面積をもち，本州・北海道・九州・四国の 4 島を主体とする約 7000 の島から構成される。地質的にも地形的にも，海洋プレートの沈み込みにともなって形成される島弧(弧状列島)・海溝系としての基本的特徴をもつ。日本列島は単一の島弧ではなく，**千島弧**，**本州弧**，**伊豆・小笠原弧**，**琉球弧**が互いに接合して成り立っている。それぞれの島弧には，**千島・カムチャツカ海溝**，**日本海溝**，**伊豆・小笠原海溝**，**南海舟状海盆(南海トラフ)**，**南西諸島海溝**が併走する(図 11.1)。日本列島の主要部をなす本州弧は，東北日本と西南日本に大別される。本州弧の地形は，**山地**，**平野**，およびそれらの中間部である**丘陵地**に大別できる(図 11.2)。

　現在の日本列島ではプレート沈み込みにともなう火山活動や地殻変動が活発で，多くの地域では地盤が隆起して山地となっている。また，過去数十万年間に形成された地質学的に新しい火山は，高く険しい火山体地形をなす。こうしたことから，国土の約 6 割が山地であり，植生が定着できない高所を除いて，山地の大部分が森林である。山地では豪雨や地震などで地滑りや斜面崩壊が起きることがあり，河川に土砂を供給する。

　細長い弧状列島の中軸部の山地を源流域とする河川の流下距離はたかだか 300 km と短いため，大陸の河川に比べて急流である。したがって，短時間に降雨や融雪の影響を受けてしばしば洪水状態となる。主要な河川の下流部には，洪水時の氾濫流から堆積した土砂が形成する平野が広がる。国土の約 1/4 を占める平野には人口や社会資本が集中するため，大都市の多くは洪水氾濫の潜在的リスクを抱えている。平野には，約 10 万年前の世界的な海面上昇期の海底に堆積した地層が広く分布することがある。そうし

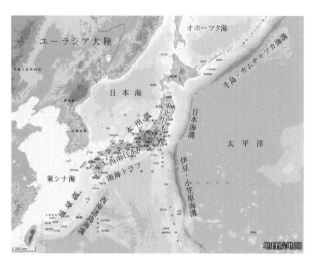

図 11.1　日本列島と周辺海域の大地形〔国土地理院地図に加筆〕

た地域は**台地**とよばれ，海面すれすれの高度の低地に対して数〜数十 m ほど標高が高いので，平野にありながら洪水リスクの小さな土地となっている。

　山地と平野部の中間部分に分布する丘陵地は，高度も傾斜も両者の中間を示す。地質的にも堅硬な岩石を主体とする山地と，未固結で軟弱な土砂を主体とする平野の中間的性質をもつ。土木工事が容易に行えるため，大規模な産業・レジャー施設や住宅地が造成されることも多い。造成に際して切り取りや盛り立てなどの人工改変がなされるが，そうした場所で地震や豪雨時に土砂災害が生じる事例も少なくない。

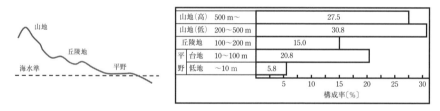

図 11.2　日本列島の地形構成
左：典型的な日本列島の地形断面，右：日本列島の地形区分ごとの構成率

11.1.2　日本列島の地質の概要

　日本列島の地質は，2 つの海洋プレートと 2 つの大陸プレートの合計 4 枚のプレートがせめぎ合う場所という基本的な特徴をもつ。地球上のプレートは誕生と消滅をくり返すために，過去にさかのぼるほどプレートは現在とは異なっていた。しかし，日本列島がプレートどうしの境界に位置するという基本的特徴は，地質時代を通じて変わっていない。日本列島に分布する岩石や地層などの地質体の多くは，現在とは異なる過去のプレート配置のもとで形成されてきたものである。

　日本列島に分布する地質体の最大の特徴は，その大部分が海洋プレートの沈み込みにともなう**付加作用**と関係していることである。付加作用とは，海洋プレートの上面に堆積していたさまざまな海洋底物質が，沈み込みに際してはぎ取られながら，沈み込まれ

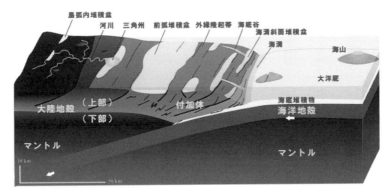

図 11.3　海洋プレートの沈み込み帯で形成される付加体〔出典：産業技術総合研究所地質調査総合センター，https://gbank.gsj.jp/geowords/picture/illust/accretionary_prism.html〕

る側である陸側のプレートの前面に次々と付け加わっていく過程である。付加作用で形成された地質体を**付加体**とよぶ（図 11.3）。海底に堆積した地層の寄せ集めといってもよい。空港ビルなどで見られる動く歩道の終点付近にちりとりを構えた場面を考えたとき，もし歩道上にゴミが散らかっていたら，ゴミは次々とちりとりの中へ取り込まれていくであろう。先に取り込まれたゴミがちりとりの奥に押し込まれ，あとから取り込まれたゴミが手前にたまるのと同様に，付加体においても，陸側に古い地質体が，海溝側に新しい地質体が分布する。

　日本列島に分布する地質体は，付加作用が活発化する以前に形成された古期の岩石，付加体，広域変成岩，大規模な珪長質火成岩，さまざまな時代の火山噴出物，日本海拡大時の海底火山噴出物，新しい未固結の堆積物の 7 種類に大別できる（図 11.4）。

　古期の岩石の分布はごく限られている。付加体の岩石は，大洋底から海溝で堆積したさまざまな堆積物が固結した堆積岩と，中央海嶺で形成された玄武岩を主とする。広域変成岩は，付加体の岩石が特に高い温度・圧力条件にさらされた時期に形成された。同じ時期に，より高温にさらされて融解してできた大量のマグマが固結したものが，珪長質の大規模な火成岩である。さまざまな時代の火山噴出物は，海洋プレートの沈み込み

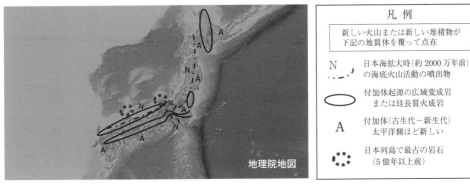

図 11.4　日本列島の地質の基本構造（国土地理院地図に加筆）

表 11.1　日本列島における地質体の種類と地形との基本的な対応関係

地質体の種類	深成岩・変成岩	第三紀以前の堆積岩	第三紀の堆積岩	第四紀の堆積層	第四紀の火山
地形の典型例	山地・丘陵地	山地	丘陵地	平野	山地
	阿武隈山地	丹波高地	房総丘陵	関東平野	富士山

により定常的に形成されるマグマが噴出して形成されてきた。そのうち，日本列島がユーラシア大陸から引き離された日本海拡大時には，活発な海底火山活動により大量の火山砕屑物が堆積した。地質学的には約1万年前まで海底であった場所に，未固結の土砂の地層が堆積した。こうしたさまざまな地質体の分布域は，地形の特徴と基本的によく一致する（表11.1）。

　地下の地層や岩石は，新しくて固結の度合いが小さな浅部の層と，古くて硬い深部の層から構成されることが多い。その場合，深部に存在する古くて硬い層を**基盤**，その上にある新しく軟らかい地層を**被覆層**とよぶ。両者は相対的な関係なので，その境界の時代や物性に絶対的な基準があるわけではないことに注意が必要である。たとえば，日本列島全体を対象とする場合には，中生代や古生代の地層や岩石を基盤として，新生代の地層を被覆層として扱うことが多い。一方，都市の土木建築構造物を支える地盤を対象とする場合には，新生代の地層の一部が基盤として扱われる。

　日本列島全体を対象とした場合，となり合う異なる基盤どうしは，大規模な断層で接することが多い。そのような大規模な断層は**構造線**とよばれる。日本列島を代表する構造線は，関東地方から中部地方南部，紀伊半島，四国，九州にわたり 1000 km 以上の延長で西南日本を縦断する**中央構造線**である。中央構造線を境界として，その北側を**内帯**，南側を**外帯**とよぶ。西南日本と東北日本の接合部には**フォッサマグナ**とよばれる大規模な陥没構造が存在する。その西縁は，糸魚川–静岡構造線を境界とするが，東縁については複数の見解が並立しており，現在も研究課題となっている。より古い時代の日本列島を東西に二分する構造線として，山形県朝日山地から福島県棚倉をとおり茨城県常陸太田へと延びる棚倉構造線が知られている。

　一般に，大陸地域の地質は過去の造山運動における大規模な火成活動の産物などから構成されるため，その地質構造は単純である。ところが，付加体の地質を主体とする日本列島では，海洋プレートにのって運ばれてきた大小さまざまな地質体や，それらが沈み込み過程で受ける諸々の作用によって形成される多くの種類の岩石を構成要素とする。したがって，その構造は大陸地域と比べると非常に複雑である。国土の地質の構成や構造が複雑なので，社会資本の造営，防災対策，地下構造の調査などにおいて高い技術的水準が要求される。そのことが，わが国の高い土木・建設技術を培ってきた。

11.2　日本列島を構成する主要な地層と岩石

11.2.1　最も古い時代の岩石

　日本列島全体の地質構成要素の中で最も古い岩石は，北陸や山陰の隠岐などに分布する**飛騨変成岩**とよばれる変成岩である。それらの岩石が基盤をなすと考えられる地域を

飛騨帯，隠岐帯とよぶ。飛騨変成岩は片麻岩や角閃岩などを主として，古生代に何回か
の変成作用を受けている。そのため，源岩の年代の確定が難しいが，中国大陸に分布す
る先カンブリア時代の大陸地殻を構成する岩石が源岩と推定されている。

　古期の岩石は，その分布面積こそ小さいが，次項で述べる付加体の地質と並んで，日
本列島の基盤を構成する重要な地質要素である。

11.2.2 付加体の岩石と地層群

　付加体は，中央海嶺で形成された火成岩や，海洋地殻の上に堆積したさまざまな堆積
物から構成される。それらは，形成された順に，海洋地殻の主体であるはんれい岩およ
びそれを形成したマグマの一部が中央海嶺の海底に噴出した玄武岩(枕状溶岩)，陸地か
ら遠く離れた遠洋域で放散虫の珪質殻のみが沈積して形成されたチャート，低緯度域で
は火山島に成長した海山の周囲に形成されたサンゴ礁が岩石化した石灰岩，海洋プレー
トが陸域に近づくにつれて供給される細粒の砕屑粒子と放散虫の珪質殻の沈積物が混合
した珪質泥岩，海溝に到達した後に陸域から大量に供給される土砂が堆積して形成され
た砂岩および泥岩などである(図 11.5)。

図 11.5 中央海嶺から海溝に至る移動にともなう海洋プレート層序の形成過程

　これらの岩石や地層は，形成後に構造が乱されなければその順番で下から上へと積み
重なることになる。そのような積み重なりを**海洋プレート層序**という。一連の海洋プレ
ート層序は数百 m ～数 km の厚さをもつことが多い。海洋プレート層序は，付加作用
により陸側の岩盤に強く押し付けられる結果，その内部構造や分布が乱れる。内部構造
が破壊されて成因や形成環境が異なる種々の岩石が不規則に共存する混在岩になること
や，断ち切られた同じ層序がくり返し重なる覆瓦構造を示すことが少なくない。そうし
た乱れがあっても，付加体の岩石や地層群は，大局的には形成時の海溝に並行して，ま
た陸側から海溝側に向けて，より新しい時代の地層が分布する。

　西南日本では，東西に伸長して分布する付加体の地層群がつくる帯状構造が明瞭に認
められる。それらは大陸側から海溝側に向けて，古生代末期，中生代中期，および中生
代末期から新生代にかけて付加した付加体である。南海トラフに向かう海底には現在も
付加体が形成中であり，いずれは陸化することが予想される。東北日本にも，西南日本
とほぼ同じ時期に付加した付加体の地層群が分布する。しかし，その帯状分布構造は西
南日本ほど顕著ではない。このように，付加体の地層群は日本列島の広範囲に基盤とし
て分布している。

　日本列島の付加体は，約3億年前に形成が始まり，その後は断続的に形成されている。付加体の形成が断続的である理由には2つの可能性がある。ひとつは沈み込み過程そのものが断続的であった可能性，もうひとつは沈み込み過程は連続していても付加作用が行われていない時期があった可能性である。たとえば，現在の日本列島を見ると，フィリピン海プレートが沈み込む西南日本では付加体が形成されている一方，太平洋プレートが沈み込む東北日本では付加体が形成されていない。このことは，付加作用が必ずしも沈み込み過程によって生じるとは限らないことを示している。沈み込みによる付加作用の有無は，海洋プレートの沈み込みの速度や沈み込むスラブの角度などに大きな影響を受けるとする考え方もあるが，現在も研究が進行中である。

　付加体の地層を扱う際に，付加体を構成する地層や岩石が形成された年代と，それらの地層や岩石が沈み込み作用によって付加体となった年代が異なる点に注意したい。たとえば，現在の太平洋プレートでは，最も古い太平洋南西部には約2億年前に形成された海洋地殻が存在し，太平洋各所の海底には過去2億年間のさまざまな年代に形成されたサンゴ礁や放散虫化石からなる珪質軟泥が存在する。それらの堆積物が沈み込み作用を経ると，石灰岩やチャートなどの付加体を構成する岩石になる。もしそうなれば，将来の付加体には，現時点でもすでに形成後最大2億年を経た地層や岩石が含まれることになる。このように，沈み込み帯において付加体が形成された年代(付加年代)よりも，その付加体を構成する個々の地層や岩石が形成された年代の方が古いという状況は，世界の付加体に共通の特徴である。

11.2.3　広域変成岩

　日本列島には，付加体の帯状構造の一員をなすようにして，数回にわたって形成された広域変成岩が分布する。広域変成岩は高圧型と高温型が互いに接して分布することが多く，**対の変成帯**とよばれる。また，高温型の変成帯は珪長質の深成岩の分布域にともなわれることが多い。これらはいずれも付加体の堆積岩類を源岩として形成された岩石と考えられている。沈み込み帯の地下深部では，沈み込んだ海洋地殻の岩石が定常的に高圧型の変成作用を受けていると考えられている。そうした地下深部で形成される変成岩は，通常は地表に露出することはない。それらが地表に現れるためには何らかの上昇機構が必要である。日本列島の地表にまとまって分布する広域変成岩が特定の形成時期のものに限定されるのは，それらの変成岩が大量に形成され，かつその後に上昇しやすい条件が成り立っていたことを示唆する。その原因として考えられているのが中央海嶺の沈み込みである(9.2.3項参照)。高温のマントル物質が上昇する中央海嶺が沈み込む際に，海溝側の地下深部では付加体の岩石から高圧型変成岩が形成される。また，大陸側の地下深部では，付加体の岩石が活発に部分溶融して大量の珪長質マグマが形成される。そのマグマはのちに固結して珪長質の深成岩(花こう岩)となり，その周囲に高温型変成帯を形成する。大量の低密度の花こう岩が浮力により上昇すると地殻が持ち上がる運動(造山運動)となり，時間の経過とともに侵食が進むと地下深部で形成された岩石が地上に露出する。

　このような広域変成帯を代表するのが，高圧型では三波川変成帯，高温型では領家変

成帯で，いずれも中生代後期に変成作用を受けた付加体である。

11.2.4 珪長質火成岩体

付加体の岩石や地層に由来する地質体は，第1に付加体自身，第2に広域変成岩，そして第3が珪長質の火成岩体である。その成因は前項で述べたとおり，中央海嶺の沈み込みにともなう，地下深部の異常な温度上昇であるとする考えが有力である。上昇する高温のマントル物質から放出される熱量が膨大なため，付加体の岩石が融解して大量の珪長質マグマが発生する。生じたマグマは密度が低いため地殻の中を上昇し，多くは固結して大規模な花こう岩体となり，一部は噴出して流紋岩質の火山噴出物となる。

このようにして形成された花こう岩体が，中央構造線の北側に分布する領家花こう岩，中国地方や阿武隈山地に広く分布する花こう岩体などである。中部地方では，大量の花こう岩質マグマが噴出した流紋岩や流紋岩質溶結凝灰岩などが広大に分布する。

11.2.5 第三紀の地層群

付加体の地層群およびそれから派生した地質体である広域変成岩と珪長質火成岩，ならびに分布は小規模だが最も古い時代の岩石（飛騨変成岩）は，日本列島の地質の基盤を構成している。それらの基盤を被覆する新しい地層の主体が，新生代第三紀後半のおよそ 2000 〜 1500 万年前に形成された地層群である。**新第三系**とよばれるその地層の多くは，海底噴出の火山砕屑物を多量に含む厚い砂岩や泥岩から構成される。変質鉱物として含まれる緑泥石などにより淡い緑色を示すことが多いので，**グリーンタフ**ともよばれる。グリーンタフは，北海道西南部から東北，上越，関東北部，北陸から山陰地方に分布し，東北日本の広範囲と西南日本の日本海側の有力な被覆層となっている。栃木県宇都宮市で石材として盛んに採掘された大谷石は，グリーンタフの代表例である。

11.2.6 第四紀の火山体

日本列島には 100 以上の活動的な火山が存在する（6.1.2 項参照）。それらの火山は地形的な高所を形成するだけでなく，地質学的にも基盤やグリーンタフを貫いてつくられた新しい岩体である。日本列島の基盤を構成する地層群の年代が数億〜数千万年前であり，それらを被覆する新第三系の年代がおよそ 2000 万年前であるのに比べて，現在活動的なまたはいつ活動再開してもおかしくない火山を構成する岩石は，たかだか数十万年前以内に形成されたものが大部分を占める。基盤や新第三系被覆層の分布域に上書きされた地形的に顕著な新しい地質体が第四紀の火山である。北海道や九州の大規模なカルデラ火山では，大量の火山噴出物が周辺を広く被覆する。

11.2.7 第四紀の堆積層

わが国では大都市の多くが平野部を中心に立地する。首都圏は日本最大の沈降盆地である関東平野と重なり，中京圏は濃尾平野を，近畿圏は大阪平野を中心としている。これらの平野部の地盤は，地質学的に最も新しい第四紀の堆積層である。第四紀の堆積層は，やや古い数万〜数十万年前に海底で形成された地層と，現行の河川が運搬・堆積し

た約 1 万年前以降に形成された軟弱な土砂の層を主体とする。現行の河川によりもたらされた堆積物は，日本列島を構成する地層の中で最も新しくかつ軟らかい地層である。

11.3　日本列島の地質発達史

11.3.1　地質発達史の概要

　日本列島の地質発達史は，約 5 億年前以前の非活動的な大陸縁辺の時代と，それ以降の活動的な大陸縁辺の時代に大別できる。後者は，約 2000 万年前の日本海形成以前の大陸東縁部であった時代と，それ以降の縁海をともなう島弧の時代に大別できる（表 11.2）。

表 11.2　日本列島と周辺で起きてきた主要な地質的事象

年代	関係した地域	発生した事象	主要な地質過程	形成産物
第四紀（260 万年前〜）	主に東北日本	圧縮から引張応力場への転換	地殻変動（圧縮変形）	脊梁山脈　山間盆地
1000 万年前〜	北海道・本州	千島弧と伊豆・小笠原弧の衝突	変成作用，火山活動	日高山脈，丹沢山地・伊豆半島
2500 〜 1500 万年前	ユーラシア大陸東縁沖	大陸東縁の分離と移動	海底火山活動，地殻変動	日本列島，日本海，グリーンタフ
約 1 億年に 1 回	ユーラシア大陸東縁	中央海嶺の沈み込み	変成作用，大陸地殻の形成	広域変成帯
5 億年前〜現在		活動的な大陸縁辺	付加作用	付加体
7 億年前	揚子地塊の一部として誕生	受動的な大陸縁辺		古期の地層群

11.3.2　非活動的大陸の時代

　日本列島の起源は，約 7 億年前の超大陸ロディニアの分裂でできた揚子地塊（ヤンツー）にさかのぼる。揚子地塊は南中国地塊ともよばれ，当時は赤道付近にあったがその後は徐々に北上した。海洋プレートに囲まれた大陸プレートだが，沈み込み活動のない非活動的（受動的）大陸縁であった。現在では，大西洋と大陸との境界部分が非活動的大陸縁であり，海溝をもたない。そのような時代が約 2 億年続いた後，約 5 億年前になり，大陸縁辺で海洋プレートが沈み込みを始め，活動的な大陸縁の時代が始まった。日本列島で最も古い時代に属する隠岐や飛騨帯の岩石は，この揚子地塊の一部と考えられている。

11.3.3　大陸縁辺における沈み込みの開始と断続的な付加体の形成

　約 5 億年前に揚子地塊の縁辺が活動的大陸縁になると，沈み込みにともなう付加作用が始まった。それにより堆積岩を主とする付加体はもちろん，広域変成岩や珪長質の大規模な火成岩，さらにはさまざまな火山活動による火山岩の形成が始まった。しかし，付加作用は 5 億年間にわたり連続していたわけではなく，活発な時期とそうでない時期があった。古生代末期，中生代中期および中生代末期から新生代にかけて特に活発な付加作用が行われ，現在の日本列島の基盤となる付加体がつくられた。この間日本列島は「列島」ではなく，ユーラシア大陸の東縁の一部であった。

11.3.4　複数回起きた中央海嶺の沈み込みと広域変成帯・巨大花こう岩体の形成

　中央海嶺が沈み込むと，沈み込み帯の地下の温度・圧力が大きく上昇して大量の大陸地殻が融解する。それにより形成された大量の花こう岩マグマは，密度が小さいために浮上して地殻を隆起させる。このとき地下深部で形成された高温型と高圧型の広域変成岩が浅部へ持ち上げられ，広域変成帯が形成される。日本列島付近での中央海嶺の沈み込みは，古生代前期，古生代後期，中生代前期，中生代後期など，ほぼ1億年に1回のペースで起きたと考えられている。

11.3.5　日本海拡大による列島の誕生と大量の海底火山噴出物の堆積

　新生代後期の2500万年前頃から，ユーラシア大陸の東縁が海側へ引っ張りだされる力がはたらく（引張応力）場になった。この開裂作用が約1000万年間続いた結果，大陸の東縁は大陸から引き剥がされて太平洋側へ移動し，1500万年前頃になると弧状列島としての日本列島の骨格が形成された。この過程を**日本海拡大**とよび，島弧となった日本列島と大陸との間に背弧海盆（縁海）としての日本海が誕生した（図11.6）。

　開裂の際の運動様式として，東西両側の横ずれ断層による引き出し状の運動または東西両端の回転軸を中心とする観音開き状の運動などの考え方が有力である。フォッサマグナは，観音開きで生じた開口部の陥没構造の中に，大量の海底火山噴出物が厚く堆積した地域である。同様の堆積物は，東北日本の中軸部から日本海側にかけても広く分布している（グリーンタフ）。

11.3.6　伊豆・小笠原弧と千島弧の衝突

　伊豆・小笠原弧は，伊豆・小笠原海溝と伊豆諸島・小笠原諸島から成り立ち，フィリピン海の外縁をなす。太平洋プレートがフィリピン海プレートに沈み込むことにより形成される火山弧である。また，千島弧は千島海溝と千島列島から成り立ち，オホーツク海の外縁をなす。太平洋プレートが北米プレートに沈み込むことにより形成される火山弧である。これら2つの火山弧は，日本海の拡大が終了した後，1000万年前頃から，それぞれ本州と北海道へ衝突を始めた。本州中部では，衝突の初期により御坂山地や丹沢山地が形成され，ついで伊豆半島が本州と合体した。これらの衝突にともなう圧縮により，基盤の付加体がもつ東西方向の帯状構造が大きく北方に屈曲した（図11.4）。また

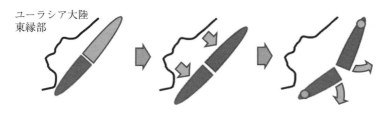

ユーラシア大陸
東縁部

大陸の東縁が開裂
（2500万年前頃～）

引き出し状あるいは観音扉状
などの運動で大陸から引き剥がされ
縁海（日本海）をもつ島弧が形成（1500万年前頃）

図 11.6　日本海の形成と日本列島の誕生

北海道では，太平洋プレートが斜めに沈み込むために雁行（ミの字）状に配列する火山列
島が形成され，それらが断続的に衝突・合体して，北海道東部を形成した。その最新の
地塊が知床半島である。これらの衝突・合体により日本列島の現在の地形と地質がほぼ
完成したが，その活動は現在も継続している。

11.3.7　第四紀の地殻変動と海水準変動

現在から約260万年前に，最新の地質時代である第四紀が始まった。日本列島の地質
発達史において，第四紀はいくつもの重要な意味をもつ。

第四紀の最大の特徴は，日本海拡大期以降それまで続いていた東日本を中心とする岩
盤がほぼ東西方向に引っ張られる状況（水平引張場）から，押し付けられる状況（水平圧
縮場）に転換したことである。引きの状態から押しの状態へ変化した理由としては，沈
み込んだ太平洋プレート深部の状態の変化（スラブの切断分離）とする考えや，南から沈
み込んでくるフィリピン海プレートが太平洋プレート深部と相互作用を始めたためとす
る考えがあり，共通した理解には到達していない。この広域応力場の転換により，東北
日本を中心として隆起運動が活発化し，列島の中軸に位置する山脈が成長して**脊梁山脈**
となった。また，列島の各地に存在する断層は，引張場では岩盤がずれ落ちる運動（正
断層）だったが，せり上がる運動（逆断層）へと運動傾向を反転させた（**反転（インバージ
ョン）テクトニクス**）。

第四紀は地球気候の周期的変動で特徴づけられる。この気候変動は，数万〜10万年
の周期と全球平均気温で10℃程度の振幅をもつ，きわめて周期性が高くかつ節度のあ
る振動現象である。この気候変動の原因は，地球の軌道要素の周期的変動と海陸分布の
南北の偏りに起因する太陽エネルギーの全球吸収量の周期的変化（ミランコビッチサイ
クル）であると考えられている。全球平均気温の昇降に対応して，北半球における大陸
氷河が成長と衰退をくり返した。大陸氷河が成長すると，その分だけ海水が減少するの
で海面が低下する。大陸氷河が衰退すると，海面が上昇する。海面の変動振幅は100 m
前後に達した。現在の地球は氷期と氷期の間の温暖な時期（間氷期）であり，海面は上昇
している。数万年前の氷期には，海面は現在より約100 m低かった。また，約12万年
前の間氷期には現在よりも10 mほど海面が上昇していた（**下末吉海進**）。間氷期の海面
上昇期には，有力河川が流入する海域に運搬された土砂が堆積する。それに対して氷期
の海面低下期には，低下した海面に向かう急流河川により堆積したばかりの軟弱な土砂

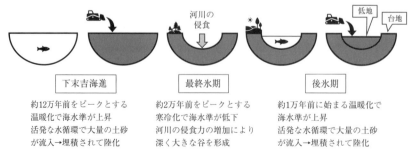

図 11.7　典型的な平野の地下構造の形成過程

が侵食されて，大規模な河谷がつくられる。次の温暖期に海面が上昇すると，海面下に没した谷地形には再び土砂が堆積し，地下に埋没谷が形成される（図11.7）。第四紀における気候変動と連動する海面変動に対応して，現在の日本列島の主要な平野がつくられた。関東平野の場合，下末吉海進の時期に堆積した比較的堅固な地層が台地を形成する一方，最終氷期の谷がその後の温暖化にともなう海面上昇後に埋積されることで低地が形成されている。低地は地盤が軟弱なため地震時の被害が拡大しやすく，またその高度が現行河川の水面と大差ないため水害リスクも高い地域となっている。

基本事項の確認

① 日本列島を構成する地質体の大半は（　　）億年前以降にできており，（　　）億年の地球史全体からみるときわめて若い。

② 日本列島は，その地質発達史の大部分で海洋プレートの（　　）の場におかれ，それにともなう（　　）作用が地質の形成に重要な役割をもってきた。

③ 付加作用で形成される地質体を（　　）とよび，それを構成する玄武岩，（　　），砕屑岩などからなる岩石の累積を（　　）とよぶ。

④ 日本列島の基盤を構成する主要な地質要素は，堆積岩を主とする（　　）に加えて，それが変成作用を受けた（　　），より高温で融解してから固結した大規模な（　　）などからなる。

⑤ 約2000万年前に起きた（　　）形成により，それまで（　　）の東縁だった地域が（　　）となり，日本列島が誕生した。

⑥ 日本海形成時には（　　）が活発化し，それにより厚い火山砕屑物からなる地層である（　　）が形成され，（　　）や（　　）地方などに広く分布する。

⑦ 形成された時代や環境が異なる地質体どうしが接する断層を（　　）とよび，西南日本を大陸側と海洋側に二分する（　　），東北日本と西南日本の境界に分布する（　　）の西縁をなす（　　）などが代表例である。

⑧ 日本海形成により現在の日本列島の基本構造が完成した後，太平洋側から北上する（　　）が本州弧に衝突し，（　　）の北方への湾曲などの変形をもたらした。

⑨ 火山フロントを中心に分布する（　　）や，構造的な（　　）を埋積する新しい堆積物などが，日本列島の基盤構造の一部を被覆している。

⑩ 関東平野の地形は，温暖な下末吉海進期の高い（　　）下で形成された地層からなる（　　）と，最終氷期に形成された谷がその後の（　　）上昇の継続で埋積された（　　）に大別できる。

演習問題

(1) 付加体とは何か，また日本列島において付加体がいかなる意味をもつかについて説明せよ。

(2) 海洋プレート層序を簡潔に説明せよ。

(3) 日本列島が列島になった地質学的な事変の発生時期と過程について説明せよ。

(4) 構造線とは何か説明し，日本列島における代表的な構造線を記せ。

(5) 平野における埋没谷の形成過程や特徴について説明せよ。

気 象

　われわれが生きている限り続けていく呼吸。その呼吸で吸い込む空気の全体が大気である。大気は，われわれが暮らす地球がほどよい質量であるがゆえにその重力圏に保持され続け，地球生命の進化の過程で光合成生物が目覚しい活動を続けてきたおかげで十分な酸素分圧をもつに至った。さらに，生命にとって空気と同様に不可欠である水は，固体・液体・気体と変化しながら大気とともに運動している。人間はただ生きているだけではない。人がさまざまな活動をするとき，気象や気候は重要な意味を持つ。第2部では，まず大気の構造と地球の熱収支を概観し，次に天気の基本である風，雲，雨，雪がどのようにして発生するかを見る。次いで，太陽から受け取るエネルギーが低緯度と高緯度で異なるために大気が大きな循環をしていることを理解する。そのうえで，われわれが暮らす日本周辺の天気の特徴を確認する。さらに，地球最大の水のリザーブである海洋の構造と運動を概観し気候との関連性を考える。地学三分野の中で，おそらくわれわれの日常生活に最も関係の深い気象現象について，理解を深めていこう。

第2部の構成について

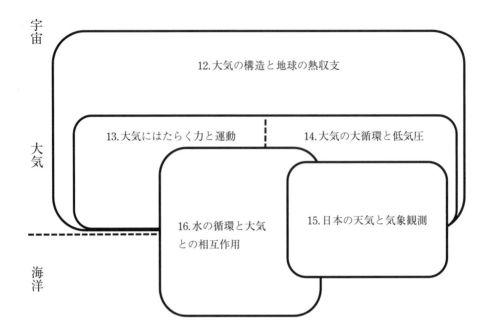

　地表から上空約500kmまでの空間には，8割の窒素と2割の酸素を主とする大気が分布し，対流圏・成層圏・中間圏・熱圏からなる大気圏を構成する。一方，地球は可視光線を主とする太陽放射を受け取り，赤外線を主とする地球放射を宇宙空間に放ち，両者はバランスしている。二酸化炭素や水蒸気を主とする温室効果ガスのおかげで，少し熱がこもった状態になり地球の表面温度は温暖に保たれる。こうした「大気の構造と地球の熱収支」(12章)が「第2部気象」の基盤となる。

　「大気にはたらく力と運動」(13章)では，気圧傾度力，転向力，摩擦力などのさまざまな力が自転する地球上の大気にはたらく結果引き起こされる，水平・鉛直方向の大気の運動を整理する。

　地表が受け取る太陽放射は低緯度ほど大きいため，過剰な熱を高緯度へと輸送する地球規模の大気の循環が生じる。地球の自転の影響を受けて常に偏西風が吹く中緯度域では，その経路が波打つことにより温帯低気圧が発生する。これらは「大気の大循環と低気圧」(14章)で述べられる。

　「日本の天気と気象観測」(15章)では，われわれにお馴染みの四季折々の天気が生じる原因や，その観測方法を確認する。毎年のように起こる気象災害から身を守るためにも，よく理解しておきたい分野である。

　気象現象を引き起こす場は大気だけではない。水の最大の貯留体である海洋の性質と大気との関係を「水の循環と大気との相互作用」(16章)で見ていこう。

12 大気の構造と地球の熱収支

真夏の都会から離れて高原に向かうクラブの合宿は涼しくて快適だが，富士山の山頂まで登るとなると激しい頭痛に襲われる人が現れるかもしれない。地上数千 m 以上の高度を飛行する与圧された旅客機の窓や機体が，まれに外側に向けて破裂してしまうことがある。いずれも，高度が増すと気圧が下がることに起因する。台風や豪雪などの気象現象，有害紫外線の地上への到達を防いでくれるオゾン層，通信衛星がなかった時代に遠距離の無線通信を可能にした電離層，流星やオーロラなどの神秘的な現象，それらはすべて大気の特定の高度領域と対応している。つまり，大気は層状構造をもち，それぞれの高度領域が特有の性質をもつ。一方，大気のもつ熱のほぼすべては，太陽から到達する太陽放射エネルギーに由来するものであり，それが地球表面と大気の間を行き来したのちに，最終的には地球から宇宙空間に放熱される。こうした大気の層状構造や地球の熱的な収支を見ることで，地球の大気の基盤的な特徴を理解できる。

12.1 大気の基本的性質

12.1.1 大気の組成

地球の大気は，地表から高度約 50 km までの領域に，その 99.9％ が存在する。その領域における大気はきわめて均質性が高く，体積比率で窒素約 78％，酸素約 21％，アルゴン約 1％とその他の微量成分からなる（表 12.1）。ただし重要な点として，大気中に最大で数％含まれる水蒸気つまり気体の水が，通常は記述されないことに注意する必要がある。その理由は，水蒸気以外の成分の均質性がとても高いのに比べて，水蒸気は場所や時刻による変化が大きく，それらの平均値を記すにしてもほかの成分と比べて精度が低いことによる。とはいえ，平均的な水蒸気の濃度 0.5％を加味しても，上述の 1％の桁までの濃度にちがいはない。気候変動で注目される二酸化炭素は約 400 ppm つまり 0.04％に過ぎない。

高度 80 km 付近より高層になると大気の組成は変化し，原子状の酸素やヘリウムの割合が増加する。地球の重力は，ほとんどの気体分子を保持できるが，もっとも軽い水

表 12.1　大気の組成

	大気組成（水蒸気を除く場合）						
	窒素	酸素	アルゴン	二酸化炭素	その他		
					ネオン	ヘリウム	メタン
体積[％]	78.08	20.95	0.93	0.04	0.002	0.0005	0.0002
	大気組成（水蒸気の平均値を 0.5％とした場合）						
	窒素	酸素	アルゴン	二酸化炭素	水	その他	
						ネオン	ヘリウム	メタン
体積[％]	77.70	20.84	0.93	0.04	0.5	0.002	0.0005	0.0002

素とヘリウムは地球の重力圏から逸散する。地球で発生したそれらの気体は，一定期間大気中に存在したのち，最終的には宇宙空間に放出される。

12.1.2　大 気 圧

　大気圧は，測定地点よりも上方に存在する大気の質量にはたらく重力によって生じる。つまり大気の重さである。そのため，大気圧は高度上昇とともに減少し，その減少率は高度約 16 km ごとに 1/10 である（図 12.1）。平均海面における平均の大気圧は1013 hPa であり，これが 1 気圧とよばれる。1 気圧は，水銀柱だと 76 cm の高さに，水柱だと約 10 m の高さに相当する。大気圧は同じ高度でも，場所や時刻により一定の範囲で変動する。

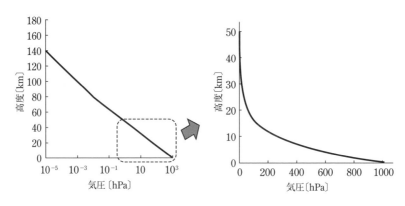

図 12.1　大気圧の高度分布
左：大気圏のほぼ全体の気圧，右：大気の 99 ％ が存在する高度 50 km までの気圧

12.2　大気の層状構造

12.2.1　大気圏の概要

　固体地球をとりまいて大気が存在する領域を**大気圏**という。大気圏は高度を増すにつれて気体の分子が指数的に減少するので，大気圏と宇宙との境界はあいまいである。国際航空連盟は高度 100 km を**カーマンライン**とよび，それよりも高空を宇宙と定義している。しかし，地球科学の分野では大気圏のもっとも外側は約 500 km なので，カーマンラインは大気圏内に位置する。地球周回軌道を慣性飛行する国際宇宙ステーション（ISS）の高度は約 400 km なので，カーマンラインよりも外側だが大気圏の上部に相当する。

　大気圏の内部は明瞭な層構造をしており，地表から**対流圏，成層圏，中間圏，熱圏**に四分される。上下の圏の境界を**圏界面**とよび，気温の高度変化が極値をとる高度が圏界面となっている。つまり，対流圏内は高度上昇にともなって気温が低下するので気温の高度変化は負であり，順に成層圏では正，中間圏では負，熱圏では正となる（図 12.2）。各圏は気温の高度変化だけではなく，次項以降に示すとおり固有の特徴をもつ。

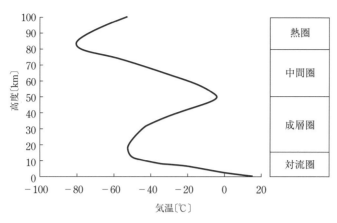

図 12.2　大気圏の層構造と温度分布

12.2.2　対 流 圏

　太陽放射により暖められた地表面で加熱された大気は，膨張して密度が減少する。また，地表や海面の水分が加熱されて蒸発し，大気中の水蒸気の構成率が高まることで大気の密度が減少する。密度が減少した大気に浮力が生じると上昇する。上空で冷却されたり，水分を失ったりして密度が増加した大気は下降する。こうして地表面に近い大気は対流運動が活発な領域（対流圏）を形成する。対流運動により大気が撹拌される結果，平均すると 6 ～ 7 ℃/km の割合で高度上昇とともに気温が低下する。対流する領域の規模は，太陽放射が大きな低緯度のほうが高緯度よりも大きい。赤道付近の対流圏と成層圏の界面高度は 10 km を超えるのに対して，極域の界面高度は 8 km 程度である。

　水蒸気を含む大気が上昇すると，水蒸気が凝結ないし昇華してさまざまな雲ができる。雲からの降雨や降雪，低気圧と高気圧，台風や豪雨などの過激な現象など，さまざ

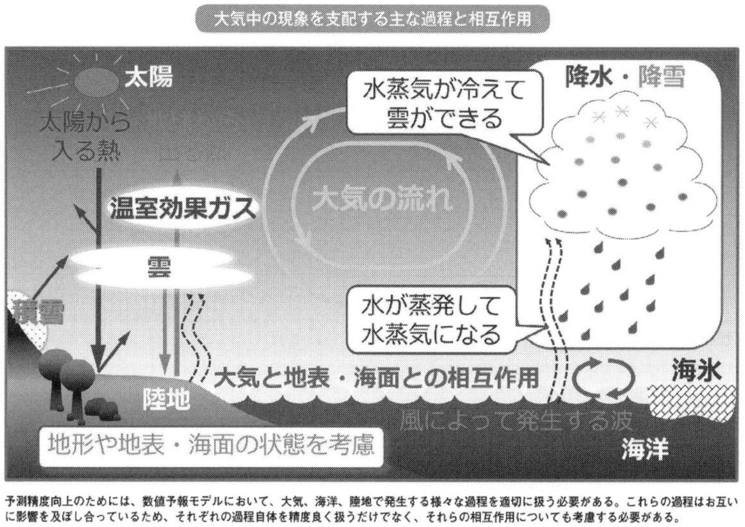

図 12.3　対流圏で起きるさまざまな事象〔出典：気象庁，http://27.121.95.132/jma/kishou/books/hakusho/2017/index4.html〕

まな規模の気象現象が起こる場が対流圏である(図 12.3)。

12.2.3 成 層 圏

　成層圏は，対流圏の上位に分布する。その上端高度は約 50 km であり，気圧は地上
の約 1/1000 でしかない。大気の対流運動の影響は成層圏には及ばないが，火山の巨大
噴火における噴煙は，成層圏内に到達することがある。成層圏の中ほどには，地表付近
と比べて 100 倍以上高い数 ppm のオゾンを含む領域であるオゾン層が分布する。オゾ
ンはその生成と消滅のどちらの過程でも太陽放射中の紫外線を吸収して発熱し，それが
成層圏の温度構造を決めている。成層圏下部では −50 ℃だが高度とともに温度も上昇
し，中間圏との界面付近では約 0 ℃まで温度が上昇する。紫外線は，その波長の長い順
に UV-A, B, C の 3 種に区分される。最も高いエネルギーをもち生物にとって有害な
UV-C は，全量がオゾン層中で吸収されるため地表には到達しない(図 12.4)。

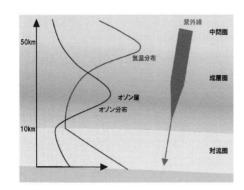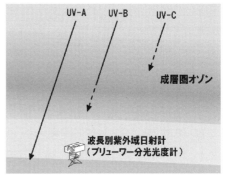

図 12.4　成層圏
　　左：成層圏とオゾン層・温度との関係〔出典：気象庁，http://www.data.jma.
go.jp/gmd/env/ozonehp/3-10ozone.html〕
　　右：3 種類の紫外線の挙動〔出典：気象庁，http://www.data.jma.go.jp/gmd/
env/uvhp/3-40uv.html〕

　オゾンは，太陽放射の強い低緯度地域で活発に生産され，大気の大循環により中高緯
度地域へ運ばれる。南極上空で極寒の冬季に形成される極成層圏雲では，春先に塩素原
子が発生してオゾンを破壊する。その結果，南極大陸上空の広範囲で，オゾン濃度が正
常値の半分以下にまで低下してしまう。この状態を**オゾンホール**という(図 12.5)。

　オゾンホールは 1982 年に日本の南極観測隊により発見され，観測が続けられた結
果，規模を拡大しながら毎年くり返して出現することがわかった。その後の研究で，冷
媒として世界中で使用されていたクロロフルオロカーボン類(フロン)の分解で生じた塩
素原子が触媒としてはたらくことで，オゾンが連鎖的に分解されていくことがわかっ
た。オゾンホールの拡大は，人類のみならずすべての地上生物にとって致命的なので，
それを防ぐためにフロンの製造や販売，さらには使用も禁止された。最終的には使用済
みフロンの回収も義務づけられた。その結果，ようやくオゾンホールの拡大が食い止め
られつつある。

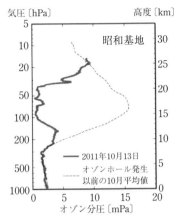
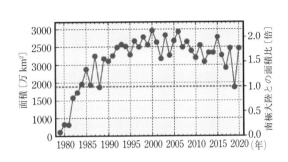

図 12.5　オゾンホール

左：オゾンホール発生時の南極昭和基地上空のオゾン濃度分布〔出典：気象庁,
http://www.data.jma.go.jp/gmd/env/ozonehp/3-15ozone_observe.html〕
右：南極大陸の上空に出現したオゾンホールの規模の経年変化〔出典：気象庁,
https://www.data.jma.go.jp/gmd/env/ozonehp/diag_o3hole_trend.html〕

12.2.4　中　間　圏

　中間圏は成層圏の上位, 高度約 50 ～ 80 km の範囲に分布する。気温は高度とともに低下し, 上部では大気圏で最低の −80 ℃ になる。気圧は地上の数万分の 1 前後である。高緯度の中間圏にできる氷粒からなる極中間圏雲は**夜光雲**とよばれる。20 世紀末に, 雷雲の上空の中間圏周辺で, **超高層雷放電**または**スプライト**とよばれる放電発光現象が起こることが発見された。成層圏と中間圏をあわせて**中層大気**という。

12.2.5　熱　　圏

　熱圏は大気圏の最も外側に位置する。大気組成は, 中層大気以下と異なり, 酸素原子やヘリウムなどを主体とする。気体分子が太陽からの紫外線や X 線を吸収するために高度とともに昇温し, 高度 200 km 以上で 600 ℃ に達する。気圧が地上の数億分の 1 程度なので, 高温というよりも気体分子の運動速度が大きいというべき状態である。気体分子の一部は電離して, 何層もの**電離層**を形成する。太陽風の荷電粒子を原因とするオーロラや, 地球に落下する微細な粒子が加熱によりプラズマ状態で発光する流星などが起こる場が熱圏である。熱圏の外側には, 大気から気体分子や原子が常時流出しており, そうした影響の見られる高度 1 万 km までの領域を**外気圏**という。

12.3　地球の熱収支

12.3.1　地球が受ける太陽放射と地球からの赤外放射

　太陽から 1 億 5000 万 km 離れた軌道上を周回する地球には, その放射エネルギーの約 22 億分の 1 が到達する。軌道上での太陽光線に垂直な面が受け取る放射の強度は, 1.36 kW/m² であり, **太陽定数**とよばれる。太陽定数に地球の断面積（＝円周率 ×

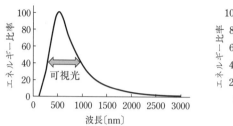 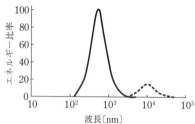

図 12.6　太陽放射と地球放射
左：太陽放射の基本である 6000 K の黒体放射のスペクトル
右：地球放射の 300 K の黒体放射のスペクトル（破線）と太陽放射（実線）の比較

$(6400\,\mathrm{km})^2$）を乗じて得られる $1.8 \times 10^{17}\,\mathrm{J}$ が，地球全体が 1 秒間に太陽から受け取るエネルギーである。また，地球の表面が受け取る太陽放射の平均は，同じ半径の円の面積に対する球の表面積が 4 倍なので，$340\,\mathrm{W/m^2}$（$1.36/4 = 0.34$）となる。

　太陽から地球軌道に到達する放射は，ほぼ 6000 K の完全無反射体（黒体）放射スペクトルである。そのエネルギーの約半分が可視光領域にあり（図 12.6 左），エネルギー量が最も大きい波長は $500\,\mathrm{nm}$（$= 0.5\,\mathrm{\mu m}$）付近である。太陽放射が大気中を進行すると，成層圏で紫外線の，対流圏で赤外線の多くが吸収される。そのため，地表面に到達する太陽放射は，そのエネルギーの過半が可視光領域の波長となる。

　太陽放射で暖められた地球は，その表面温度の平均が 14 ℃ となり，約 300 K の黒体放射スペクトルのエネルギーを放出する（図 12.6 右）。この地球放射は，赤外線領域を主とした放射であり**赤外放射**ともよばれる。赤外線の多くは大気や雲に吸収されたのちに再び赤外線として放射されるが，最大のエネルギーを持つ波長 10 μm 前後の赤外線は，吸収されずに宇宙空間に直接放射される。この波長領域を**大気の窓**という。

12.3.2　地球の熱平衡

　地球の気温が一定に保たれているのは，太陽放射により供給されている熱量と地球放射として宇宙に放射していく熱量が同じ，つまりエネルギー収支が 0 になっているからである。このことを**地球の熱平衡**という。

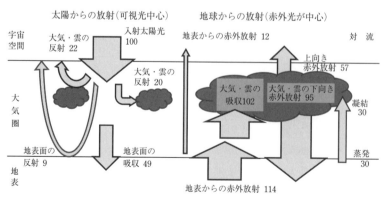

図 12.7　地球の熱収支

　地球に入射した太陽放射は，その約3割が大気・雲・海面・陸地でただちに反射されて宇宙空間へ戻っていく（図12.7）。入射した太陽エネルギーのうちのどれだけエネルギーが反射されたかを**アルベド（反射能）**という（図12.8）。アルベドは雲や雪で高く，植生や水面で低い。太陽放射のうち，地球に吸収される7割の内訳は，地表面への吸収が5割と大気・雲への吸収が2割である。最終的に地球から宇宙空間に逃げていく地球放射の内訳は，ただちに反射する3割を差し引いた残りの7割のうちの約1割が地表からの，約6割が大気・雲からの赤外放射である。地球が受け取る太陽放射量から算出される地球の表面温度は−19℃だが，大気と雲が地表からの赤外放射を吸収して再び地表へ放射するために，地球の平均表面温度が15℃に保たれている。このように，それ自身が発熱することなく地球の保温材としてはたらくことを**温室効果**という。

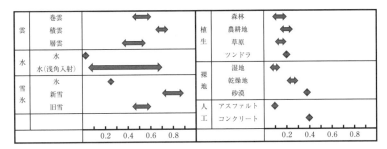

図12.8　さまざまな地表面のアルベド

12.3.3　温室効果ガスの増加と地球温暖化

　温室効果をもたらすものは，雲や気体やエアロゾルなど多岐にわたる。水蒸気，二酸化炭素，オゾン，メタンなどは，温室効果をもたらす気体であり，**温室効果ガス**とよばれる（図12.9）。もし，こうした温室効果ガスの濃度が変化すると，地球の熱平衡がゆらいで新しい温室効果ガスの濃度に対応する平衡温度へと気候が変化することになる。

　水蒸気は単位質量あたりの温室効果は小さいものの大気中の平均濃度が約0.5%と高いために，大気中で最も大きな温室効果をもたらす気体である。二酸化炭素は，水蒸気の半分程度の温室効果への寄与率をもつ。産業革命以前の濃度は280 ppmで安定して

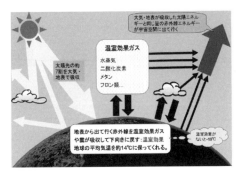
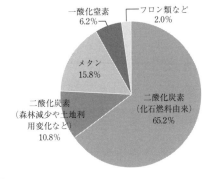

図12.9　温室効果ガス

左：大気の温室効果ガス〔出典：気象庁，https://www.data.jma.go.jp/cpdinfo/
chishiki_ondanka/p03.html〕，右：排出削減対象の主な温室効果ガス

いたが，化石燃料の燃焼によって大気中に排出され続けた結果，現在では400 ppmに
達した。現在の二酸化炭素濃度は，地球の気候が規則正しい寒暖の周期をもつようにな
った過去約300万年間で，最も高い濃度となっている(図12.10)。

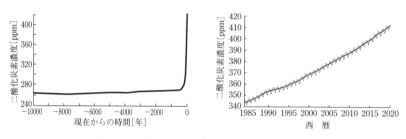

図 12.10 大気中の二酸化炭素濃度の経年変化
左：過去1万年間，右：過去35年間(気象庁のデータをもとに作成)

　地球全体の年間平均気温の推移を見ると産業革命以降，大局的には上昇を続けてお
り，**地球温暖化**とよばれる(図12.11)。水蒸気につぐ温室効果をもつ二酸化炭素濃度が
過去300万年間で最高値となっていることなどから，地球温暖化の原因として二酸化炭
素の濃度増加が強く疑われている。地球の気候は自然状態でも寒暖のゆらぎをもつが，
温暖化が急速に起こると，海面上昇による沿海部の浸水，農業生産量の減少，過激な気
象の発生頻度の増加など，多くの問題の発生が懸念される。そのため，石油や石炭など
の化石燃料の使用量を減らして二酸化炭素の人為的な発生量を抑制する国際的な努力が
続けられている。

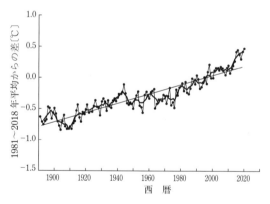

図 12.11 過去130年間の世界の年平均気温の推移(1981 ～ 2010年の平均との
差，気象庁のデータをもとに作成)。直線は全体傾向，太い折線は5年間移動
平均を表す。

　一方，過去約300万年間の地球の気温は，数万～10万年の周期で10℃前後の振幅で
寒暖をくり返す，節度ある周期的変動を見せてきたことが，南極氷床の掘削試料の研究
などから明らかにされている(図12.12)。この間，現在と同程度以上の気温であった期
間は全体の1割程度であり，現在よりも数℃以上寒冷な期間が多くを占めてきた。ま
た，過去の温暖期のピーク時の気温は，多くの場合，現在よりも2～4℃も高かった。

過去の気候変動パターンを見ると，現時点で1万年以上継続している温暖期がまさに終了に向かっている可能性も十分に考えられる。もしそうであれば，温室効果ガスの放出は地球の寒冷化を緩和させるはたらきをしている可能性がある。残念ながら，将来の地球自身のゆらぎによる気温の変化の予測は現在の科学では困難である。つまり，将来の気候変動の自然のバックグラウンドはよくわからない。したがって，自然変動に人為的擾乱が加わった，将来の地球気温の予測はきわめて困難である。大気中の二酸化炭素濃度の人為的な増加が将来の地球の温暖化をもたらすとする主張は，科学的にはひとつの可能性にすぎないことに注意したい。

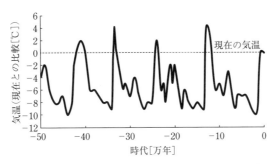

図 12.12　過去50万年間の氷期間氷期サイクルにおける地球の気温変化

基本事項の確認

① 大気は地表から高度50 km付近までにその（　　）%が存在する。その領域での組成は，窒素（　　）%，酸素（　　）%，アルゴン（　　）%については均質だが，平均で約（　　）%含まれる（　　）は変動が大きい。

② 平均海面における平均の大気圧である1気圧は（　　）hPaであり，水銀柱だと（　　）cm，水柱だと（　　）mの高さに相当する。

③ 大気は，地表より上空に向かって（　　），（　　），（　　），（　　）の4層からなる層状構造をなす。

④ 対流圏は地表面から上空（　　）km前後まで分布する。太陽放射で温められた（　　）で加熱された大気が浮上し活発な（　　）が起きて，さまざまな（　　）現象が見られる。高度上昇とともに気温は（　　）する。

⑤ 成層圏は上空（　　）km前後から約（　　）kmまで分布する。紫外線を吸収して（　　）の発生と消滅が起きるために高度上昇とともに気温は（　　）する。

⑥ 中間圏は上空約（　　）kmから約（　　）kmまで分布する。高度上昇とともに気温は（　　）し，上部では大気圏内で最低の（　　）℃程度になる。

⑦ 熱圏は上空約（　　）kmから約（　　）kmまで分布する。温度は600℃に達するが，空気はほぼないので宇宙飛行士は船外活動ができる。（　　）や（　　）などが発生する領域である。

⑧ 地球の軌道上で太陽光線に垂直な面が受け取る放射強度を（　　）とよび，約（　　）kW/m^{2}である。太陽放射はほぼ（　　）Kの黒体放射スペクトルに相当し，成層圏で（　　）の，対流圏で（　　）の多くが吸収されるため，地表面に到達する光線は（　　）領域が主体となる。

⑨ 太陽放射により暖められた地球からは，それと同量の（　　）が宇宙空間に放射され（　　）が成立している。地球から放射される電磁波の波長は（　　）領域を主とし，その波長をよく吸収する気体を（　　）ガスとよぶ。

⑩ 化石燃料の燃焼で発生する（　　），植物の分解などで発生する（　　），少量でも大きな温室効果を発する人工化合物の（　　）などの気体は，国際的に排出が規制されている温室効果ガスである。一方，二酸化炭素と同程度の温室効果をもつ（　　）については，その扱いが困難なために規制対象となっていない。

演 習 問 題

(1) 大気の層構造の概要と各層の境界高度の決定理由を説明せよ。

(2) 温度が数百℃の熱圏において ISS の宇宙飛行士が船外活動を行える理由を説明せよ。

(3) オゾンホールとは何か，その発生機構を説明せよ。

(4) 現在の地球の表面温度と，もし大気がなかった場合の表面温度を比較し，その差異の原因を説明せよ。

(5) 地球温暖化の将来予測が難しい理由を述べよ。

13 大気にはたらく力と運動

　向かい風に逆らって自転車を漕ぐのに余計な力が必要であることから，風が力をもっていることがわかり，どこかに風を起こしている力が存在することが想像できる。水路の水が高所から低所に向かって流れるのと同様に，気体である大気は圧力の高い場所から低い場所に向かって運動する力がはたらく。同時に，大気が運動する場は，回転する球体＝地球の表面なので，そうした場に特有の力もはたらく。また，地表面付近では，地面や海面との摩擦力もはたらく。さらに，高さ10 km前後に達する対流圏を運動の場とする鉛直方向の運動成分も存在する。大気が鉛直方向に運動すると，大気の構成成分のひとつである水蒸気が凝結したり蒸発したりすることで雲ができたり雨が降ったりする。天気予報でよく聞く「南の海上から暖かく湿った風が吹き込む」ときや「上空に北から寒気が入り込む」ときに「大気が不安定になる」とはどういうことだろうか。風や雨や雲など，気象の基本的な要素のしくみを確認していこう。

13.1　大気にはたらく力

13.1.1　気圧傾度力

　われわれがよく目にする実況天気図には，海面高度における気圧（海面気圧）の分布が等圧線により示されている。つまり，同じ水平面内に気圧の異なる地点があることがわかる。気圧の異なる地点間では，気圧の高い場所から低い場所へ空気が移動しようとする。このような気圧の差によって空気を動かそうとする力を**気圧傾度力**といい，それが風を起こす原動力となる。気圧傾度力の大きさは一定距離に対する気圧差に比例し，向きは等圧線に直交する。天気図上では，等圧線が密に分布する場所ほど，気圧傾度力が

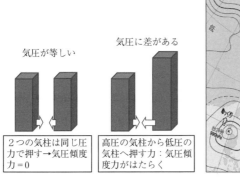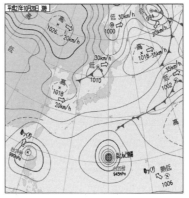

図 13.1　気圧傾度力

左：近くの大気間に気圧差があると高圧部から低圧部に向かう気圧傾度力がはたらく。右：天気図で等圧線が混んでいる場所ほど大きな気圧傾度力がはたらく。〔右図の出典：気象庁，https://www.jma.go.jp/jma/kishou/know/kurashi/sokuhou_kaisetu.html〕

153

大きい。周囲よりも気圧の高い領域を**高気圧**，低い領域を**低気圧**という(図13.1)。

13.1.2 転向力(コリオリ力)

　気象は，自転する地球上つまり回転する球面上で起こる現象である。われわれの感覚的には静止しているかのように見える大地も空も，実際には回転している。したがって，そこでの運動は回転座標系における運動として扱う必要がある。キャッチボールやボウリングでは，放たれたボールが回転座標系上を運動していることを考慮する必要はない。しかし，遠方の目標に向かう弾丸の弾道や広域にわたって吹き渡る風の向きなどを考察する場合，回転座標系として扱うことが不可欠となる。回転座標系では，投射されてから慣性の法則にしたがって等速直線運動をするはずの物体が，特定の方向に曲がっていく。つまり，みかけ上，物体の運動方向を変える力がはたらくものとして扱う必要が生じる。回転座標系で運動する物体にはたらくと考えるみかけの力を**転向力(コリオリ力)**とよぶ。たとえば，赤道上から北極の方向に向けて弾丸を発射した場合，進行とともに弾丸は東の方向にそれてしまう。発射地点の赤道上は地球の自転軸から最も遠く，東向きに最大の自転速度をもつために，発射された弾丸ははじめからその東向きの速度成分をもっている。一方，弾丸の飛行とともに緯度が高まるにつれて地表の東向きの回転速度は小さくなるために，発射地点から見ると速度のちがいによって弾丸は東にそれたように見える。結果的に弾丸は東の方向，つまり進行方向の右側に進路がずれていく(図13.2)。逆に，北極から赤道方向に発射された弾丸は，飛行とともに地表が東向きの速度をもつようになるため西にそれたように見える。その結果，弾丸は西の方向，つまり進行方向の右側に進路がずれていく。東西方向の投射の場合も同様に，弾丸と地表の速度のちがいを考えると，進行方向の右にずれていくことがわかる。このように，北半球における転向力は進行方向の右向きに，南半球では裏返しとなるので左向きにはたらく。

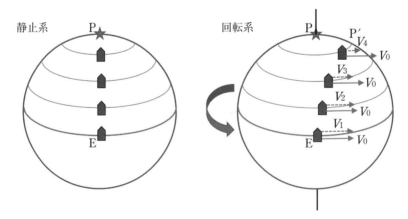

図13.2　赤道(E)上から北極(P)に向けて発射された弾丸にはたらく転向力
左：静止系では真北に向かって直線の軌跡をつくり北極に向かう(等速直線運動)。右：回転系をE点上空から観察すると，赤道上で発射された弾丸がもつ右向きの速度(V_0)と自転による地表面の右向きの速度($V_1 \to V_2 \to V_3 \to V_4$)との差($V_0 - V_1 \to V_0 - V_2 \to V_0 - V_3 \to V_0 - V_4$)が北上とともに増加する。

13.1.3 摩 擦 力

　地表面から上空約1000 m までの領域では，風は地表面との間に風の向きと逆向きの摩擦力を生じる。この摩擦力の大きさは，表面が滑らかな海上のほうが陸上よりも小さい。より高い空域では，摩擦力は無視できる。

13.2 風の成り立ち

13.2.1 地 衡 風

　地衡風とは，気圧傾度力と転向力がつり合った風であり，地表面との摩擦を考える必要のない高度1000 m よりも高い領域で吹く。気圧傾度力が与えられた空気は，はじめ等圧線に垂直に低圧側に向かって吹き始めるが，北半球では，風の発生とともに右向きの転向力を受ける。転向力と気圧傾度力の合力の方向に加速されながら，最終的には2つの力の向きが逆で大きさが等しくなる。こうして，気圧傾度力と転向力がつり合った状態で速度一定の風が，高圧側を進行方向右手に見ながら吹くことになる(図13.3)。

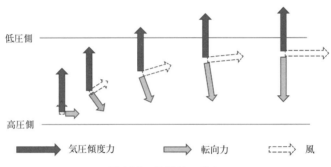

図 13.3　地衡風の成立

　もともと同じ温度で同じ質量の2つの気柱に温度差が生じると，暖められた空気は膨張するので，同じ気圧面の高度が上昇する。そのため，同一高度で2つの気柱の間に気圧差が生じ，気圧傾度力が発生して風が吹く。高度が大きいほど気柱間の気圧差も大きくなるので，気圧傾度力も増加する。このようにして，高所ほど強く吹くようになった地衡風の変化部分を**温度風**という。温度風はとなり合う気柱の温度差が大きいほど大きくなる。

13.2.2 地 上 風

　上空で地衡風が吹いていても，地上付近では風向きと逆向きの摩擦力がはたらくため，気圧傾度力と転向力と摩擦力がつり合った風が吹く。このように，等圧線を斜めに切るように低圧方向に吹く風を**地上風**という(図13.4)。地表面との摩擦のため地上風は地衡風と比べると風速が減少し，海上で約2/3 に，陸上で約1/3 になる。また，風向と等圧線のなす角は，海上では 15 〜 30°，陸上では 30 〜 45° に達する。

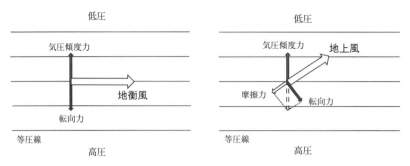

図 13.4　左：地衡風，右：地上風(北半球の場合)

13.2.3　傾 度 風

　天気図を見ると，低気圧や高気圧は同心円状の等圧線をもっており，そうした部分で吹く地衡風は一定の曲率で回転することになる。回転運動では遠心力が発生するため，そのような風は，気圧傾度力と転向力と遠心力がつり合っていることになる。そうした風を**傾度風**という(図 13.5)。

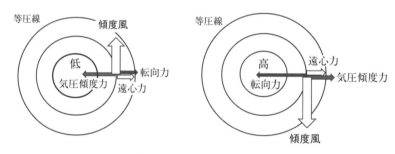

図 13.5　傾度風(左：低気圧，右：高気圧，北半球の場合)

　低気圧と高気圧の地上付近では傾度風に摩擦力が作用する。そのため，北半球では，低気圧では中心の周りを左回りに吹き込むように，高気圧では中心の周りを右回りに吹き出すように風が吹く。その結果，低気圧の中心付近では集まってくる大気の行き場は上方だけなので上昇気流が生じ，高気圧の中心付近では離れていく大気を補うために上空から下降気流が生じる(図 13.6)。

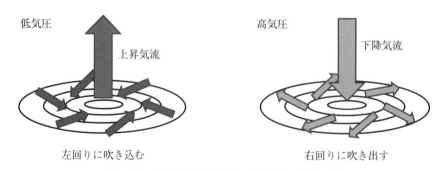

図 13.6　地上付近の低気圧と高気圧の周辺の風

13.2.4 旋衡風

竜巻のように小さな半径を高速で回転する風では，遠心力と気圧傾度力がつり合っており，転向力は無視できる。こうした風を**旋衡風**という。

13.2.5 局地風

地形や海陸に起因して温度差が生じ，限られた地域に起こる風を**局地風**という。

沿岸部では，比熱の異なる海水と陸地が接しているために**海陸風**が吹く。海水は陸地よりも比熱が大きいために，1日の温度差が陸地よりも小さい。そのため日中は，地上付近では低温の海面から高温の陸に向かう海風が，上空ではそれを補償する逆向きの風が吹く。夜間は，地上付近では冷えた陸地から暖かい海面に向かう陸風が，上空では逆向きの風が吹く。風向きが入れ替わる朝方と夕方に無風状態になることを**朝凪・夕凪**という。

山間部では，山腹と谷の上空(山腹と同じ高さ)の温度差によって**山谷風**が吹く。日中は，山腹は日射を受けて熱くなり，谷上空は地面から離れているため熱くならないので，海陸風同様に地上付近では寒い谷から暖かい山に向かう**谷風**が吹き上がる。夜間は，山腹が冷えて地上付近では寒い山から暖かい谷に向かう**山風**が吹き降りる。

13.3 水蒸気と雲と降水

13.3.1 大気中の水分と湿度

対流圏の大気を構成する成分のうち，唯一その濃度が不定なものが水である。大気は気体の水である水蒸気を含むことができるけれども限界があり，その上限の水蒸気の圧力を**飽和水蒸気圧**という。飽和水蒸気圧は温度の低下とともに減少する(図 13.7 右)。ある大気がもつ水蒸気圧の，その温度の飽和水蒸気圧に対する割合を**相対湿度(湿度)**という。水蒸気に飽和した大気の湿度は 100% である。同じ水蒸気圧の大気であっても，温度が変われば湿度も変化する。実際の大気を冷却していくと，ある温度に達したときに水蒸気が飽和に達して凝結を始める(**結露**)。その温度を**露点**とよび，露点からその大

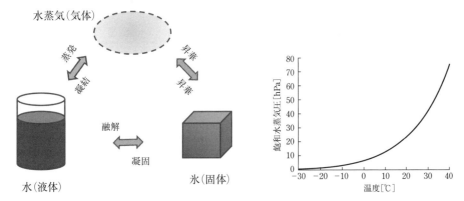

図 13.7 大気中の水
左：水の状態変化，右：水の飽和水蒸気圧と温度の関係

気の水蒸気圧と相対湿度がわかる。

　20℃の大気の飽和水蒸気圧は約 20 hPa で大気圧が 1000 hPa なので，大気の約 2% を水蒸気が占めることが可能である。飽和水蒸気圧が 1 気圧になる温度は 100℃なので，平地では水は 100℃で沸騰する。高所に行くと旨い飯が炊けなくなるのは，気圧が下がるのでより低い温度で水が沸騰してしまうためである。

　水蒸気を多く含む空気の重さ(密度)は誤解されることが多いので注意したい。アボガドロの法則により，温度・圧力の等しい同体積の気体は，同数の分子をもつ。大気の組成の 2 割を占める O_2 は分子量 32 で，同じく 8 割を占める N_2 の分子量は 28 である。それらに対して H_2O の分子量は 18 であり，酸素や窒素よりも軽い。大気を構成する軽い水蒸気の分子が増えると，その分だけ重い酸素と窒素の分子は減る。つまり，大気中の水蒸気量が増えるほど，大気の密度は小さくなる。低緯度地方の日射の強い海面付近では，高温で多量の水蒸気が発生するために空気が軽くなり上昇しやすくなる。

13.3.2　大気の鉛直運動

　対流圏では，大気が鉛直方向の運動を活発に行っている。しかし，大気の鉛直運動は常時どこでも行われているのではない。ある大気の塊(空気塊)が上昇する運動を**上昇気流**という。上昇気流はいくつかの原因により発生する(図 13.8)。まず，太陽放射により暖められた地表面に加熱されて地表付近の空気塊が温度上昇すると，熱上昇気流が発生する。山地斜面を風が吹き上るときには地形性の上昇気流となる。上空に強い寒気が入り込むと，低所の大気との温度差が大きくなり対流性の上昇気流が発生する。低気圧では風の収束が起こり上昇気流となる。前線面上(14.2 節で詳述)では，前線性の上昇気流が発生する。上昇気流が存在することは，どこかほかの場所で均衡する量の下降気流が存在することを意味する。こうして対流圏では，大気が大規模に対流している。

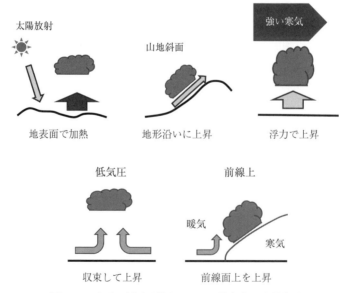

図 13.8　さまざまな原因によって発生する上昇気流

　上昇気流によって空気塊が高度を増すと，圧力低下により断熱的に膨張し，温度が低下する。それにより相対湿度が増加し，露点以下の温度になると雲が発生する。上昇気流は雲が発生するための重要な要件である。雲の底の高さはそろっていることが多く，**雲底高度**という。地表面から雲底高度までの空気は水蒸気に飽和しておらず，雲底高度より上の空気は水蒸気に飽和することで雲が発生している。

　大気が成層構造を保っていて鉛直方向の運動がない場合は，天気は安定している。それに対して，上昇気流に代表される鉛直方向の運動が生じると天気が変わりやすくなる。上昇気流の発生のしやすさを**大気の安定性**という。大気の安定性は，広域的な大気全体がもつ高度増加にともなう気温の減少率(気温減率)と，一定の地域に関係づけられた空気塊の温度との関係を比べると理解しやすい。

13.3.3　乾燥大気の挙動

　大気の安定性を検討する際に用いる**乾燥大気**という言葉は，水蒸気に飽和していない大気のことである。水蒸気を全く含まない大気も乾燥大気の一種ではあるが，一般の乾燥大気には一定量の水蒸気が含まれることに注意したい。

　乾燥大気の空気塊が上昇すると，断熱膨張により高度 100 m につき約 1 ℃の割合で温度低下する。これを**乾燥断熱減率**という。いま，ある乾燥大気の空気塊をとりまく大気の気温減率が 1 ℃/100 m よりも大きい場合，乾燥大気の空気塊はいかなる高度においても周囲の大気よりも高温で低密度になる。つまり，必ず上昇気流が生じて停止することがない。こうした大気の状態を**絶対不安定**という。一方，大気の気温減率が 0.5 ℃/100 m よりも小さい場合は，乾燥大気の空気塊はいかなる高度においても大気よりも低温で高密度になる。また，次項で述べる湿潤空気も同様となるため，上昇気流は生じることがない。こうした大気の状態を**絶対安定**という。周囲の大気の気温減率が 0.5 ～ 1 ℃/100 m の場合，空気塊の湿度によって大気の安定状態がちがってくる。こうした大気の状態を**条件つき不安定**という。

13.3.4　湿潤大気の挙動

　湿潤大気とは，水蒸気で飽和した大気である。地表面近くの大気は，一定の水蒸気を含んでいても乾燥大気であることが多い。湿潤大気の空気塊が上昇すると，断熱膨張により温度低下するとともに，温度低下により水蒸気が凝結を始め，水の凝結熱(潜熱)が

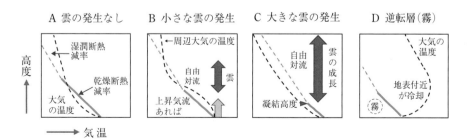

図 13.9　雲の発生と成長

放出される。したがって，凝結高度よりも高い領域における気温の低下率は両者の差し引きである約 0.5 ℃/100 m となる。これを**湿潤断熱減率**という。

　上空に雲がないときの大気は，安定状態で上昇気流がないか，あっても上昇気流の高度範囲内で空気塊が露点に達していない場合である（図 13.9 A）。それに対して，上空に雲があるときの大気は，地表面付近の乾燥大気が何らかの理由で上昇したのちに露点に達して雲が発生し（**凝結高度**），さらに上昇を続ける度合いにより雲の発達の程度が決まることになる。凝結高度よりも上方では，湿潤断熱減率による小さな温度減率にしたがう空気塊の温度が周囲の大気の温度を上回る限り，空気塊は周囲の大気よりも軽くなって浮力を生じる。自由対流を始めた空気塊は，空気塊の温度が周囲の大気の温度と等しくなるまでの高度（**自由対流高度**）領域を，雲をつくりながら自発的に上昇していく（図 13.9 B）。地表面から上空に至るまで，周囲の大気よりも空気塊のほうが高温である場合（**絶対不安定**），凝結高度より上空で雄大な雲をつくる（図 13.9 C）。地表付近の空気塊が露点温度であって上空の周囲の大気が暖かい場合，凝結した水を含む大気は上昇できずに地表付近にとどまるために霧となる（図 13.9 D）。

13.3.5　雲の構造と種類

　雲は水蒸気（気体）ではない。大気中に浮遊できる程度に小さな水（液体）や氷（固体）の粒の集まりである。微細な水滴を**雲粒**，微細な氷の粒を**氷晶**という。重力が粒径の 3 乗に比例するのに対して，落下させまいとする空気抵抗が粒径の 2 乗に比例するため，微細な粒が大気中を落下する速度は粒径の減少とともに急速に小さくなる。液体や固体の粒子である雲が空に浮かんでいられるのは，それを構成する粒子の落下速度と，上昇気流により粒子が上方に移動する速度がつり合っているからである。

　水蒸気圧が飽和に達すれば即座に凝結して雲粒ができるわけではない。凝結核となる固体物質が存在しない場合，飽和水蒸気圧の何倍もの過飽和状態すら起こりうる。凝結の核となるのは，風で巻き上げられた土壌起源の微細な粘土鉱物，海水の波しぶきが蒸発してできた海塩，人間活動や山火事などで発生した燃焼灰（スス），火山ガスから生成された硫酸系の微粒子などの微細な固体粒子（エアロゾル）である。エアロゾルが存在すると，その表面に水蒸気が吸着されて凝結が促進される。人工的に降雨を起こしたい場

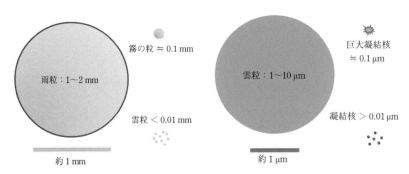

図 13.10　雨粒と雲粒の構造
左：雨粒と雲粒の比較，右：雲粒と凝結核の比較

合，このはたらきを期待してヨウ化銀などが散布される。水蒸気圧は，氷よりも過冷却水のほうがわずかに大きい。つまり，過飽和の度合いは過冷却水よりも氷に対するほうが大きいので，中・高緯度の多くの雲や低緯度地域でも高空に達する雲の中では，過飽和の水蒸気から最初にできるのは水滴ではなく氷晶であることが多い。

　雲は，発生する高さや形から10種類の基本型に分類される（図13.11）。高度に対応して現れる雲として，**上層雲**（温帯で高度5〜13 km：巻雲・巻積雲・巻層雲），**中層雲**（温帯で高度2〜7 km：高積雲・高層雲・乱層雲），**低層雲**（温帯で2 km以下：層雲・層積雲）に分けられるほか，これらを貫いて鉛直に発達する雲（積雲・積乱雲）がある。雲の名称に用いられる文字は「巻」がすじ状を，「層」が水平方向への広がりを，「積」が塊状を意味する。これらのうち，しっかりした降水をもたらす雲は積乱雲と乱層雲に限られる。

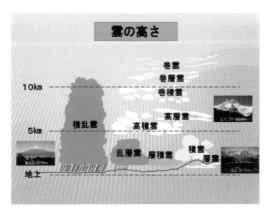

図 13.11　雲の種類と規模・高さ
〔出典：気象庁津気象台，https://www.jma-net.go.jp/tsu/bosai_edu/cloud.html〕

13.3.6　雲から降水へ

　雲を構成する微小な雲粒や氷晶は，そのまま落下して降水になることはできない。大きさがミリメートルクラスの降水となるためには，粒径で100〜1000倍，つまり体積で少なくとも100万倍以上に成長する必要がある。雲から降水が生じる機構は「暖かい雨」と「冷たい雨（または雪）」に大別される。

　暖かい雨は熱帯のスコールに代表される雨である。比較的大きな凝結核である海塩粒子から形成された大きな雲粒が，落下速度の遅いより小さな雲粒に衝突合併し，それをくり返すことで急速に水滴を成長させて激しい降水をもたらす。

　冷たい雨は氷晶雨ともよばれ，中・高緯度で起こる降水の大部分がこのタイプである。中・高緯度地方では，夏でも中層雲の上のほうは氷点下で過冷却水の雲粒と氷晶が混在した状態になっている。氷の飽和水蒸気圧よりも過冷却水のほうがわずかに大きく，過飽和の度合いは過冷却水よりも氷に対するほうが大きいので，過飽和の度合いの大きい氷晶の表面で水蒸気が昇華して氷晶は急速に成長する。こうして氷晶が成長してできた氷の粒が落下の途中で融けて雨滴になり，冷たい雨を降らす。融けずに地上に到達すると降雪になり，巨大な積乱雲の中などで激しく上昇下降をくり返しながら氷の粒

が成長すると雹（ひょう）ができる。

13.3.7 降水の量

　降雨や降雪の量を**降水量**という。降雨はそのままの，降雪は融かした水の水深が降水量であり，通常は mm で表す。単位時間あたりの降雨量，つまり雨の強さを**降雨強度**といい，1 時間あたりの降水量が用いられることが多い。降りはじめからの一連の断続的な降雨でもたらされた降雨量を**累積降雨量**という。累積降雨量が 100 mm を越えると大雨であり，数百 mm に達すると河川の洪水氾濫が発生する危険が増大する。

基本事項の確認

① 大気圧が異なる地点間に（　　）がはたらいて風が吹き始めると，回転球体である地球上では（　　）がはたらく。

② 気圧の等値線である（　　）の分布が密であるほど（　　）が大きい。移動する物体にはたらく（　　）は，北半球では進行方向直角（　　）向きである。

③ 地表面との摩擦を無視できる上空では，（　　）と（　　）がつり合い，北半球の場合，低圧側を進行方向左手に見る（　　）が吹く。

④ 地上付近では，（　　）と（　　）と地表面との（　　）がつり合い，等圧線を斜めに切って低圧方向に向かう（　　）が吹く。

⑤ 低気圧と高気圧では，（　　）と（　　）と（　　）がつり合って風が吹く。地表付近ではこれらに（　　）が加わり，北半球の場合，低気圧では（　　）回りに風が吹き込み，高気圧では（　　）回りに風が吹き出す。

⑥ 大気が含みうる最大の水蒸気圧である（　　）に対して，実際の大気に含まれる水蒸気圧の割合が（　　）である。（　　）は温度低下とともに減少するので，水蒸気の出入りなく大気を冷却していくと，ついには水蒸気が凝結を始める温度である（　　）に達する。

⑦ 水蒸気に飽和していない大気である（　　）大気と，飽和している大気である（　　）大気の上昇過程を比べると，（　　）大気は上昇にともなう温度低下で水蒸気が（　　）するため，高度あたりの温度低下量が少ない。

⑧ 大気は，地表付近での（　　），上空への（　　）の流入，（　　）の増加などによる浮力の増大，斜面や前線面に沿った運動などで上昇を始める。その際，周囲の大気の（　　）のほうが低い限り上昇を続ける。

⑨ 雲は液体の（　　）や固体の（　　）の微細粒子が（　　）する速度と大気の（　　）速度がつり合った状態で浮かんでいる。分布高度や形状に基づき（　　）種類に大別され，降雨をもたらすのは（　　）と（　　）である。

⑩ 雲の形成には大気が（　　）に飽和することに加えて，海塩粒子やエアロゾルなどの（　　）の存在が不可欠である。

演習問題

(1) 地衡風と地上風の特徴を，作用する力を含めて説明せよ。

(2) 低気圧と高気圧の中心付近における大気の鉛直方向の運動の特徴を説明せよ。

(3) 南方海上から暖かく湿気をたっぷり含んだ大気が吹き込むとともに，上空に北方から寒気が流入すると，大気の状態が不安定となる理由を説明せよ。

(4) 湿った大気が山脈にぶつかって斜面を上昇しつつ雨を降らせ，その後に山脈を乗り越えて反対側の低地に吹き降ろす一連の過程での気温変化について説明せよ。

(5) 大気の絶対安定，条件つき不安定，絶対不安定のそれぞれの状態を説明せよ。

14 大気の大循環と低気圧

　地球に入射する太陽放射の量と，地球から宇宙空間に放出される地球放射の量は等しい。熱の出入りがつり合っているので，地球の平均気温は安定を保っている。地球全体では熱の出入りは均衡しているが，地球上の個々の場所に注目すると，低緯度地域では入射する熱が大きく，高緯度地域ではその逆であることが想像できる。だとすると，低緯度から高緯度へ熱を輸送する機構が存在しないととつじつまが合わない。単純に考えると南北方向に往復する大気や海水の流れがあるように思われるが，回転する球体である地球の表面では転向力がはたらくために，実際の大気はより複雑な動きを見せる。一見とっつきにくくも感じるが，順序よく見ていくと，大気が物理的な合理性にしたがって運動していることに納得できるのではないだろうか。

14.1　大気の大循環

14.1.1　緯度による熱収支の不均衡

　地表面に入射する太陽放射の量は，太陽の高度(仰角)の正弦(サイン)に比例する。そのため，太陽高度の大きい低緯度地方では太陽放射の入射量は大きく，高緯度では小さい。一方，太陽光線の入射で暖められた地球から宇宙空間に放出する熱である地球放射の量は，緯度によるちがいが小さい。その結果，低緯度では太陽入射熱が地球放射熱を上回り，高緯度ではその逆となる(図14.1)。低緯度での過剰な熱は，大気や海水の循環を通じて高緯度に輸送される結果，地球表面の温度は低緯度と高緯度で約40℃のちがいを保ちつつ安定している。

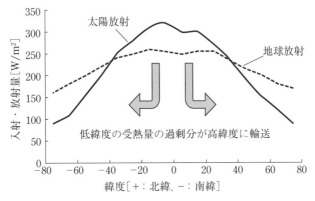

図 14.1　緯度ごとのエネルギー収支(実線：太陽放射，破線：地球放射)

14.1.2　大気の大循環の構造

　地球上の大気による低緯度から高緯度への熱の移動は，2種類の運動によって成り立っている。ひとつは南北性の鉛直面内での循環運動であり，もうひとつは東西性の水平

の気流が南北に蛇行する運動である。前者の運動は単純だが，後者はやや複雑である。

　鉛直面内の循環運動には，低緯度域の**ハドレー循環**と高緯度域の**極循環**がある。ハドレー循環では，赤道付近で温められた大気が浮力により上昇し（**赤道低圧（収束）帯**），上空で中緯度側に移動しつつ緯度 20 ～ 30° で温度低下して下降する（**亜熱帯高圧帯**）ことで，中緯度側に熱を輸送する。このとき，転向力を受けて地表付近の風向きは東寄りとなり（**貿易風**），上空の風は西寄りとなる。極域で冷えて重くなった大気が下降して（**極高圧帯**）中緯度側に吹き出すが，転向力を受けて地表付近の風向きは東寄りとなり（**極偏東風**），上空の風は西寄りとなる。ハドレー循環は太陽放射の受熱量が大きな地域で行われるため活発で，その上昇限界（対流圏界面）は十数 km に達する。一方，極循環は弱く上面高度は 10 km に達しない。

　ハドレー循環と極循環にはさまれた中緯度地域では，亜熱帯高圧帯から高緯度側に吹き出す風が転向力を受けて西寄りの風（**偏西風**）となる。中緯度域の上空では風速 40 m/s を超える強い西風（**ジェット気流**）が吹いて地球を周回している。ジェット気流は，低緯度側（**亜熱帯ジェット気流**）と高緯度側（**寒帯前線ジェット気流**）にそれぞれ存在する。このうち寒帯前線ジェット気流は，南北に大きく蛇行する（**偏西風波動**）。それにより低気圧や高気圧などの大気の渦状の運動が発生し，低緯度側の暖気が高緯度側へ運ばれ南北方向の熱の輸送が行われる。

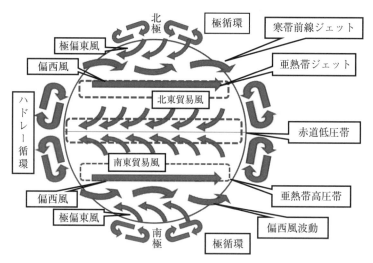

図 14.2　大気の大循環：2 つの南北性鉛直循環（低緯度のハドレー循環と高緯度の極循環）と中緯度の水平循環（偏西風・ジェット気流）の南北方向の波動により低緯度の熱が高緯度に輸送される。

　こうした大気の大循環は，地球上の雲の大局的な分布を決めている。赤道低圧帯では上昇気流により常に多量の積乱雲が発生する。亜熱帯高圧帯では下降気流が主体となるために雲の発生は少なく，雲の発生しない大陸は大規模な砂漠となっている。中緯度域では低気圧をとりまく渦状の雲が周期的に発生し，偏西風によって西から東へ移動していく。

　大気の大循環における風の向きを考えるときに，同一地域で高度により風向きが異なる場合と同じ場合がある点に注意する必要がある。換言すると，地上付近の風向きは地域により多様だが，対流圏の上層に注目した場合，赤道付近を除き全域にわたり大気は西よりの風として運動している。なお，西風とは西から東に向かって吹く風である。風向きの意味を間違えないよう注意したい。

　高層の同一高度の大気の気圧が高緯度ほど低くなることは，地球規模の大気の重要な特徴のひとつである。このことは，代表的な高層天気図である 500 hPa 高層天気図で，その高度分布を見るとわかる（図 14.3）。赤道地域と比べて，極域の 500 hPa 面の高度は1000 m 近く低い。低緯度の高温の空気が膨張するのに対して，高緯度の低温の空気が収縮することがその理由である。

　500 hPa 高層天気図は，低気圧の発生や発達を見るのに適している。また，850 hPa天気図は前線や気団の，700 hPa 天気図は雨域の，300 hPa 天気図はジェット気流の特徴を見るのに用いられる。高層天気図が特定の気圧の高度分布を図示したものであり，特定の高度における気圧分布ではないことに注意したい。

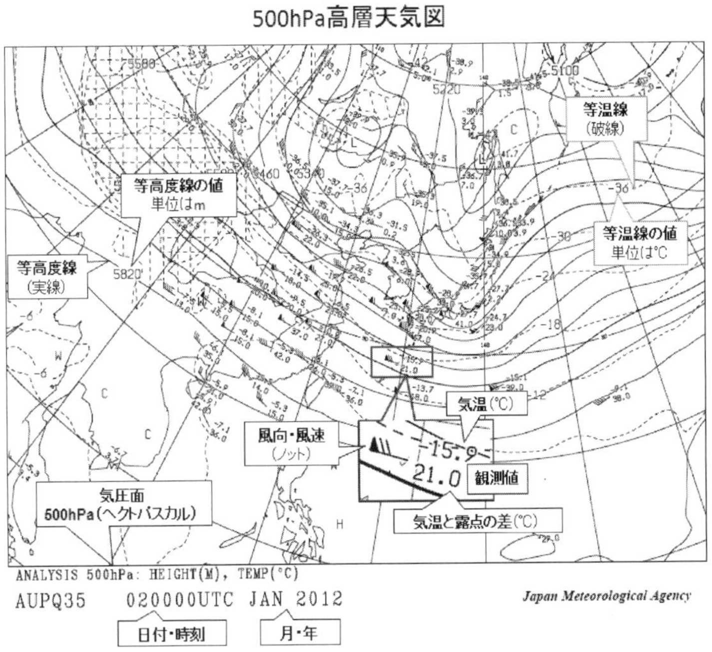

図 14.3　日本付近を含む北半球の高層天気図の例〔出典：気象庁，https://www.jma.go.jp/jma/kishou/know/kurashi/upper_map.html〕

14.2　前線と低気圧

14.2.1　気団と前線

　大気は長期間にわたり一定の日射や地表面温度の地域にとどまることで，気温や湿度が共通する大規模な塊になる。こうした大気の塊を**気団**という。異なる気団どうしが隣

接しても簡単には混合しない。そのため，気団どうしが接する不連続面が形成される。こうした面を**前線面**とよび，前線面が地表面に接する線を**前線**という。前線には，寒冷前線，温暖前線，停滞前線，閉塞前線の4種類がある（図14.4）。

　寒冷前線は勢力の強い寒気が暖気を押し上げながら前進する前線で，強い上昇気流により積乱雲が発生し短時間の強い降水をもたらす。雨域の幅は狭い。低気圧の西側から発達が始まる。

　温暖前線は勢力の強い暖気が寒気の上をはい上がりながらゆっくりと前進する前線で，前線付近に乱層雲が発生して長時間にわたって弱い降水をもたらす。雨域の幅が広い。低気圧の東側から発達が始まる。

　停滞前線は勢力が同程度の寒気と暖気の境界が移動することなく同じ位置にとどまっている前線で，日本付近では梅雨時期にしばしば現れる。

　閉塞前線は速度の大きな寒冷前線が低速の温暖前線に追いついて地表付近では両側が寒気になった前線で，低気圧の発達の終盤に現れる。

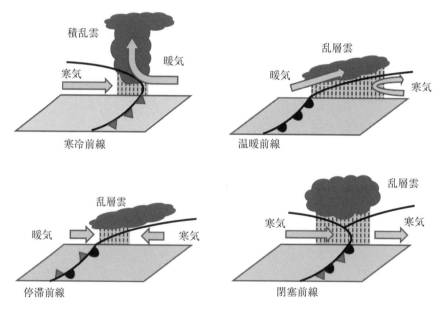

図 14.4　4種類の前線とその天気図記号

14.2.2　温帯低気圧の構造

　気圧が周囲よりも高い部分を**高気圧**，低い部分を**低気圧**とよぶ。低気圧は温帯低気圧と熱帯低気圧に大別される。

　温帯低気圧は，南北に気温差の大きな気団が接する中緯度域で発生することが多く，前線をともなう。偏西風に流されて西から東へ移動し，南西側に寒冷前線を，南東側に温暖前線をもつ。北半球では，もともと北側に分布していた寒気団が寒冷前線の南東方向への動きとともに南側に移動する一方，もともと南側に分布していた暖気団が，前線面に乗り上げながら北側の上空に移動する。こうして，全体として低緯度側から高緯度側に熱が移送される（図14.5）。

　北半球では，低気圧の南側でははじめに温暖前線による弱い雨が降り続き，その後に温暖前線の通過にともない雨がやみ気温が上がる。次に寒冷前線が通過するとやや強い雨が降るとともに気温が低下し，しばらくすると雨がやむ。低気圧の北側では曇天が続きあまり雨は降らない。

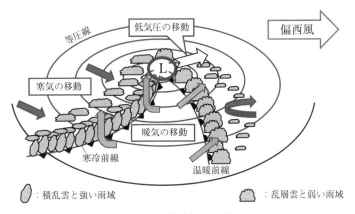

図 14.5　温帯低気圧の構造

14.2.3　偏西風波動と温帯低気圧の形成

　温帯低気圧の発生と発達・移動には，偏西風波動が大きな役割を果たしている。中緯度域の上空で地球を周回している偏西風は地球の自転の影響で南北に蛇行する。これを**偏西風波動**とよび，数個の波をもち，偏西風自体と同じく西から東へと移動する。偏西風波動の振幅が大きくなると，蛇行部分の中で渦が形成され，地表付近には低気圧と高気圧が現れる。偏西風が高緯度から低緯度に向かう地域では低緯度側に寒気がもたらされる。逆に，低緯度から高緯度に向かう地域では高緯度側に暖気がもたらされる。

　気圧の高い領域が低い領域に侵入している場所を**気圧の尾根**または**リッジ**という。逆に，気圧の低い領域が高い領域に侵入している場所を**気圧の谷**または**トラフ**という。偏西風はほぼ等圧線に沿って吹くため，偏西風波動が低緯度側に突き出している場所が気圧の谷に，高緯度側に突き出している場所が気圧の尾根に相当する。偏西風蛇行における風速は，気圧の谷では小さく，気圧の尾根では大きい。そのため，蛇行が低緯度側に

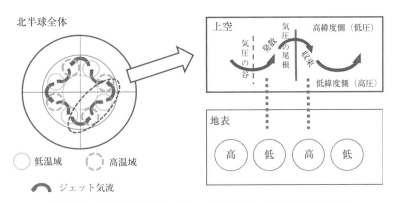

図 14.6　偏西風波動にともなって形成される低気圧と高気圧

張り出す気圧の谷の下流（東）側では空気は発散するため，その地表付近には低気圧ができる。蛇行が高緯度側に絞り込まれる気圧の尾根の下流（東）側では空気は収束するため，その地表付近には高気圧ができる。こうして，偏西風波動の蛇行と対応して，地表付近には低気圧と高気圧が交互に現れる（図14.6）。

偏西風波動の蛇行が強くなりすぎると，一部がちぎれて独立した渦になり停滞する。こうした現象を**ブロッキング**とよび，同じ天候が続く原因となる。

14.3 熱帯低気圧

14.3.1 熱帯低気圧と台風

熱帯低気圧は，低緯度の海面温度の高い海域で発生する低気圧で，暖気だけからなるために前線をもたないことが温帯低気圧とのちがいである。渦巻き構造となるためには転向力が必要なので，赤道直近の緯度数度以下の領域では発生しない。熱帯低気圧のうち，北西太平洋または東シナ海に存在し最大風速が17 m/s以上のものを**台風**とよぶ（図14.7）。インド洋や南太平洋で同様に発生し発達すると**サイクロン**，北大西洋や北太平洋東部だと**ハリケーン**とよぶ。台風は，通常東風が吹いている低緯度では西に移動し，太平洋高気圧のまわりを北上して中・高緯度に達すると，上空の強い西風（偏西風）により速い速度で北東へ進む。

台風は30℃近い暖かい海水が蒸発した後に凝結して水蒸気になる際の潜熱をエネルギー源として運動する。中心を対称軸とするほぼ円盤状の構造をもつ。地表付近では反時計回りに風が吹き込むが，上層では時計回りに風が吹き出す（図14.8）。台風の暖かい海水からエネルギーを得ているので，水温の低い海域に到達あるいは上陸すると勢力が急速に衰える。

台風は暖かく湿った空気から成り立っているので，積乱雲が広範囲に形成され活発な雨域をともなう。また，等圧線の密度が中心に向かって高まるため，中心付近では風が急速に強まる（図14.9）。台風が接近すると風雨が急速に強くなることが多い。

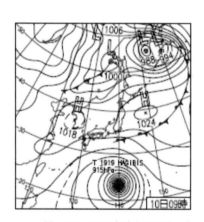
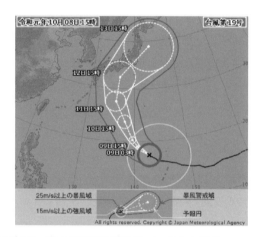

図14.7　2019年台風19号　左：天気図，右：進路予想〔出典：いずれも気象庁，　左：https://www.data.jma.go.jp/fcd/yoho/data/hibiten/2019/1910.pdf，右：http://www.jma.go.jp/jma/kishou/know/typhoon/7-1.html〕

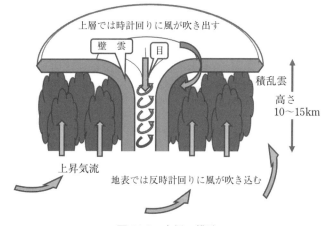

図 14.8 台風の構造

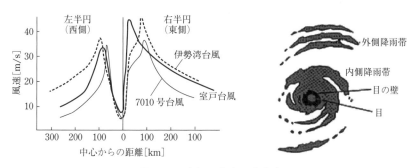

図 14.9 台風にともなう気象
左：台風にともなう風の強さ，左：台風にともなう雨域〔気象庁 HP をもとに作成〕

14.3.2 台風の発生から消滅

台風は，北緯 5° ないし 20° の熱帯の海洋で熱帯低気圧として発生する。海水温度が上昇する 7 月から 10 月にかけて発生する台風が多いが，日本への上陸数は 8 月と 9 月が最も多い。

温暖な洋上で成長を続けると，中心気圧が低下し最大風速が強まるとともに強風の吹く範囲が大きくなる。台風は，その強さと大きさについて階級が区分されている（表14.1）。**風速**とは 10 分間の測定の平均値であり，なかでも**強風**とは風速 15 m/s 以上の

表 14.1 台風の強さと大きさ〔右図の出典：気象庁，http://www.jma.go.jp/jma/kishou/know/typhoon/1-3.html〕

強さの階級区分		大きさの階級区分	
	風速〔m/s〕		強風半径〔km〕
強い	33 ～ 44	大型	500 ～ 800
非常に強い	44 ～ 54	超大型	800 以上
猛烈な	54 以上		

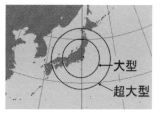

風のことである。また，風速 25 m/s 以上の風を**暴風**という。

　大型の台風になると，中心に雲のない小さな円形領域である**台風の目**が形成される（図 14.10）。中緯度地域に達した台風は偏西風の影響を受けて東に流される。海面温度の低下とともに勢力が衰え，日本に上陸した台風は，上陸後に温帯低気圧になり衰弱して消滅する。

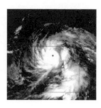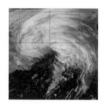

図 14.10　台風（2018 年台風 21 号）の発生から消滅まで〔出典：気象庁，http://www.jma.go.jp/jma/kishou/know/typhoon/1-2.html〕
左：発生，中左：発達期，中右：最盛期（中心部に目），右：衰弱期

14.4　大気の大循環と環境

14.4.1　卓越風による固体物質の輸送

　大気の大循環により，砂塵や汚染物質などさまざまな固体物質が長距離移送されることがある。また，常時特定の向きの風が吹き続ける（卓越風）状態が長期間続くことにより，移送された固体物質が大量に集積されて風成層を形成することもある。

　中国大陸のゴビ砂漠やタクラマカン砂漠で発生した砂嵐で舞い上がった砂塵が偏西風に乗ると，東方へ移送される。移送される粒子のうち粗大なものは大陸上に降下する。こうした移送は過去数十万年以上にわたり継続してきたので，集積した砂塵の層は数十 m の厚さに達し，それらが分布する地域は**黄土高原**とよばれる。黄土高原を流下する黄河には，そうした風送粒子起源の細粒物質が大量に懸濁した黄色い水が流れている。その黄色い水が流入し海水が黄色くなっている海域が黄海である。偏西風で移送される固体物質は，さらに東方のわが国にも飛来する。西日本での春先の風物詩である**黄砂**

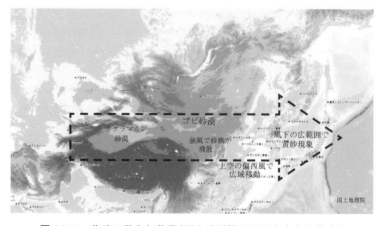

図 14.11　黄砂の発生と移動（国土地理院の地図をもとに作成）

は，そうした砂塵のうち粒径が小さく降下速度が小さいものが数千 km の長距離を運ばれてきたものである。

14.4.2　広域的な汚染物質の輸送による環境問題

大気の大循環は汚染物質を長距離輸送することがある。現在，PM2.5 やオゾンホールなどが地球規模の大気環境問題として注目されている。

PM2.5 とは，大気中に浮遊する微細な固体粒子のうち粒径が 2.5 μm 以下のものであり，降下速度が小さいために発生源から長距離を移動する。また，呼吸で体内に取り込まれると鼻腔や気管支で捕集されずに肺胞に達するなどの基本的な特徴をもつ。PM2.5 を構成する固体は，微細な鉱物粒子だけではない。化石燃料の燃焼や大規模な森林・泥炭火災などで発生した燃焼灰にさまざまな物質が吸着された粒子，**硫黄酸化物**(SO_x)，**窒素酸化物**(NO_x)，**揮発性有機化合物**(VOC)が光化学反応で固体化した粒子など，地域や時期によってさまざまな濃度の有害物質が含まれる(図 14.12)。

オゾンホールについての詳細は 12.2.3 項で述べた。南極大陸上空のオゾンは太陽放射の強い低緯度地域で生成され，長距離を移送することで極域に定置されたものだが，そこに低・中緯度地域で消費されたフロンがやはり，長距離を移送することででてくることが，オゾンホール形成の重要な過程のひとつとなっている。

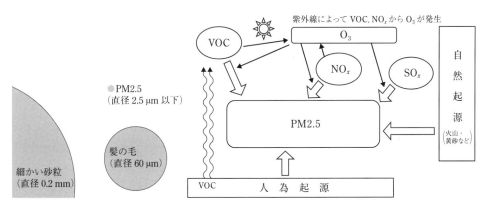

図 14.12　PM2.5

左：大きさのイメージ，右：生成過程〔環境省，http://www.env.go.jp/air/osen/pm/info.html#ABOUT をもとに作成〕

基本事項の確認

① （　　）の量が（　　）の量を上回る低緯度域から，それと逆の高緯度域に向かってエネルギーを運搬する運動のひとつが大気の大循環である。

② 大気の大循環の様式は，（　　）性の鉛直面内での循環運動と，（　　）性の水平の気流が（　　）に蛇行する運動に大別できる。

③ 低緯度では（　　）循環が，高緯度では（　　）循環が南北性の鉛直面内での循環運動を行うのに対して，中緯度では強力な（　　）である（　　）気流の南北方向の蛇行，つまり（　　）が低緯度の暖気と高緯度の寒気を交換している。

④ 長期間一定の日射や温度の地域にとどまることで生じた（　　）や（　　）が共通する大規模な大気の塊を（　　）とよぶ。

⑤ 気団どうしが接する不連続面を（　　）とよぶ。勢力の強い（　　）が暖気を押し上げながら前進する前線を（　　）前線とよび，（　　）による短期間の強い（　　）ののちに（　　）が下がる。勢力の強い（　　）が寒気の上をはい上がりながら前進する前線を（　　）前線とよび，（　　）による長時間にわたる弱い（　　）が降る。

⑥ 低気圧は，前線をもち南北の（　　）差により発達する（　　）低気圧と，低緯度の暖かい海水をエネルギー源とする（　　）低気圧に大別される。

⑦ 中緯度で上空の（　　）の振幅が大きくなると（　　）や（　　）が発生し，（　　）へ向かって移動していく。

⑧ 北太平洋西部の洋上で発生し最大風速が（　　）m/s 以上に発達した熱帯低気圧を（　　）とよぶ。

⑨ 台風周辺では（　　）回りに風が吹き込み，中心に近づくほど（　　）が大きい。発達した（　　）による激しい雨域をともなう。巨大な台風は中心に雲が全くない（　　）をもつ。

⑩ 大気の大循環により，微細な砂塵である（　　）や，健康被害が懸念される微細な粒子である（　　）などが広域を輸送される。

演 習 問 題

(1) 大気の大循環が，赤道から極までの半球ごとに単一の対流セルで行われない理由を説明せよ。

(2) 海面高さにおける平均気圧は緯度に関わらず 1013 hPa である一方，高層大気の同一気圧面の高度が高緯度ほど低くなる理由を説明せよ。

(3) 東京からサンフランシスコまで（約 8200 km）を対空速度 800 km/h で飛行する場合の，ア）ジェット気流に乗らない場合，イ）気流の向きに乗る場合，ウ）気流に逆らって乗る場合，それぞれの所要時間を算出せよ。ジェット気流の速度を 100 m/s とする。

(4) 台風が上陸すると急速に勢力が衰える理由を説明せよ。

(5) 気象現象としての，黄砂と PM2.5 の相違点を説明せよ。

15 日本の天気と気象観測

　天気や季節に特有の気象についての理解が深まると，雲を観察したり天気予報を聞くのが楽しくなる。とりわけ日本の天気についてのさまざまな知識は，日々の暮らしに直結する有益な情報そのものである。天気や気象についての知識は，命にかかわる場合もある。わが国の自然災害は，地震や火山噴火によるものと並び，洪水氾濫や土砂災害などのように，豪雨に代表される猛烈な気象によりもたらされる場合が多い。そうした危険が切迫しているとき，気象の知識の有無が避難行動の適否を左右するかもしれない。天気予報の精度は，徐々にではあるが確実に向上している。それを支えているのが全国各地の測候所などで継続して行われてきた気象観測や，ロケットで打ち上げられて地球周回軌道を飛行する最新の気象衛星などである。さまざまな手法や機器を駆使して行われている気象観測の実態も知っておきたい。

15.1　日本の天気

15.1.1　日本周辺の気団と四季

　気温や湿度がほぼ一様で，水平方向に数百 km から数千 km の範囲におよぶ空気のかたまりを**気団**という。地表付近が温暖か寒冷か，大陸上か海洋上かにより性質の異なる気団となる。日本付近では，**小笠原気団（太平洋気団），オホーツク海気団，シベリア気団，揚子江気団（長江気団）**の 4 種類の気団がある（図 15.1）。これらの気団の勢力関係が日本の天気の基本的な性格を規定し，四季をもたらす。

　小笠原気団は，夏に北太平洋の中緯度で発生する。日本列島には，小笠原気団の太平洋高気圧から高温多湿の南東の季節風が吹き込む。

　オホーツク海気団は，梅雨と秋雨の時期にオホーツク海で発生する。オホーツク海気

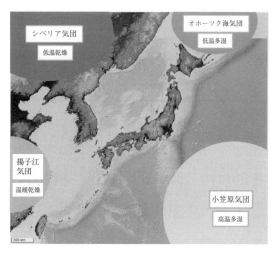

図 15.1　日本付近の気団

団の高気圧から吹き出す風が，北日本や東日本の太平洋側に冷たい北東風をもたらす。

　シベリア気団は，冬にシベリア大陸上で発生する。シベリア気団の高気圧から冷たく
乾いた北西の季節風が吹き出す。その風は日本海を渡る際に暖流の対馬海流から熱と水
蒸気を得るため，日本海側に降雪をもたらす。

　揚子江気団は，主に春や秋に中国大陸南部で発生する。乾燥した大気が移動性高気圧
とともに東進することで，日本列島に周期的な天気の変化をもたらす。

15.1.2　西高東低の冬

　12月〜2月の冬季は，大陸でシベリア高気圧が勢力を強め，太平洋北部ではアリュー
シャン低気圧が発達して，**西高東低**の冬型の気圧配置となる。北西の季節風により，
大陸からの寒気が日本列島に流れ込む（図15.2）。

　冬型の気圧配置は，日本海上にすじ雲を発達させて，日本海側の山間部に大量の雪をも
たらす。上空の寒気が強いと平野部も大雪となる。日本海側では活発な落雷も発生する。
一方，太平洋側の平野部には乾いた風が吹き降りるため晴れの日が多くなる（図15.3）。

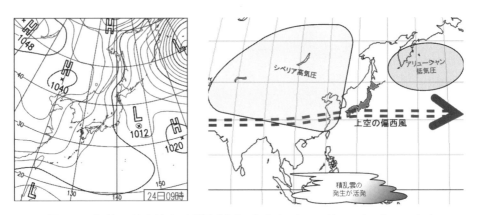

図15.2　冬型の天気図と気圧配置〔出典：気象庁，https://www.data.jma.go.jp/
tokyo/sub_index/tokyo/kikou/kantokoshin/TenkouKaisetsuMain_Kanto-
Koshin.html〕

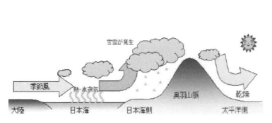

図15.3　冬の北西季節風による日本海側と太平洋側の天気〔出典：気象庁，
https://www.data.jma.go.jp/sendai/wadai/touhokukikou/kikou_Huyu.html〕

15.1.3 南岸低気圧

冬型の気圧配置が崩れて東シナ海から四国沖にかけての海域に発生した低気圧が，日本列島の南岸を発達しながら通過することがあり，**南岸低気圧**とよばれる。低気圧の東側では南風にともなって，西側では北風にともなって雨が降る。上空の寒気が強いときには，太平洋側では珍しい雪となることもある（図 15.4）。晩冬から初春の関東地方以西の太平洋岸での大雪の多くは，南岸低気圧によりもたらされる。

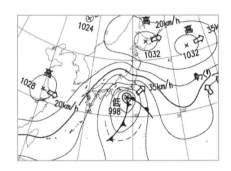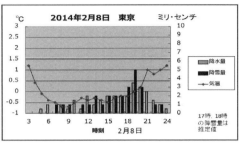

図 15.4 南岸低気圧の天気図と東京の降雪〔出典：ともに気象庁，左：https://www.data.jma.go.jp/tokyo/sub_index/tokyo/kikou/kantokoshin/TenkouKaisetsuKentyo4_KantoKoshin.html，右：https://www.jma.go.jp/jma/kishou/know/yohokaisetu/ooyuki.html#nangan〕

15.1.4 春の周期的天気

冬に優勢だったシベリア大陸の高気圧が弱まり，日本の東海上に太平洋高気圧が現れるとともに，日本付近を低気圧と高気圧が交互に通過していくようになる。低気圧の通過にともなって気温は大きく変動し，天気は数日の周期で変わる。低気圧の通過前に南からの暖かい空気が入って雨となり積雪地域では一気に雪解けが進むことや，北日本では通過時や通過後に猛吹雪となって災害をもたらすこともある。関東地方以西では，低気圧の通過後の寒気の流入とともに，晴天の夜間に放射冷却が起こることで気温が低下し，季節はずれの晩霜（遅霜）が降りることもある。

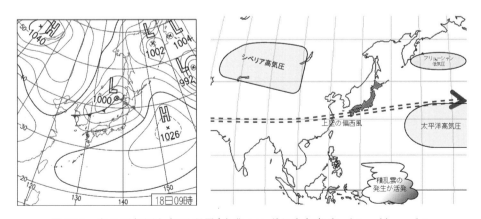

図 15.5 春の天気図と気圧配置〔出典：いずれも気象庁，https://www.data.jma.go.jp/tokyo/sub_index/tokyo/kikou/kantokoshin/TenkouKaisetsuMain_Kanto-Koshin.html〕

15.1.5 春一番

冬から春への移行期に，はじめて吹く暖かい南寄りの強い風を**春一番**という。日本海を急速に発達しながら通過する低気圧の影響で，竜巻などの突風をともなうこともある（図 15.6）。

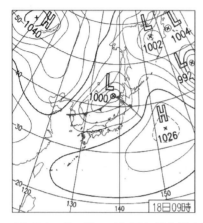

図 15.6 春一番の天気図と風向風力〔出典：いずれも気象庁，https://www.data.jma.go.jp/tokyo/sub_index/tokyo/kikou/kantokoshin/TenkouKaisetsu HeinenColumn1_Kanto-Koshin.html〕

15.1.6 梅　雨

６月から７月にかけては日本列島にかかる停滞前線が現れ，前線上を低気圧が東進する。この前線を**梅雨前線**とよび，その活動により曇りや雨の日が多くなり，日照時間も少なくなる。梅雨末期には，太平洋高気圧の縁辺を周る湿った空気が梅雨前線に流れ込み，局所的に大雨となることがある。季節の進行とともに太平洋高気圧の勢力が増して前線は日本海を北上し，南西から順に梅雨が明ける（図 15.7）。北海道には，はっきりした梅雨期が認められないことが多いが，梅雨前線による降雨がないわけではない。

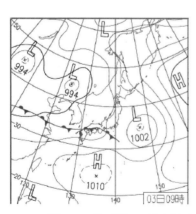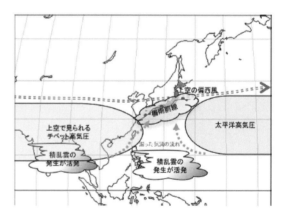

図 15.7 梅雨期の天気図と気圧配置〔出典：いずれも気象庁，https://www.data.jma.go.jp/hiroshima/tenkou1.html〕

15.1.7　盛　　夏

　梅雨前線が北上し，太平洋高気圧やチベット高気圧に覆われるようになる7月下旬から8月にかけて，晴れて暑い日が続き盛夏となる（図15.8）。東北日本では，太平洋高気圧が強く張り出す年は高温傾向となるが，オホーツク海高気圧が多く現れる年には冷夏となることが多い。最高気温が35℃を超える猛暑日や熱帯夜の大部分は，この時期に起こる。上空に寒気が流入すると大気が不安定になり，積乱雲が発達して落雷や局地的な豪雨をもたらすことがある。

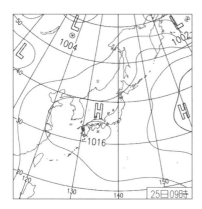
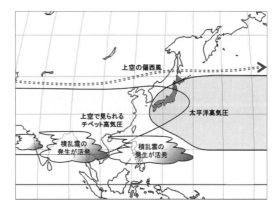

　図15.8　盛夏の天気図と気圧配置〔出典：いずれも気象庁，https://www.data.jma.go.jp/hiroshima/tenkou1.html〕

15.1.8　秋の周期的天気と秋雨

　9〜11月の秋は，高気圧と低気圧が交互に通過し，天気と気温は数日の周期で変わる（図15.9）。11月になると，寒気の影響で北日本の日本海側では雨やみぞれの日が増えてくる。

　太平洋高気圧が東に後退して日本の南岸に秋雨前線が停滞することや，台風の影響を

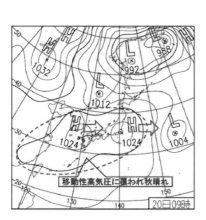
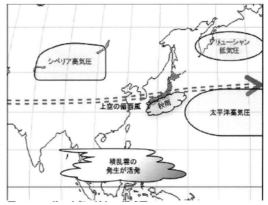

　図15.9　秋の周期的な天気の天気図と気圧配置〔出典：いずれも気象庁，https://www.data.jma.go.jp/tokyo/sub_index/tokyo/kikou/kantokoshin/TenkouKaisetsuMain_Kanto-Koshin.html〕

受けることなどで，降水量が多くなる地域も多い。台風からの湿った南風が秋雨前線に
流れ込むと前線が活発化して豪雨になることがある（図 15.10）。

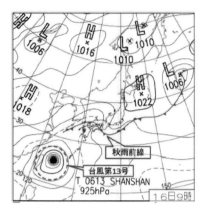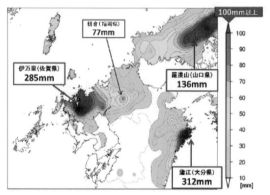

図 15.10　台風と秋雨前線の気圧配置と秋雨前線の活動による豪雨〔出典：いず
れも気象庁, https://www.data.jma.go.jp/fukuoka/kaiyo/tenkou_column3.html〕

15.1.9　夏・秋の台風

　台風の大半は 7 〜 10 月に発生する。春先の台風が日本本土に接近することは少ない
が，夏になり発生する緯度が高くなると太平洋高気圧のまわりを回って日本に向かって
北上する台風が増える。8 月の発生数が最も多いが，台風を流す上空の風がまだ弱いた
めに不安定な経路をとることが多い。9 月以降になると南海上から放物線を描くように
して日本付近を通る進路をとることが増える（図 15.11）。このとき秋雨前線の活動が活
発化すると，台風本体の雨雲による降雨と重なることで，非常に大きな降水量になる。

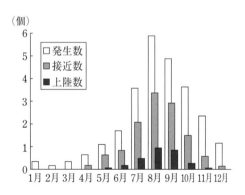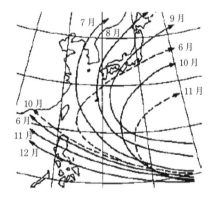

図 15.11　月別の台風発生・接近・上陸数（左，1991 年〜 2020 年の 30 年平均）
と典型的な進路（右）〔気象庁のデータをもとに作成〕

15.2　気象に関連した災害

15.2.1　洪水氾濫

　降水は，地表が乾燥している場合や降水量が少ない場合は，その大半が地中に浸透す

る。しかし，降水が継続して累積降水量が大きくなった場合は，その多くが地表を流下して河川に流入する。流量が増加した河川の水が堤防を乗り越えたり（越流），水圧や侵食力で堤防を破壊したり（破堤）すると，堤防の外へ河川水があふれ出す。こうした洪水を**外水氾濫**という。一方，堤防の健全性が損なわれていないのに，市街地などの降水の河川への排水が間に合わないために洪水氾濫が発生することもある。こうした洪水を**内水氾濫**という。内水氾濫は，堤防で守られるべき区画の降水が一定の累積量や降雨強度を越えた場合に発生し，大都市で被害が発生することも少なくない。

　洪水氾濫をもたらす膨大な累積降水量は，基本的には台風や前線の活動によりもたらされるが，線状降水帯と関連するものが多いことがわかってきた。**線状降水帯**とは多数の積乱雲からなる幅20〜50 km，長さ50〜200 kmの地帯である（図15.12）。強雨をもたらす積乱雲の寿命は数十分であるにも関わらず，同じ場所で次々と積乱雲が発生して同じ方向に移動することにより，積乱雲が通過する線状の地帯では長時間にわたって積乱雲が存在し続け，そのために大量の降水がもたらされる。膨大な積乱雲をつくるための湿った大気の継続的な流入とその大気を自由対流高度にまで持ち上げる前線などの上昇力が存在して，線状降水帯が成立する。近年，累積雨量や降雨強度は最高記録の更新が頻発しており，洪水の発生頻度や被害も増加傾向にある。

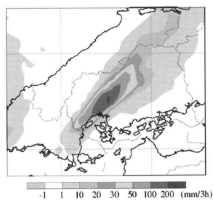

図 15.12　洪水氾濫の原因となることが多い線状降水帯の事例と機構〔出典：いずれも気象庁，https://www.jma.go.jp/jma/kishou/books/hakusho/2018/index2.html〕

15.2.2　土砂災害

　土砂災害とは，斜面を構成している地盤や土砂がさまざまな様式で下方へ移動し，人の財産や生命に損害を与える災害である。わが国では主として大雨を契機とする土砂災害により，毎年のように少なくない人命が損なわれている。土砂災害は，崖崩れ，地すべり，土石流に大別されることが多い。これらの土砂災害の発生が危惧される地域は行政により土砂災害警戒区域として指定されており，全国の総数は50万か所を超える。

　崖崩れは，雨水や融雪水が浸みこんで重量が増加した急斜面が，自重に耐え切れなくなったり地震などを契機として崩壊する現象である。崩壊は瞬時に発生することが多く，予兆をつかみにくい。

　地滑りは，第三紀の地質，温泉地帯，蛇紋岩の分布域など特定の地質の分布域で発生することが多い。地下の円弧状の不連続面を滑り面として，その上の土塊が鉛直面内を回転するようにして斜面下方にせり出していく。地滑りは比較的ゆっくりと進行することが多い(7.3.1 項参照)。

　土石流は，山腹や川底の石や土砂が集中豪雨などによって一気に下流へと押し流される現象である。急流河川の上流の山腹斜面で発生したがけ崩れにより堰き止められた渓流が，一気に決壊して土石流となることも多い。

15.2.3　強風・突風・竜巻

　発達した台風が日本列島に接近・上陸すると，強い風により災害が起こることがある。日本列島に上陸した台風がとる進路は北東ないし北北東であることが多く，その速度は時速数十 km になることも少なくない。台風には左回りに風が吹き込むので，北東寄りに進む台風の東側(進行方向に向かって右側)では，移動方向と風向がそろうために風速に移動速度が上乗せされて南寄りの強風となる。この範囲を危険半円という。一方，進路の西側(進行方向に向かって左側)では，移動方向と風向が逆になるために北寄りの風はやや弱まる。台風の速度が大きいほど，危険半円での風速は大きくなるとともに，反対側の風速は弱くなる(図 15.13)。

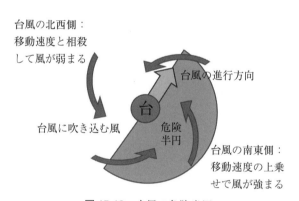

図 15.13　台風の危険半円

　竜巻は，非常に発達した積乱雲の下で起こる激しい空気の渦巻で，積乱雲の底から漏斗状に垂れ下がった雲から伸びて地表に達する。一般的な気象現象と比べると規模が小さく継続時間も短いが，市街地を通過した場合には人命が奪われることもある。竜巻に代表される突風の強さの指標として，日本では，**日本版改良藤田(JEF)スケール**が用いられる(表 15.1)。国内の竜巻被害は毎年必ず起きるわけではないが，単位面積あたりの竜巻の発生頻度は小さくはない。

　発達した積乱雲からは，竜巻のほかにもダウンバーストやガストフロントなどの突風があり，航空機の離発着時の重大な障害として警戒されている。

表 15.1　日本版改良藤田(JEF)スケール

階級	風速〔m/s〕 3秒平均	主な被害の状況(例)
JEF0	25 ～ 38	物置や自販機が横転する。樹木の枝が折れる。狭い範囲で屋根瓦が飛ばされる。
JEF1	39 ～ 52	普通の自動車が横転する。広い範囲で屋根瓦が飛ばされる。
JEF2	53 ～ 66	大型の自動車が横転する。鉄筋コンクリート製の電柱が折れて倒れる。
JEF3	67 ～ 80	木造住宅が倒壊する。アスファルト舗装が剥がれて飛ばされる。
JEF4	81 ～ 94	工場や倉庫の大規模なひさしの屋根ふき材が，比較的広い範囲で剥がれたり飛ばされる。
JEF5	94 ～	鉄骨系住宅や鉄骨づくりの倉庫が倒壊する。

　ダウンバーストは，積乱雲から吹き降ろす下降気流が地表に衝突して水平に吹き出す激しい空気の流れである。吹き出しの広がりは数百 m から 10 km 程度で，被害地域は円形あるいは楕円形など面状に広がる。**ガストフロント**は，ダウンバーストの先端が暖かい空気の上に乗り上げる際に発生する一種の前線である。**突風前線**ともいう。

15.2.4　高　潮

　強い台風や発達した低気圧が通過するとき潮位が大きく上昇することがあり，これを**高潮**という。高潮は，吸い上げ効果と吹き寄せ効果により発生するが(図 15.14)，主体となるのは吹き寄せ効果である。

　吸い上げ効果とは，気圧が低い台風や低気圧の中心付近で，相対的に気圧の高い周辺の空気によって押し下げられた海水を吸い上げるようにして海面が上昇することである。吸い上げ効果による潮位の上昇量は，気圧低下 1 hPa につき約 1 cm である。

　吹き寄せ効果とは，台風や低気圧にともなう強い風が沖から海岸に向かって吹く際に，海水が海岸付近に吹き寄せられて海面が上昇することである。この効果による潮位の上昇量は風速の 2 乗に比例するため，強い台風ほど吹き寄せ効果が急激に増加する。

　わが国で実測された 1 m 以上の高潮の大部分は，東京湾，伊勢湾，大阪湾，有明海で強い台風の通過にともなって発生した。これらはすべて，遠浅で南に開いた湾であ

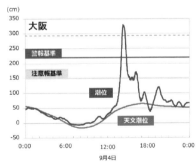

図 15.14　高潮の発生機構(左)と 2018 年台風 21 号での実測例(右)
〔出典：いずれも気象庁，左：https://www.data.jma.go.jp/gmd/kaiyou/db/tide/
knowledge/tide/takashio.html，右：https://www.jma.go.jp/jma/kishou/know/
typhoon/4-1.html〕

る。被害が発生した高潮を見ると，潮位の上昇がごく短時間で生じていることがわかる。強い台風の中心が西側を通過する際は，特に警戒が必要である。接近時には北東の風であるのに対して，中心通過後は南西の風へと向きが急変する。南方へ開いた湾の場合，接近時には湾外へ海水を追い出す作用をしていた風が，中心通過とともに風向きが反転して湾内へ海水を送り込むようになる。この風向きの急変が，高潮の急速な発生を引き起こす。事象の程度が大きいほど展開速度が速いために被害が拡大する。1959 年の伊勢湾台風のように大規模な高潮では，多数の人命が犠牲になることがある。

15.2.5　豪　　雪

　厳冬期のアリューシャン低気圧は台風並みに発達することがある。また，日本海に複数の低気圧が発生したりすることもある。こうした気圧配置で，平野部を含む広範囲に大雪が降り続いて豪雪災害になることがある。豪雪災害では，幹線道路の通行止めや鉄道の運休などの交通障害，集落の孤立，積雪による家屋の倒壊，除雪作業中の事故などが発生し，多数の死傷者が出ることもある。また，春に向けての雪崩の頻発や融雪洪水など，二次的な被害も発生する。

15.2.6　冷夏(やませ)

　偏西風の蛇行が持続することで，夏にオホーツク海高気圧が数週間にわたり停滞することがある。オホーツク海高気圧により北海道〜関東地方の太平洋沿岸に向かって冷たく湿った東寄りの風が吹きつけるため，低温や日照不足が起こる。東北地方で**やませ**とよばれるこの東風が長期間吹き続けると，水稲の収量が減少して深刻な冷害となる。

15.2.7　フェーン現象

　日本列島の南西方や日本海で低気圧が発達する場合，低気圧に向かって吹きこむ南よりの風が列島中軸部の山脈を越えて日本海側に吹き下り，強風や急激な気温上昇をもたらすことがある(図 15.15)。こうした現象は**フェーン現象**とよばれ，山脈を上る際には雲が発生して湿潤断熱減率(5℃ /km)で気温低下する一方，下る際には乾燥断熱減率

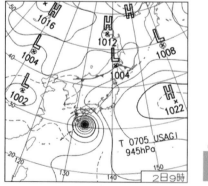
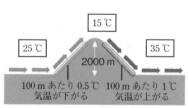

図 15.15　フェーン現象の天気図(左)と概要(右)〔左図の出典：気象庁，https://www.jma-net.go.jp/niigata/menu/kisetsu/tenkou/column01.shtml〕

(10℃/km)で気温上昇するために生じる。山脈の風下側では乾燥した高温の強風が吹くために火災が発生すると大きく延焼しやすい。各地で起きた大火の多くがフェーン現象時に発生している。また，冬型の気圧配置における太平洋側の乾燥した強風もフェーン現象によるものだが，内陸部の放射冷却により気温の上昇は実感されない。

15.2.8 ヒートアイランド

風が吹き抜けにくい都市環境や人工熱などの影響で都市の気温が郊外よりも高くなることを**ヒートアイランド現象**という。都市の拡大や高層化，エネルギー使用量の増加などによりヒートアイランド現象は顕著になっている。猛暑日や熱帯夜の増加など夏の気温上昇だけでなく，冬の寒さがやわらぐことによっても，植物の開花時期の変化や感染症を媒介する生物などが越冬可能になるなどの問題が懸念される。

15.3 気象観測

15.3.1 気象観測の概要

気象観測は対象とする気象要素に応じて，さまざまな手法を組み合わせて行われる。地表の気温・降水量・風などの基本的な気象要素は，全国に展開された無人の気象台ともいえる地域気象観測システム(アメダス)により，また雲や視程などは各地の気象台で目視により観測されている。降水域や積乱雲の平面的な分布の様子は，気象レーダーにより観測される。高層天気図を作るための高層気象データは，ラジオゾンデ(気球)による直接観測と，ウィンドプロファイラによる電波観測で取得される。赤道上空の静止軌道上の気象衛星は，雲や水蒸気量の常時観測や台風観測などに活躍している。

15.3.2 地上気象観測

気象観測の基盤である地上気象の観測は，気象台などにおける気象観測とより多くの地点での自動化された気象観測からなる(図15.16)。それらの観測データは，主として注意報・警報や天気予報の発表などに利用される。

全国約60か所の気象台・測候所では，気圧，気温，湿度，風向，風速，降水量，積雪深，降雪深，日照時間，日射量，雲，視程，大気現象などの気象観測を行っている。

全国の約1300か所(約17 km間隔)に展開され，気象台・測候所の隙間を埋める観測を自動で行うシステムが**アメダス**(AMeDAS：Automated Meteorological Data Acquisition System，地域気象観測システム)である。降水量測定を基本として，半数以上の観測局では風向・風速，気温，日照時間の観測も自動的に行うほか，雪の多い地方では積雪の深さも観測している。

なお，気象庁では天気の種類として15種類が定義されている。日常感覚とは少し異なる場合があるので注意したい。たとえば，晴れとは，雲量(全天に占める雲の割合)が2以上8以下の，また快晴とは雲量が1以下の状態である。全天の6〜7割が雲に覆われていても晴れ，雲があっても全天の1割以下ならば快晴になる。

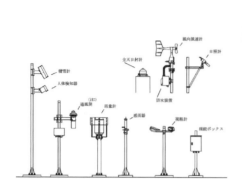

図 15.16　地上気象観測

左：気象台などにおける観測機器，右：アメダスの自動観測機器〔出典：いず
れも気象庁，左：http://www.jma.go.jp/jma/kishou/know/chijyou/surf.html,
右：http://www.jma.go.jp/jma/kishou/know/amedas/kaisetsu.html〕

15.3.3　高層気象観測

　高層天気図の作成に不可欠の高層気象観測は，ラジオゾンデとウィンドプロファイラ
により行われる。

　ラジオゾンデとは高層気象観測用の気球で，地上から高度約 30 km までの大気の気
温，湿度，風向，風速などの気象要素を観測する。ラジオゾンデによる観測は世界各地
で毎日決まった時刻に行われており，気象庁では，全国 16 か所と昭和基地（南極）など
で実施している。ラジオゾンデにより得られたデータは，天気予報の基礎である数値予
報モデルや，気候変動・地球環境の監視，航空機の運航管理などに利用される。

　ウィンドプロファイラは，地上から上空に向けて電波を発射し，大気中の風の乱れな
どによって散乱され戻ってくる電波を受信・処理することで，上空の風向・風速を測定
する。現在，全国 33 か所で観測が実施中で，数値予報などに活用される。

15.3.4　気象レーダー観測

　気象レーダーは，降水状態の面的な把握に活躍する。アンテナを回転させながら電波
（マイクロ波）を発射し，半径数百 km の広範囲内に存在する雨や雪を観測する。発射し
た電波が戻ってくるまでの時間から雨や雪までの距離を測り，戻ってきた電波（レーダ
ーエコー）の強さから雨や雪の強さを観測する。また，戻ってきた電波の周波数のずれ
（ドップラー効果）を利用して，雨や雪の動きとして現れる降水域の風を観測することも
できる。気象レーダーの運用は 1954 年に開始され，現在では全国に 20 か所に設置され
ている。気象レーダーで広域的に観測した日本全国の雨の強さの分布は，リアルタイム
の防災情報として活用されるだけでなく，降水短時間予報などの作成にも利用される。

15.3.5　気象衛星観測

　気象衛星は，気象観測が困難な海洋や砂漠・山岳地帯を含む広い地域を対象として，

多数の波長域のデータに基づいて雲，水蒸気，海氷などの分布を一様に観測することができる。そのため，大気・海洋・雪氷など地球全体の気象や気候の監視にたいへん有効であり，特に海洋上の台風監視においては不可欠な観測手段である。

　気象衛星による観測は，世界気象衛星観測網とよばれる国際的な協力体制で行われている。世界気象衛星観測網は，各国が打ち上げた静止気象衛星と極軌道気象衛星から構成されている。その中で日本は，静止気象衛星によるアジア・オセアニア及び西太平洋地域の観測を担い，1978 年以降「ひまわり」による観測体制を継続している。

　「ひまわり」は，東経 140.7° の赤道上空 35,800 km の周回軌道（静止軌道）上を地球の自転と同期して飛行するため，宇宙からつねに地球上の同じ範囲を観測できる。これにより台風や低気圧，前線といった気象現象を連続して観測している（図 15.17）。

　現在運用中のひまわり 8 号・9 号には，可視域，近赤外域，赤外域の合計 16 バンドの波長領域を対象とした可視赤外放射計が搭載されている。また，観測範囲の全体観測を 10 分ごとに行いながら，日本地域と台風などの特定の領域を 2.5 分ごとに観測することができる。

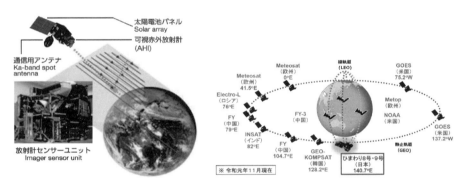

図 15.17　気象衛星「ひまわり」の観測のしくみと気象衛星観測網〔出典：いずれも気象庁，https://www.data.jma.go.jp/sat_info/himawari/role.html#wmo〕

基本事項の確認

① 日本付近には（　　）,（　　）,（　　）,（　　）の 4 つの気団が存在し，それらの勢力関係が日本の天気の基本的な性格を規定する。

② わが国の天気は，（　　）側の降雪と（　　）側の晴天を特徴とする（　　）の気圧配置の冬，春と秋の（　　）性の低気圧・高気圧による（　　）的天気，（　　）前線上を低気圧が通過して雨天が続く（　　）,（　　）高気圧が勢力を増す盛夏，9 月頃に接近数が最大となる（　　）などを特徴とする。

③ 冬の（　　）側の豪雪は，（　　）から吹き出す乾いた寒気が（　　）から大量の（　　）を吸収し，列島の中軸山脈で（　　）し雪雲となりもたらされる。

④（　　）末期や（　　）の豪雨により河川が氾濫する（　　）災害は，近年その発生頻度が増えており，（　　）の強化など治水行政の見直しも検討されている。

⑤ 毎年のように斜面や崖で発生する（　　）災害のなかでも，特に（　　）は豪雨を原因として発生して山間部の村落が被害を受けることが多い。

⑥ わが国の冬の降雪では，毎年のように豪雪による（　　）障害や（　　）などの積雪災害が発生する。

⑦ 高潮は（　　　）側の（　　　）方に開いた湾入部で起きやすく，気圧低下による（　　　）効果に加えて強風による（　　　）効果で被害が拡大する。

⑧ 地上気象は（　　　）や（　　　）での観測に加えて，全国約1300か所に設置された自動地域気象観測システム（　　　）で降水量などが連続測定されている。

⑨ 地上気象の観測に加えて，気象観測用の気球である（　　　），上空に向けて発射した電波から上空の風向・風速を測定する（　　　），レーダーエコーから広範囲の降雨の強さを測定する（　　　）観測なども気象観測に活躍している。

⑩ わが国の気象観測に欠かせない気象衛星「（　　　）」は，赤道上空約（　　　）kmの（　　　）軌道上から常時わが国周辺の気象を観測している。

演 習 問 題

(1) 約2万年前の最終氷期には，全球平均気温が現在よりも10℃前後低く，海水準は現在よりも100m前後低かった。その当時の日本海では暖流の対馬海流の流入が著しく制限されていたと仮定し，当時の日本列島の冬の気候を現在と比較せよ。

(2) 都心を流れる荒川の流域面積は約3000 km²である。この流域のすべてに累積降水量500 mmの降雨があった場合の降水総量〔m³〕を算出せよ。また，その水量のすべてが24時間をかけて荒川下流部を流下すると仮定して，その間の平均流量〔m³/s〕を算出せよ。さらに，それぞれの結果を東京ドームの体積(124万 m³)と比較せよ。

(3) 標高0mで気温20℃の空気塊が標高3000mの山脈を乗り越えて反対側に吹き降りる際，山越えでの高度1000mから高度2500mまでの間で雲が発生した場合，吹き降りた標高0mの場所での気温を算出せよ。ただし，湿潤断熱減率を5℃/km，乾燥断熱減率を10℃/kmとする。

(4) 甚大な高潮被害が発生した伊勢湾台風(1959 T15)は，上陸時の中心気圧が約930 hPaで，潮位の上昇量は3.45mだった。潮位の上昇量から吸い上げ効果の相当分を差し引いて吹き寄せ効果の相当分を算出し比較せよ。

(5) 日本の上空に静止軌道衛星を配置しない理由を説明せよ。

16 水の循環と大気との相互作用

　水は，地球史の最初期を除き，ほとんどの期間にわたり主として液体状態で存在してきた。液体の水は生命の発生と進化におけるゆりかごとして不可欠であったし，現在を生きるわれわれの生存にも不可欠な存在である。水はその大きな熱容量により地球の表面温度の変化を緩衝し，穏やかな気候の形成に寄与している。また，地球表面の70%を覆う海洋はいうまでもなく水であり，陸域にも氷河や地下水や表面水として存在する。水を考えるとき液体に目が向きがちだが，大気中には平均して0.5%程度の水が水蒸気として含まれ，気象や気候変動に大きな役割を果たしている。また，陸域に存在する水の過半は，氷雪として固体状態で存在している。地球史を振り返れば，最近の約300万年間の周期的な気候変動の期間中，大陸上の氷河の成長と衰退に起因する海水量の増減により，世界の海は上下に100 m以上の海面変動をくり返してきた。このことは，都市の多くが立地する臨海部の成り立ちを考える上で重要であり，人類が現在直面している気候温暖化に関係する問題にも深く関係してくる。このように水の理解なくしては，現在の地球の理解はもちろん，過去の探求も将来の予測も行うことができない。

16.1　地球上の水の分布と循環

16.1.1　地球上のさまざまな水

　地球上に存在する水の分布には，大きな偏りがある。地球上のすべての水のうち約97%が海水として存在し，残りの約3%が陸上に存在する淡水で**陸水**とよばれる。陸水の2/3つまり地球の水の約2%は，われわれにはなじみの薄い氷河であり，その大半は南極大陸上に存在する。その残りつまり地球の水の約1%の大半は地下水なので，われわれが見慣れた河川や湖沼などの表面水の存在割合はごく小さなものである（図16.1）。

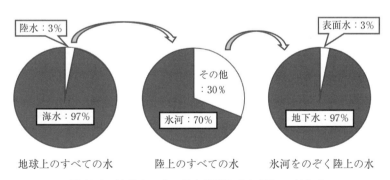

図16.1　地球上の水の分布場所とそれぞれの存在率

16.1.2　地球上の水の循環

　地球上のさまざまな場所に存在する水は，時々刻々その場所を移動している。その際，固体・液体・気体と相を変化させたり，地表面や大気中，地下など環境が変化したりする。場所や相を変えながらも，その総量が保たれつつ長期間にわたってほぼ一定の

様式で継続しているこうした運動を**水の循環**という。さまざまな手法による水の移動速度の測定結果から，それぞれの場所に水が存在する平均的な時間(滞留時間)を算出できる。地球上の水の最大の存在場所である海洋の滞留時間は約3000年である。最も滞留時間が長いのは氷河であり，約1万年である。大気中の水蒸気の滞留時間は最も短く10日前後である。氷河以外の陸水は中間的な滞留時間をもつ。ただし，湖沼や河川など地表面を移動する水の滞留時間に比べて，地下の堆積物の粒子間隙や岩盤中の割れ目などを移動する地下水の滞留時間は大きく，場所によるばらつきも大きい(図16.2)。

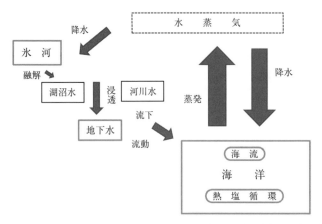

	存在比〔%〕	滞留時間〔年〕
海 洋	97.4	3000
氷 河	1.8	10000
地下水	0.8	1000
湖 沼	<0.01	>数年
河 川	<0.001	<0.1
水蒸気	0.001	<0.1

図 16.2　地球上の水の循環と滞留時間

16.2　海洋の構造

16.2.1　海水の化学組成

　海水中には塩化ナトリウムを主とするさまざまな塩類が含まれる。海水中の塩類の濃度を**塩分**といい，海水1kg中に含まれる塩類の質量〔g〕で表す(千分率〔‰〕)。全球の海水の平均塩分は34.25‰である。海水の塩分は，日射による蒸発濃縮や大河川からの真水の流入による希釈などで場所により少しずつ異なるが，その構成比率はほぼ一定である。海水を蒸発させた際に得られる塩類の組成は，塩化ナトリウムが最も多く，その割合は約78％となる(表16.1)。海水には塩分が含まれるために凝固点降下が生じ，凍結温度は約−1.8℃と純水よりも低い。海水は多量のイオンを含むために電気伝導性をもち，かつその大きさは温度と電解質物質の濃度により決まる。海水中に含まれる塩類の

表 16.1　海水の化学組成と得られる塩類の組成

海水*の化学組成〔‰〕		(*塩分34.3‰の標準的海水)		海水から得られる塩類〔%〕	
陽イオン	ナトリウムイオン	10.556	陰イオン	塩化物イオン	18.980	塩化ナトリウム	77.9
	マグネシウムイオン	1.272		硫酸イオン	2.649	塩化マグネシウム	9.6
	カルシウムイオン	0.400		炭酸水素イオン	0.140	硫酸マグネシウム	6.1
	カリウムイオン	0.380		臭素イオン	0.065	硫酸カルシウム	4.0
	ストロンチウムイオン	0.008				塩化カリウム	2.1
非解離成分				ホウ酸分子	0.026	その他	0.3

構成率はほぼ不変なので，定温の海水の電気伝導度の測定値により，海水の塩分濃度を高い精度で推定できる。海水に対して，河川水や湖沼水のように塩分をほとんど含まない水を**淡水**といい，淡水と海水が混合した中間的な塩分の水を**汽水**という。

16.2.2 海水面の温度と塩分の分布

海水の表面温度は太陽放射量の大きな低緯度で高く，赤道域では年間を通して30℃前後である。年間を通じてほぼ0℃の極域に至るまで，大局的には緯線と平行な分布を示す。南半球の海水は，南極大陸の巨大な氷床からの融解水の影響で，広大な範囲で温度が低い。低緯度から中緯度までは，太平洋も大西洋も西岸のほうが東岸よりも水温が高い傾向がある。赤道域では，大洋の東部に深層の海水が湧き上がることで低温の領域が広がる（16.5.3項で後述）。

地球上の海水表面の塩分は，30〜40‰の範囲にある。塩分は，大局的には太陽放射量の大きな低緯度域で高く高緯度域で低い。特に塩分が高い海域は，地中海や紅海のように大きな蒸発量に対して流入河川量の小さな閉鎖性の高い海域である。大洋で最も塩分が高いのは，赤道域をはさんだその南北の回帰線付近であり，36‰前後の塩分の海域が東西に広がる。赤道域では蒸発量が大きいが同時に降水量も大きいのに対して，南北の回帰線付近が亜熱帯高圧帯で降水量が少ないために塩分が高くなる。低い塩分の深層水が東部で湧昇する太平洋に比べ，大西洋の塩分が高い（図16.3）。アマゾン川，ミシシッピ川，揚子江，ガンジス川などに代表される大河の河口の沖合いは，流入する淡水で希釈されて塩分が低下する。北極海は全体に塩分が低く，30‰程度の海域が多い。

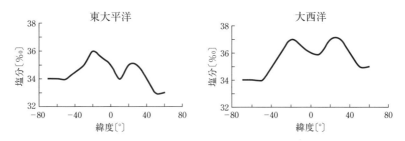

図16.3 大洋の南北方向の塩分の分布（横軸は＋が北緯，－が南緯）

16.2.3 海洋の成層構造

海水温の深度変化は，全球で共通した緯度ごとの特徴を示す。このような海水温の深度変化が示す成層構造を，海面付近から順に，**表層混合層**（または**表層**），**水温躍層**（または**躍層**），**深層**とよぶ（図16.4左）。

表層混合層では，風や波浪などで撹拌されるために温度が平均化されて鉛直方向の温度変化が小さい。表層混合層の厚さは最大で100m程度であり，荒れた天候が続く冬季のほうが厚くなる。深度1000mを超える深部では，深度や地域によらずほぼ一定の数℃となる。低〜中緯度域では，表層混合層と深層との間に温度変化の大きい水温躍層がある。水深3000mを超える深海の水温は，どこでもほぼ1.5℃で一定している。

海水の塩分濃度の鉛直方向の分布は，地域により異なる傾向を示す。表層の海水の塩

分は蒸発による濃縮の効果が大きく，ほぼ緯度に対応して高緯度ほど低くなる。深層水
の塩分はほぼ35‰で一定している。

　海水中の溶存酸素は，海面で大気から溶解した酸素を唯一の供給源とする。つまり，
生物の呼吸や有機物の分解などで消費される酸素を補給するのは，すべて浅層の海水で
ある。したがって，海水中の溶存酸素濃度は，浅層の海水からもたらされる補給量と生
物や有機物分解での消費量とのバランスにより決定される。仮に鉛直方向の海水の移動
がないならば，深層の海水中には溶存酸素は存在しない。実際には濃度の高低はあるも
の，深層水中にも溶存酸素は存在している（図16.4右）。このことは海水が鉛直方向
の運動を行っていることを示唆しており，実際にそうした運動が明らかにされている。

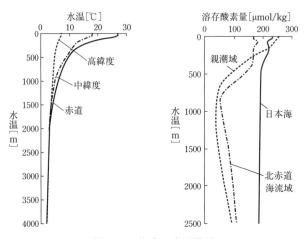

図16.4　海水の成層構造
左：緯度ごとの代表的な水温プロファイル，右：溶存酸素濃度の鉛直分布

16.3　海洋の運動

16.3.1　海洋の運動の概要

　海水は，さまざまな規模，速さ，様式で広範囲の運動を行い，低緯度域で受け取った
大きな太陽放射のエネルギーの高緯度域への輸送，深層の海水中への溶存酸素の供給，
海洋生物の繁殖に必要な栄養塩類の水平・鉛直面内での輸送などを行っている。こうし
た海洋の運動の特徴には，大気と共通する部分と海洋独自の部分がある。

　海水の大規模な運動は，表層の限定された領域における速い運動である**海流**と，ゆっ
くりではあるが表層から深層までのすべての深度領域での地球的規模の運動である**深層
循環**に大別される。海流は**水平循環**または**風成循環**，深層循環は**鉛直循環**または**熱塩循
環**ともいう。また，海水にはより局所的で短周期の運動である**潮流**，その場での運動で
ある**波浪**などもある。

16.3.2　海　流

　広大な海上に一定方向の風が長時間吹き続けると，海水には風によって**吹送流**が発生

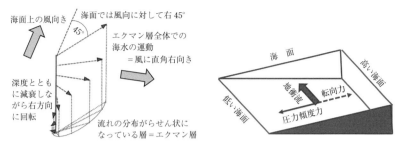

図 16.5 北半球でのエクマン吹送流(左)と地衡流(右)

する。海面付近の海水は風による力と転向力と摩擦力とのつり合いにより，北半球では，風向きの右 45° 方向に流れていく。この海水の運動はより深部にも伝わるので，深さとともに流れは遅くなりながら向きは右回りに変わっていく。こうして，海水は風により，全体としては直角右向きに動いていく(図 16.5 左)。この運動を**エクマン輸送**といい，それが行われている海面から深度数十 m までの領域を**エクマン層**という。南半球でのエクマン輸送は，直角左向きとなる。

　広い海域で同じ方向のエクマン輸送が継続すると，海水が連続して流入する海面が上昇する。海面の高い場所から低い場所に向けては，**圧力傾度力**がはたらく。海水は，はじめ圧力傾度力に応じて海面の低い方向に流れ出すが，次第に転向力の影響を受けてその向きを変える。圧力傾度力と転向力がつり合ったとき，海水は高い海面を右手に見る向きの運動(北半球)つまり**地衡流**となる(図 16.5 右)。この運動は，大気における気圧傾度力と転向力がバランスしたときの地衡風(図 13.3)と同じである。地球上の海流の多くは，地衡流とみなすことができる。こうした海流の流れの向きは，結果的に卓越風の風向きと一致する。

　エクマン輸送は，海水の鉛直方向の運動を引き起こすことがある。北半球における高気圧では，海面上の大気が右回りの回転運動をするため，海中では中心に向かうエクマン輸送が発生する。中心付近の海面では海水が収束するために下向きの流れ，つまり沈み込みの運動が起こる。低気圧では，海面上の大気が左回りの回転運動をするため，海

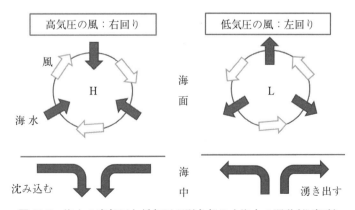

図 16.6 海上の高気圧と低気圧が引き起こす海水の運動(北半球)

中では中心から遠ざかるエクマン輸送が発生する。中心付近の海面では海水が発散するために上向きの流れ，つまり湧き出しの運動が起こる（図 16.6）。台風通過後の海面温度が低下する一因は，この運動により深部の低温の海水が湧昇するためである。南北両半球で風向きとエクマン輸送の向きの両方が反対なので，結果的に高気圧と低気圧が引き起こす海水の鉛直運動の向きは同じである。

　海流が風により駆動される地衡流ならば，その運動は大気の大循環と関連するはずである。有力な海流の連なりは**風成循環**とよばれ，貿易風や偏西風などの有力な大気の循環と連動している（図 16.7）。それが最も明瞭なのは亜熱帯であり，貿易風により駆動される低緯度の西向きの海流，偏西風に駆動される中緯度の東向きの海流，東西でそれらを連絡する南北の海流から，亜熱帯（中緯度）環流が構成される。

　海流のうち，低緯度域のみまたは低緯度域から高緯度域に向かう流れとその延長を**暖流**とよび，その逆を**寒流**とよぶ。環流には必ず高緯度に向かう暖流と低緯度に向かう寒流が含まれており，海洋における熱の輸送を担っていることがわかる。

　なお，海流の向きは，流れ去る方向で記すことが普通である。風の向きが，吹いてくる方向で記すのと逆であることに注意したい。

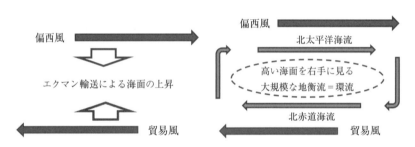

図 16.7　北太平洋中緯度域におけるエクマン輸送と大規模な環状の海流の形成

　優勢な環流としては，北赤道海流，黒潮，北太平洋海流，カリフォルニア海流からなる北太平洋の環流，北赤道海流，メキシコ湾流，カナリー海流を主流とする北大西洋の環流，ペルー海流，南赤道海流，東オーストラリア海流を主流とする南太平洋の環流などがある。それらはすべて亜熱帯環流である（図 16.8）。

　環流を構成する海流のうち，低緯度から高緯度に向かうもの，つまり大洋の西岸に沿う海流は，その流速や面積あたりの輸送量が大きな優勢な海流となる。この現象を**西岸強化**といい，高緯度ほど転向力が大きいことに起因している。世界でもっとも優勢な海流は，日本の太平洋沖の黒潮と北米大陸の大西洋沖のメキシコ湾流である。いずれも西岸強化を受けており，その最大速度は時速 10 km に達する。

　世界の主要な海流としては，北半球では，①黒潮，②親潮（千島海流），③北太平洋海流，④北赤道海流，⑨北大西洋海流，⑪カリフォルニア海流が，赤道付近では，⑤赤道反流が，南半球では，⑥南赤道海流，⑦南インド海流，⑧南大西洋海流，⑩南極海流などがある（ここであげた番号は図 16.8 に対応）。

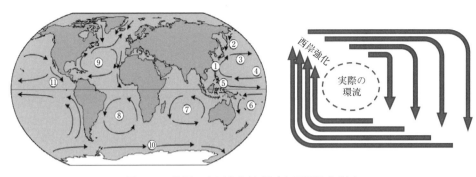

図 16.8　世界の主要な海流(左)と西岸強化(右)
〔左図の出典：気象庁，http://www.data.ima.go.jp/gmd/kaiyou/data/db/kaiyo/knowledge/kairyu/html〕

16.3.3　熱塩循環

　海流が，海洋表層の風により駆動される流動なのに対して，海洋の深度方向の全域に及び，かつ世界中の海水が一体となって形成する運動が**熱塩循環**である。熱塩循環は，その海洋全体で起こる一方，運動の速度はきわめて緩慢であり，1周に要する時間は約1500年と見積もられている。また，表層の風成循環である海流と含めて，**海洋大循環**または**コンベアベルト**とよぶこともある(図 16.9 左)。

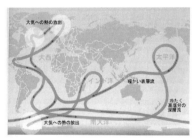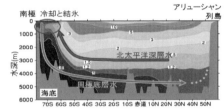

図 16.9　海洋大循環の概要(左)と東太平洋における断面(右)〔出典：いずれも気象庁，左：https://www.data.jma.go.jp/gmd/kaiyou/db/mar_env/knowledge/deep/deep.html，右：https://www.data.jma.go.jp/gmd/kaiyou/db/mar_env/knowledge/deep/np_deep.html〕

　低緯度から中緯度にかけての海水は，氷点に近い低温の深層水の上に，躍層を介して気温に近い温度の表層が存在する(図 16.9 右)。海水の塩分の深度による差は小さいので，密度の鉛直分布は温度とほぼ対応する。したがって，重たい深層水の上に軽い表層水がのっているので力学的にきわめて安定であり，深度方向全体におよぶ鉛直運動はありえない。ところが，高緯度域では気温が低下するので，表層水の水温も低くなり，深層水との温度差が小さくなる。したがって密度差も小さくなる。極域になると表層水温もほぼ氷点まで低下するとともに，海水が部分的に凍結して海氷を形成する。電解質溶液が部分的に凍結して固液の二相が共存するとき，塩分は選択的に液相に残る。つまり，海水から海氷が形成される際，できた海氷はほぼ真水であるのに対して，つくった海水はわずかだが塩分が増加する。こうした海氷形成による塩分の増加や風による吹き

寄せ効果などが重なり，大洋の極域には表層水が深層に向かって定常的に沈降する場所が形成される。南極側のウェデル海付近と北極側のグリーンランド近海が，熱塩循環における表層水の沈み込みの場所となっている。両極付近から深層に沈み込んだ，塩分が高く溶存酸素に富む海水は，ゆっくりと世界中の海底を移動しながら，さまざまな場所で湧き上がる。

16.3.4　潮汐と潮流

　地球の衛星である月は，地球の周囲を公転している。しかし厳密に見ると，地球も月も，両者の共通重心の周りを公転している。共通重心は地球内部に位置している。地球上でこの運動に関係する力は，月との間にはたらく万有引力と共通重心を中心とする円運動による遠心力の2つである。万有引力の大きさは月に近い側のほうが大きく，向きは月に近い側が鉛直上向きで，反対側が鉛直下向きである。一方，共通重心を周回する円運動は，地球上のどの地点でも同じ半径なのでその遠心力の大きさはどこでも等しく，向きは月に近い側が鉛直下向きで反対側が鉛直上向きである。この2つの力の合力は，月に近い側と反対側で鉛直上向きになり，潮汐を起こす力つまり**起潮力**となる。こうして，地球表面に存在する流動性の高い水は，月に近い側とその反対側では鉛直上方に引っ張られることで海面の高い**満潮**となり，その中間で海面の低い**干潮**となる。海面が満潮と干潮をくり返すことを**潮汐**という。

　潮汐は地球の自転によりほぼ1日に2周期起こる。また，地球と月と太陽が一直線上に位置するときには起潮力が最大となり**大潮**となる一方，月と太陽の方位が直角になるときには起潮力が最小となり**小潮**となる（図16.10）。

　潮汐により生じる海水の流れを**潮流**という。潮流は，海峡や内湾などの入り組んだ海岸線に囲まれた海域で強く発生する。わが国では，鳴門海峡や関門海峡での潮流が強く，最大で時速約20 kmに達する。

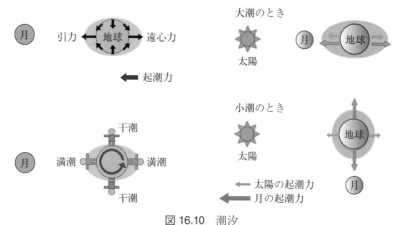

図 16.10　潮汐
左：起潮力，右：大潮と小潮

16.3.5　波

　海には，海岸で見慣れた波や，ときに深刻な災害をもたらす津波などさまざまな波長，波高，波形，様式をもつ波が見られる（表16.2）。ここで，**波長**とは，波の山（谷）から山（谷）までの距離である。**波高**とは，波の谷から山までの鉛直距離である。**周期**とは，ある地点を波の山（谷）が通過してから次の山（谷）が通過するまでの時間である（図16.11）。

　風浪やうねりのように，水深が波長と同程度以上のところで生じる波を**表面波**という。表面波では水は鉛直面内を円運動しており，その速度は周期に比例する。

　高潮や津波のように，水深が波長と同程度以下のところで生じる波を**長波**という。長波では水は鉛直面内を楕円運動しており，その速度は周期と無関係で水深の平方根に比例する（表16.2）。たとえば，遠地の海溝などで発生した大津波は，大洋の深海をジェット機並みの時速800 km程度で伝播したのち，海岸線に近づき深度50 m程度になると時速80 km程度にまで減速する。

表16.2　海洋の波の種類と特徴

	風　浪	うねり	高　潮	津　波
波　長	数〜数百 m		最大数十 km	最大数百 km
波　高	最大 10 m 超		最大数 m	最大数十 m
形　態	不規則，尖る	規則的，丸い	激しい場合は段波	海岸で段波
性　質	表面波		長　波	
原　因	風	遠地の風浪	猛烈な台風	地震，海底地すべりなど

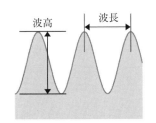

図 16.11　波の基本性質
左：波長と波高，右：風浪とうねり

16.4　陸　　水

16.4.1　氷　　河

　氷河は，地球上の水の約1%，陸水の約2/3を占める。降雪が夏期に完全に融解することなく積層していくと，荷重により下部が次第に圧縮される。そのため，間隙が減少して密度が増加し氷河が形成される。こうした形成過程のため，氷河の中には積雪とともに閉じ込められた空気の微小な泡が無数に含まれる。氷河は大陸氷河と山岳氷河に大別され，前者は氷床ともよばれる。

　大陸氷河は全陸地の約1割を被覆し，地球上の氷河の大部分を占める。大陸氷河の大

部分は，南極大陸のほぼ全域を平均 2 km の厚さで覆う南極氷河であり，残りがグリー
ンランドの氷河である。大陸氷河は大陸上に固定されているわけではなく，ゆっくりと
移動している。南極の場合，極域の低温下でほとんど融解することなく大陸上を移動し
終えた氷河は，周辺の海域にせり出して氷床から連続する棚氷となる。棚氷には時間と
ともに亀裂が入り，最終的には大陸氷河から分離されて巨大なテーブル状の氷山とな
る。グリーンランドの 8 割を覆う氷河は，融解が進んでいるらしい。

　山岳氷河は，山頂周辺を帽子のように覆う氷帽から流下する流出氷河と，谷沿いを流
下する谷氷河に区分される。アルプス，ヒマラヤ，ロッキー，アンデスなどの大山脈
や，アイスランドなどに大規模な山岳氷河が分布する。近年わが国の北アルプス立山に
小規模ながら谷氷河が発見され，極東地域の氷河の南限が更新された。世界各地の山岳
氷河では末端の後退や氷河湖の拡大など，融解の進行が見られる。氷河湖が急速に拡大
すると，決壊して下流に深刻な洪水被害をもたらすことがある。

16.4.2　地 下 水

　陸域の降水のうち，地表を流下して河川水になるものはその一部にすぎない。大半
は，地下に浸透して堆積粒子の間隙や岩盤の割れ目などを満たす**地下水**となる。つま
り，地下水は氷河を除いた残りの陸水の大部分を占めている。地下水も氷河と同様，地
下に固定されるのではなく，水頭（水圧を水柱の高さに換算した値）の勾配にしたがって
海岸方向に移動し，最終的には海域に排水されて水循環の一部を担う。その途中で地表
に湧出して表流水に加わるものもあれば，逆に表流水が地下に浸透して地下水に加わる
こともある。一般に地下の空隙には空気と水が含まれるが，そのすべてが水である場合
を「**水に飽和**」とよび，その領域を**飽和帯**とよぶ。地下水に飽和した領域の上面である
地下水面の位置は，その地域の降水量，地下の水の流れやすさ（透水性），地下水面の勾
配（動水勾配）などに規制される。地下水面が浅くなって地表に現れた場所が**湧水帯**であ
る。わが国のように世界平均の 2 倍もの降水量がある地域では地下水面の深度は数 m
程度であることが多いが，降水量が少ない地域の地下水面はずっと深い。世界有数の穀
倉地帯である北米大陸中央部は年間降水量 100 mm 程度の少雨地域のため，灌漑の大半
を地下 100 m 以上まで掘削した井戸から汲み上げた地下水に依存している（図 16.12）。

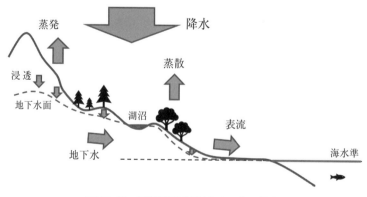

図 16.12　湿潤温暖な陸域での水の動き

　地下水は，その媒体である地下の堆積物や岩盤の性質の多様性を反映して，物理的にも化学的にも広い多様性を示す。地形勾配が大きく透水性の高い火山砕屑物や割れ目に富む溶岩から構成される火山では地下水の移動速度が速く，浸透から湧出までの滞留時間は数年程度のことが多い。地下水の供給量が少なく移動速度もきわめて遅い乾燥大陸の内陸の場合，滞留時間は 100 万年に及ぶこともある。滞留時間の短い地下水であっても，降水の蒸発散にともなう濃縮および土壌や地層からの水に可溶な成分の溶出を受けるために，降水の数倍以上の溶存成分濃度であることが多い。溶存成分濃度はおおむね滞留時間とともに増加する。大陸地域の地下水は，溶存成分濃度の高い硬水であることが多い。

16.4.3　表 面 水

　陸水のうち，氷河と地下水を除いた残りを**表面水**という。地球全体の水の 0.1％ に満たない表面水は，**湖沼水**と**表流水**に大別できる。湖沼水は表面水の過半を占める。世界最大の湖沼であるシベリアのバイカル湖は，面積も水深も大きいため世界の表面水の約 2 割を占める。表面水のうち湖沼水を除いた残りの河川水は，地球全体の水のわずか 1/10000 程度に過ぎない。

16.5　大気と海洋の相互作用

16.5.1　気温と降水量の分布

　気温や降水量や風などで特徴づけられる気象の一定の様式を**気候**という。地球上各所の年間平均気温の分布は，赤道から極に向かって徐々に低下する。それに対して地球上各所の年間降水量の分布は，海陸分布や卓越風の向きなどと関係するので地域間での差が大きい。そのため，気候の分布も単に緯度ごとの帯状の分布ではなく，気温と降水量の組合せやその季節変化などが異なる多種の気候が複雑に分布することになる。

表 16.3　世界の気候区分

大区分	地理的位置	大気大循環上の位置	中区分	気候の特徴
寒　帯	極近傍	極高圧帯	氷雪	通年凍結
	極の周囲		ツンドラ	凍結だが夏に表層のみ融解
亜寒帯	大陸の中緯度の極側	偏西風波動域	冷帯	冷涼で湿潤～少雨
温　帯	大陸東部の中緯度		温暖湿潤	温暖湿潤で夏暑い
	大陸西部の中緯度		西岸海洋性	緯度の割に温暖で湿潤
			地中海性	夏は亜熱帯低気圧，冬は温帯低気圧
乾燥帯	低緯度	亜熱帯高気圧	砂漠	通年無降雨
			ステップ	雨季あるも少雨
熱　帯	赤道付近	赤道低圧帯	サバンナ	乾季あり
			熱帯モンスーン	比較的多雨
			熱帯雨林	通年多雨

16.5.2 気候の分布

　前項で見たように，地球上の気温は緯度とよく対応した規則性の高い分布を示す。赤道付近の太陽放射がもっとも強い地域が熱帯である。熱帯で温められた大気が上昇し，ハドレー循環により降着する地域は，降水が極端に少ない乾燥帯となる。乾燥帯の高緯度側には，温暖な温帯と冷涼な亜寒帯が順に分布する。極域は寒帯となる。気温の高低に加えて，降水量の大小や年間の降水の季節変化が，地域による気候のちがいをもたらす。一定の共通した特徴をもつ気候を**気候区**とよぶ。地球上の気候は，十数種の気候区に区分できる（表16.3）。

　気候区の地理的な分布を見ると，緯度による太陽放射量のちがいを基本としつつ，大気や海洋の大循環と海陸分布や山脈に代表される大規模な地形の分布により大きく影響を受ける降水量のちがいが，それを規定していることがわかる。日本本土は，温帯湿潤気候または冷帯に属する。

16.5.3 エルニーニョとラニーニャ

　地球上の気候には，場所によるちがいだけではなく，経年的に変化する要素がある。そのうち地球の気候全体に影響を与える大きな経年変化と考えられているのが，エルニーニョ現象とラニーニャ現象である。**エルニーニョ現象**とは，太平洋赤道域の日付変更線付近から南米沿岸にかけて海面水温が平年より高くなり，その状態が1年程度続く現象である。その逆に，同じ海域で海面水温が平年より低い状態が続く現象を**ラニーニャ現象**という。この2つの現象は，それぞれ数年おきに発生し，日本を含め世界中の異常な天候の要因となると考えられている（図16.13）。こうした関係は**テレコネクション**とよばれる。

　平常時の太平洋の熱帯域では，貿易風による東風が常に吹いているため，海面付近の暖かい海水が太平洋の西側に吹き寄せられている。そのため，西部のインドネシア近海では表層に暖かい海水が蓄積する一方，東部の南米ペルー沖では，吹き流された表層の暖かい水を補うようにして，深層から冷たく栄養塩に富む海水が湧き上ってくる。こうして全体では，海面水温は太平洋赤道域の西部で高く，東部で低くなる。海面水温の高い太平洋西部では，海面からの蒸発が盛んで，大気中に大量の水蒸気が供給され，上空では積乱雲が盛んに発生する。また，太平洋東部では深海の栄養塩に富む海水の湧昇により大量のプランクトンが発生するため魚群が繁殖し，良い漁場となる。

　エルニーニョ現象が発生しているときには，貿易風が平常時よりも弱くなり，西部にたまっていた暖かい海水が東方へ広がるとともに，東部では冷たい水の湧昇が弱まる。そのため太平洋赤道域の中部から東部では，海面水温が平常時よりも高くなる。こうして，水蒸気がさかんに発生する海域が平常時より東へ移動する。

　ラニーニャ現象が発生している時には，貿易風が平常時よりも強くなり，西部に暖かい海水がより厚く蓄積する一方，東部では冷たい水の湧昇が平常時より強くなる。このため，太平洋赤道域の中部から東部では，海面水温が平常時よりも低くなる。こうして，赤道太平洋西端のインドネシア近海の海上では平常時よりも大量の水蒸気が発生する。

　エルニーニョ現象が発生すると，日本付近では暑くない夏と寒くない冬になり，ラニーニャ現象が発生すると暑い夏と寒い冬になる傾向が高まることが知られている。南西太平洋海域での水蒸気の発生量の変化は，太平洋全域にさまざまな影響を与えていると考えられている（図16.14）。

図 16.13　エルニーニョ現象とラニーニャ現象の概要
平常時（上）とエルニーニョ時（中）とラニーニャ時（下）の熱帯太平洋の状態〔出典：気象庁，https://www.data.jma.go.jp/gmd/cpd/data/elnino/learning/faq/whatiselnino2.html〕

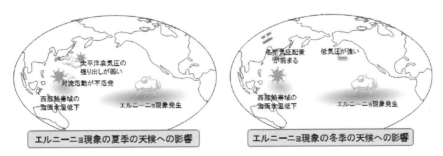

図 16.14　エルニーニョ現象が気候に与える影響〔出典：いずれも気象庁，https://www.data.jma.go.jp/gmd/cpd/data/elnino/learning/faq/whatiselnino3.html〕

基本事項の確認

① 地球上の水の約（　　）％は海水で，陸域に存在する（　　）は残りの約（　　）％に過ぎない。その陸水の 2/3 つまり地球上の水の約（　　）％が氷河である。氷河を除く陸水の大部分，つまり地球上の水の約（　　）％が地下水である。湖沼や河川などの（　　）は，地球上の水の 0.1 ％にも満たない。

② 地球上のさまざまな場所における水の滞留時間は，海洋が約（　　）年，氷河が約（　　）年，平均的な地下水が約（　　）年と見積もられている。

③ 海水には（　　）と（　　）を主体とするさまざまな塩類が溶存し，その平均濃度は約（　　）‰である。

④ 海洋の水温の鉛直分布は高緯度地域を除いて共通しており，海面から深部に向かって（　　），（　　），（　　）の 3 層に大別される。水深 3000 m 以深の水温は約（　　）℃で一定している。

⑤ 海上で一定方向の風が続くと，風向きに対して北半球では直角（　　）向きの流れが生じて（　　）輸送が行われる。この運動が続くと，最終的に卓越風と同じ向きの（　　）である海流となる。

⑥ 低緯度の（　　）向きの卓越風である（　　）風と，中緯度の（　　）向きの卓越風である（　　）風の間の領域では，西側に（　　）向き，東側に（　　）向きの海流が生じて両者を連絡し，全体として大規模な（　　）を形成する。

⑦ 海洋の波には風により起こる（　　），遠方の風浪により起こる（　　），猛烈な台風で生じる（　　），地震や海底地すべりなどで起こる（　　）がある。

⑧ 地球上の（　　）は，低緯度から高緯度に向かって徐々に低下するが，（　　）は地域差が大きい。（　　）は気温や降水量の特徴に基づいて区分される。

⑨ 高緯度域で（　　）形成や（　　）効果により表層の海水が沈み込み（　　）に供給され，ゆっくりと地球上の海水全体が循環する運動を（　　）とよび，海流とあわせて（　　）とよぶ。

⑩ 貿易風で暖かい海水が（　　）側に吹き寄せられる熱帯域の太平洋の東端では，通常は深部から（　　）する海水により水温が低い。貿易風が弱まると西部の高温域の勢力が弱まり，（　　）端の水温が平年よりも上昇する（　　）が生じる。

演 習 問 題

(1) 仮に地球上の氷河がすべて融解したとすると，海水準や世界の海陸分布がどのように変化するか考察せよ。

(2) 森林が気候や河川流出の安定化に寄与する機構を説明せよ。

(3) ロンドンが北海道よりも北の緯度に位置するにもかかわらず，年間平均気温が仙台と同程度である理由を説明せよ。

(4) 北太平洋の中央部に存在する太平洋ゴミベルトとよばれるゴミの集積域の成立過程を考察せよ。

(5) 仮に海洋の熱塩循環が停止したとすると，地球上の生態系はどのような影響を受けるか考察せよ。

天 文

　人類が天文学なる知的活動を始めた訳は想像に任せるほかはない。農耕文明の勃興とともに蒔種や収穫の日取りを決めるためという実用的な見地からか，あるいは日食や月食などの神秘的な天文現象を正確に予測することで支配者がその正当性を主張するといった少々生臭い理由からかもしれない。しかし，田舎の暗夜の地べたに寝転がって夜空を見上げれば，そういった理屈は抜きにして星々や星雲の美しさに嘆息するしかない。そのまま寝込まなければ，彗星の置き土産である，流星の何個かも見ることであろう。発してから何万年何百万年という時間を旅した後に，たったいま眼に届いた光を見ているのだと思うと，とりあえずわが人生の悩みは脇へ置いておこうかといった気分にもなる。地球の歴史が46億年で途方もないと思っていると，宇宙開闢はその3倍の138億年前だという。銀河の中心にあるという巨大なブラックホールからは光すら出ることはできず，想像を絶する時空の謎が人間の科学の理解が及ぶ日を待っている。天体の運動や宇宙の構造などについての知見を整理しておくと，夜空を見上げる楽しみが一層深まるであろう。

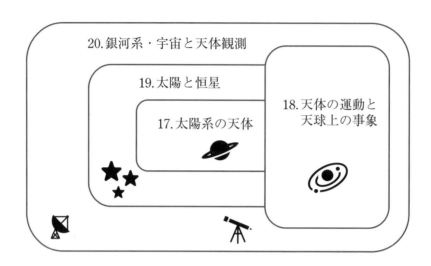

第3部の構成について

（図中）
20. 銀河系・宇宙と天体観測
19. 太陽と恒星
17. 太陽系の天体
18. 天体の運動と天球上の事象

　地球や火星などの惑星，惑星を周回する衛星，小惑星や彗星などわれわれに身近な「太陽系の天体」(17章)のまとめから，「第3部　天文」をスタートする。夜空をプラネタリウムの丸天井のように見立て，その上に座標を設けると「天体の運動と天球上の事象」(18章)を筋道立てて理解することができる。また，はるか遠方の天体までの距離を測定する方法の代表例として，地球が太陽を公転する際に生じる視差(年周視差)や，公転の速度によって生じる光行差(年周光行差)を確認する。

　太陽系の中心天体である太陽は，宇宙に無数に存在する恒星のひとつである。「太陽と恒星」(19章)では，太陽の性質や特徴をまとめるとともに，さまざまなタイプの恒星の特徴や進化の過程を比較する。

　恒星の色や大きさや活動寿命の多様性は驚くほど広い。地球の周回軌道上に打ち上げられたハッブル宇宙望遠鏡が送ってくる天体の画像は，地上の望遠鏡とは比較にならないほど微細かつ鮮やかで，まるで優れた美術作品のようである。のみならず，今まで知られていなかったはるか遠方の銀河の存在をわれわれに示してくれた。アルマ望遠鏡に代表される可視光よりはるかに長い波長を観測する電波望遠鏡は，太陽系外の恒星系における惑星の生成過程を捉えることに成功した。「銀河系・宇宙と天体観測」(20章)では，最新の観測技術で理解が進む宇宙像を紹介する。

17 太陽系の天体

　われわれの母なる天体である地球は太陽系の一員である。太陽系は全質量の99％以上を占める太陽がその中心に位置し，太陽を周回する惑星，衛星，小惑星，彗星など数多くの天体からなる。本章では，太陽系内で太陽にしたがう天体について，その大きさ，形態，構成材料，軌道の基本的な特徴などについて確認する。あわせて，太陽系や地球がどのようにして形成されたのか，太陽系内には地球のほかに生命を宿している天体はないのか，地球上の生命はどのようにして発生したのかなど，科学の最も基本的な問題についての理解の現状をみていく。近年の惑星探査の進捗により，以前の常識をくつがえすような驚くべき新知見が続々ともたらされている。わが国の宇宙研究の進展にも期待しつつ，それらの新知見にも注目しよう。

17.1　太陽系の概要

17.1.1　太陽系天体の概要

　太陽および太陽を周回する天体のすべてを**太陽系**とよぶ。太陽を周回する天体には，惑星，衛星，小惑星，彗星，塵，太陽系外縁天体などがあり（表17.1），それぞれ大きさ，形態，構成材料，軌道などに特徴がある。

表 17.1　太陽系の天体（太陽を除く）

天体の種類	惑星	衛星	小天体			塵
			小惑星	彗星	太陽系外縁天体	
個数	8	約200	数十万	3000以上	2000以上	無数

　惑星とは，①太陽のまわりを回り，②十分大きな質量をもつことによりほぼ球状の形（重力平衡形状）をなし，③その軌道近傍からほかの天体を排除した天体をいう。惑星のまわりを周回する天体は**衛星**である。惑星の公転軌道面は数度の範囲内で太陽の赤道面と一致しており，公転方向はすべて北から見て左（反時計）回りであり太陽の自転方向と一致する（図17.1）。惑星は，その大きさ，構成材料，内部構造などから，**地球型惑星**と**木星型惑星**に大別される。

　惑星に準ずる天体として2006年に新たに定義された**準惑星**は，惑星に類するが条件③が満たされていないものをいう。冥王星は，それ以前には惑星として扱われていたが，公転軌道が近接するより大きな天体であるエリスの発見を契機として，太陽系外縁天体の準惑星へと「格下げ」された。逆に，最初に発見された小惑星ケレスは準惑星に「格上げ」された。準惑星とは，太陽系外縁天体や小惑星も含まれる分類群である。

　塵は，彗星の軌跡や小惑星どうしの衝突などでもたらされた微小物質であり，その多くはマイクロメートルサイズの大きさである。

　太陽系天体のうち，惑星，衛星，塵のいずれにも属さないものを**小天体**という。小天

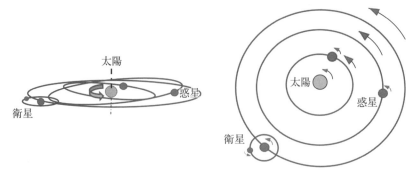

図 17.1　太陽系の惑星・衛星・小惑星の基本的な運動様式
左:公転軌道面がほぼ太陽の赤道面の延長上, 右:北から見下ろしたときに左回り

体は, 主として火星と木星の軌道間を周回する**小惑星**, 氷と塵の小さな集合体で大きな軌道半径と離心率をもつ**彗星**, 海王星の軌道よりも外側を周回する**太陽系外縁天体**からなる。

　太陽系は, 惑星の軌道の分布域よりもはるかに大きな広がりをもつ。太陽と地球との距離 1 億 5000 万 km を **1 天文単位**(astronomical unit, au)という。最も外側の惑星である海王星の軌道長半径は 30 天文単位である。その外側には多数の小天体が円盤状に分布した領域があると考えられ, **エッジワース・カイパーベルト**とよばれる。太陽系の最も外側ははるかに大きく, 10 万天文単位に達する。太陽からの距離が 1 万〜 10 万天文単位の球殻状の領域には微惑星が分布していると考えられ, **オールトの雲**とよばれる(図 17.2)。

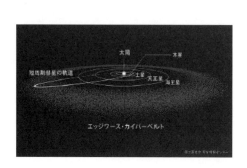

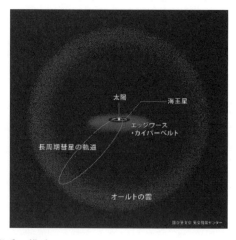

図 17.2　太陽系の構造
左:エッジワース・カイパーベルトと惑星・短周期彗星の軌道の例, 右:オールトの雲と長周期彗星の軌道の例〔出典:いずれも国立天文台, https://www.nao.ac.jp/astro/basic/comet.html〕

17.1.2 太陽系の形成過程

太陽系のもとになったのは，宇宙空間に漂う水素やヘリウムなどのガス成分（**星間ガス**）やより重い元素の固体微粒子（**星間塵**）などの分布にムラが生じて密度が高くなった領域（**星間雲**）である。星間雲は自身の重力により収縮しながら回転する円盤へと姿を変えた（**原始太陽系星雲**）。星間雲の中心に集中した星間ガスの温度と圧力が十分に高くなると，水素からヘリウムがつくられる核融合反応が開始され，原始太陽が輝き始める。原始太陽の周囲をまわる円盤では，直径が数〜数十 km の無数の**微惑星**が生まれる。太陽に近い高温の領域では，軽い原子は吹き飛ばされて重い原子からなる固体粒子が主体の微惑星がつくられる。一方，太陽から遠い低温の領域では，氷やガス成分が主体の微惑星がつくられる（図 17.3）。一定の軌道範囲ごとに微惑星が合体成長を続けて，太陽に近い側には重い元素からなる惑星（地球型惑星）が急速に成長し，遠い側には軽い元素からなる惑星（木星型惑星）がゆっくりと形成された（図 17.4）。46 億年前に起きた太陽系の形成では，こうした過程は約 1000 万年の間のできごとだったと考えられている。太陽の核融合反応で生成される原子はヘリウムだけである。太陽系を構成しているさまざまな重さの原子は，われわれの太陽よりも前の世代の恒星の内部や恒星の最期である超新星爆発などに際して形成されたものである。

　現在の太陽系の惑星，衛星，小惑星の運動には，2 つの大きな共通点がある。ひとつは，大部分の天体の公転軌道面が太陽の赤道面と近い。もうひとつは，大部分の天体の公転と自転の向きが太陽の自転の向きと同じく北から見て左回りである（図 17.1）。これ

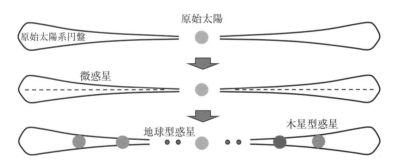

図 17.3　原始太陽系の形成過程の概要（円盤に垂直な太陽を通る模式断面）

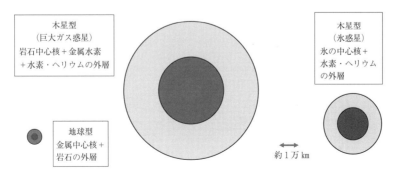

図 17.4　地球型惑星と木星型惑星の概要

らのことは，太陽系の惑星が原始太陽の周囲を回転していた円盤（原始太陽系星雲）から形成されたことの名残であると考えるとわかりやすい。その原則から例外となる天体は，捕獲や衝突など，通常とは異なる過程を経てきたことが示唆される。

17.1.3　太陽系における生命

　20世紀の半ば過ぎまで，地球は太陽系唯一の生命を有する天体であり，地球上の生命は地球上で発生・進化したとする考えが支配的であった。ところが，炭素に富む隕石や彗星表面に着陸した探査機からアミノ酸の検出が報告されるようになると，少なくともアミノ酸が地球外に存在することは疑いようがなくなった。

　太陽系内で生命存在の可能性がある領域（ハビタブルゾーン）は，地球外の探査活動が活発化する以前は，広く見ても火星を含むかどうかと考えられていた。ところが現在では，ハビタブルゾーンかどうかは太陽からの距離，つまり惑星の軌道の位置だけでは決まらないとする考え方が有力である。たとえば，木星の衛星エウロパは滑らかな表面が氷でできており，地下には液体の水が存在する可能性が高い。太陽からの放射エネルギーの到達量だけでは液体の水は存在できないはずだが，巨大な質量をもつ木星の潮汐力による変形運動で発する熱が，水の融点を超える温度をもたらしていると推定されている。また，土星の衛星エンケラドスでは水蒸気の噴出が確認され，その表面を覆う氷の下には内部海が存在していると考えられている。火星は，かつて豊かな水や大気をもっていた可能性が高く，地表面直下に現在も存在が期待される水の探査が進められている。地球上の生物進化では，液体の水は生命誕生に必須の条件とみなされる。しかし，土星の衛星タイタンのように液体のメタンやエタンが存在する低温環境では，それらが生命のゆりかごになっている可能性も指摘されている。わが国でも独自に開発した探査機による小惑星からの試料回収に成功している。太陽系における地球外生命発見の報告は，いつもたらされても不思議ではない。

17.1.4　太陽系天体に関する記述方法

　太陽系内の天体の特徴は，軌道・運動・大きさ・形状など，いくつかの要素で記述される（図17.5）。

　天体の軌道は真円ではなく，多くは楕円である。そのため，太陽との距離は一定の範囲で変化する。太陽に最も接近したときの距離を**近日点（近点）距離**，最も離れたときの距離を**遠日点（遠点）距離**といい，両者の平均を**軌道長半径**という。軌道長半径の地球比

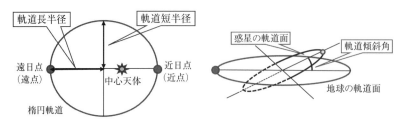

図17.5　楕円軌道の記述と軌道傾斜角

を**天文単位**という。円軌道との隔たりの程度を**軌道離心率**で表し，0に近いほど真円に近い。軌道離心率は，半長軸(a)と半短軸(b)を用いて，$\sqrt{a^2-b^2}/a$で表される。地球の衛星である月も楕円軌道を周回する。

　地球の公転軌道面と惑星の公転軌道面のなす角を**軌道傾斜角**という。惑星の公転軌道面と惑星の赤道面のなす角を**赤道傾斜角**という。

　球状の形をしている天体の大部分は**回転楕円体**であり，その真球からの隔たりの程度を**扁平率**で表す。扁平率は赤道半径(a')と極半径(b')を用いて$(a'-b')/a'$で表される。

　天体の質量は巨大なため，しばしば地球質量との比で表される。

17.2　太陽系の天体の特徴

17.2.1　惑星の概要

　太陽系では，太陽から順に，水星，金星，地球，火星，木星，土星，天王星，海王星が公転している（表17.2）。以前は冥王星も惑星のひとつであったが，2006年の国際天文学連合総会において惑星の基準を満たしていないと認定されて惑星から外された。

　惑星はその軌道の位置から，地球よりも内側の軌道を公転する**内惑星**（水星と金星）と，外側の軌道を公転する**外惑星**（火星以遠の惑星）に大別される。また，形成過程，内部構造，大きさなどから，地球型惑星と木星型惑星に区分される（表17.3）。

　太陽系以外の恒星にしたがう惑星を**系外惑星**という（「太陽系外惑星」という表記は太陽系内の外惑星と紛らわしいので推奨されない）。系外惑星は，1995年に最初に見つか

表17.2　太陽系の惑星の諸量

	水星	金星	地球	火星	木星	土星	天王星	海王星	(冥王星)
軌道長半径〔100万km〕	58	108	150	228	778	1429	2875	4504	5941
〔天文単位〕	0.39	0.72	1.00	1.52	5.20	9.55	19.22	30.11	39.48
軌道離心率	0.206	0.007	0.017	0.093	0.049	0.055	0.046	0.009	0.253
軌道傾斜角〔°〕	7.0	3.4	0.0	1.8	1.3	2.5	0.7	1.8	17.1
公転周期〔年〕	0.24	0.62	1.00	1.88	11.86	29.46	84.02	164.77	247.68
会合周期〔日〕	116	584		780	399	378	370	368	367
平均軌道速度〔km/s〕	47.4	35.0	29.8	24.1	13.1	9.7	6.8	5.4	4.7
最遠距離〔天文単位〕	1.48	1.74		2.68	6.47	11.08	21.10	31.33	50.32
最近距離〔天文単位〕	0.52	0.25		0.36	3.93	7.99	17.26	28.78	28.64
赤道半径〔km〕	2440	6052	6378	3396	71492	60268	25559	24764	1185
扁平率	0	0	0.003	0.006	0.065	0.098	0.023	0.017	0
質量（地球比）	0.055	0.815	1.000	0.107	317.830	95.160	14.570	17.150	0.002
平均密度〔g/cm³〕	5.43	5.24	5.51	3.93	1.33	0.69	1.27	1.64	1.83
赤道重力加速度〔m/s²〕	3.7	8.9	9.8	3.7	23.1	9.0	8.7	11.0	0.6
脱出速度〔km/s〕	4.3	10.4	11.2	5.0	59.5	35.5	21.3	23.5	1.2
自転周期〔日〕(逆回転)	58.65	*243.02*	1.00	1.03	0.41	0.44	*0.72*	0.67	*6.40*
赤道傾斜角	0.0	177.4	23.4	25.2	3.1	26.7	97.8	27.9	122.5
平均太陽放射（地球比）	6.67	1.91	1.00	0.43	0.04	0.01	0.003	0.001	0.001
平均表面温度〔℃〕	350~-170	464	15	-63	-121				
アルベド（太陽放射反射率）	0.06	0.78	0.30	0.16	0.73	0.77	0.82	0.65	0.6
磁場のあり／なし	あり	なし	あり	なし	あり	あり	あり	あり	
輪のあり／なし	なし	なし	なし	なし	あり	あり	あり	あり	
衛星数	0	0	1	2	>69	>65	>27	>14	5

表 17.3　地球型惑星と木星型惑星

	地球型惑星 (小型岩石惑星)	木星型惑星	
		巨大ガス惑星	氷惑星
大きさ(直径)	5000 ～ 1 万 km	10 ～ 15 万 km	5 万 km 前後
質量(地球比較)	0.05 ～ 1	100 ～ 300	15 前後
平均密度(比重)	5 前後	1 前後	1.5 ～ 2
扁平率	ごく小さい	数%以上	2%前後
内部構造	金属質の中心核と 岩石質の外層	岩石質の中心核と 水素・ヘリウムの外層	氷や固体メタンの中心核と 水素・ヘリウムの外層
公転軌道の位置	内側(太陽寄り)	外側	最も外側(太陽から遠い)
衛星数	0 ～ 2	数十	20 前後
輪のあり／なし	なし	あり	

って以降発見が続き，現在では 4000 以上が知られている。太陽系の惑星とは大きく異なる性質の惑星も発見されるなど，太陽系の形成論の見直しや拡張が期待されている。

17.2.2　地球型惑星

　地球型惑星は金属の中心核の周囲を岩石質の外層が取り囲む小型の惑星で，太陽に近い公転軌道をもつ水星，金星，地球，火星の 4 惑星で構成される。地球型惑星は木星型惑星と比べて，直径は 5000 ～ 1 万 km を少し上回る程度と小さく，平均密度が 5 g/cm^3 程度と大きい。輪をもたず，衛星も 0 ～ 2 と少ない。地球型惑星それぞれの特徴は以下のとおりである。

(a)　水　星

　太陽に最も近く，最も軽くて小さな惑星である(図 17.6)。質量が地球の 5%程度しかなく重力が小さいので大気を保持できない。軌道面傾斜は 7° と大きく軌道離心率も 0.2

図 17.6　水星
左：最大離角付近での地上望遠鏡で見た水星〔出典：国立天文台，https://www.nao.ac.jp/gallery/mercury.html〕，右：水星の観測好機である東方最大離角での高度〔出典：国立天文台，https://www.nao.ac.jp/astro/sky/2020/06-topics01.html〕

と惑星の中で最大である。その一方，軌道面と赤道面とのなす角（自転軸傾斜角）はほぼ0°であり，自転周期（58.65日）と公転周期（87.97日）がちょうど2：3の整数比を示す。その他の軌道要素を含め，太陽の重力の影響を強く受けていることを示す。地球から見るとその方向が常に太陽に近い（両者の方向がはさむ角度は最大で28°）ため，観測が難しい。太陽に近くかつ自転が遅いので，日中と夜間の気温差がきわめて大きい。表面は多数のクレーターに覆われており，長大な断崖地形も存在する。

(b) 金　星

　地球と水星の間に公転軌道をもつ金星は，最も地球に近い大きさと質量をもつ（図17.7）。二酸化炭素を主体とする90気圧の濃密な大気をもち，その強力な温室効果により地表面気温は500℃に近く，水星よりも高温である。大気中には3気圧の窒素も含まれる。天体衝突痕であるクレーターは少なく，濃い大気により地表面へ到達しにくいことや，活発な火山活動により古い地表面が残っていないことなどが原因と考えられる。火山や溶岩流などマグマの活動によってできた地形があるが，地球のようなプレートテクトニクスは認められない。自転速度よりもはるかに高速の大気の流動があり，**スーパーローテーション**とよばれる。自転方向が公転方向と逆で，その周期（243日）は地球の公転周期の2/3になる。自転軸は公転軌道面と直交する。内惑星のために最大離角（47°）をもち，日没後の西空の「**宵の明星**」と日の出前の東空の「**明けの明星**」として知られる。上空60 km前後に分布する厚い硫酸の雲のために，可視光線では地表面を観察できない。

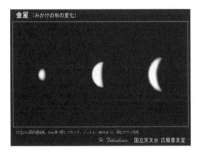

図 17.7　金星
左：金星の満ち欠け〔出典：国立天文台，https://www.nao.ac.jp/contents/astro/gallery/SolSys/Venus/venus_v.jpg〕，右：太陽観測衛星「ひので」が捉えた金星の太陽面通過〔出典：国立天文台，https://www.nao.ac.jp/news/topics/2012/20120606-venus-transit.html〕

(c) 火　星

　地球と木星の間に公転軌道をもつ火星は，公転軌道面の傾きや赤道面（地軸）の傾き，自転周期などが地球とほぼ等しい。しかし，直径が地球の半分ほどで質量が約1/10のため重力が地球の1/3程度でしかない。地球のすぐ外側を公転する火星の軌道離心率は0.1に近く，惑星としては水星についで大きい。そのため，780日の会合周期で起こ

る地球と火星との最接近は，その都度で距離が大きく異なり，みかけの大きさもちがってくる（図17.8右）。火星の近日点付近で最接近することを**大接近**とよび，観察の好機となる（たとえば2020年秋）。火星には二酸化炭素を主体とする大気があり，砂嵐や竜巻などの気象に類した現象が認められる。しかし，その大気圧は地球大気の1/100に満たず，温室効果も発生しない。かつては十分な大気が存在していたが，重力が小さいために何らかの事変で散逸したとする考えもある。太陽系最大の火山といわれる標高20 kmを超える**オリンポス山**があり火山活動は活発だが，プレートテクトニクスは行われていない。液体の水の流動によってつくられたと考えられる河谷や堆積地形が認められ，過去には海洋が存在していたと考えられている。平均表面温度はおよそ−60℃で，**極冠**とよばれる極域の白色の氷やドライアイスが分布する地域があり，季節によって膨縮する。地表面は赤茶けた地域が多く，その多くは酸化鉄の色である。フォボスとダイモスの2つの衛星をもつ。それらはジャガイモ様の不規則な外形で，差し渡しは数〜10 km程度とごく小さい。

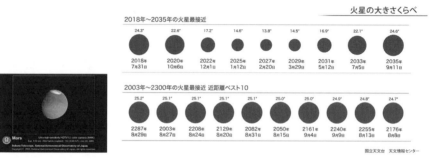

図17.8　火星

左：火星の氷冠〔出典：国立天文台，https://subarutelescope.org/jp/gallery/pressrelease/2003/07/19/729.html〕，右：火星の大接近時のみかけの大きさのちがい〔出典：国立天文台，https://www.nao.ac.jp/astro/feature/mars2018/next.html〕

17.2.3　木星型惑星

　木星型惑星は，太陽から遠い公転軌道をもつ木星，土星，天王星，海王星の4惑星である。地球型惑星と比べてはるかに大きな質量をもち，ガスや氷を主体として，輪や多くの衛星をもつ惑星である。地球型惑星が岩石からなる固体表面をもつのに対して，木星型惑星は固体表面をもたない。

　木星型惑星は，木星と土星を巨大ガス惑星，天王星と海王星を氷惑星として二分することが多い。**巨大ガス惑星**は，岩石質の中心核を金属水素が取り囲み，さらにその外側を水素・ヘリウムの外層が覆う。直径は10万〜15万kmときわめて大きいが，平均密度は1 g/cm³程度と小さい。**氷惑星**は，氷や固体メタンの中心核の周囲を水素・ヘリウムの外層が取り囲む構造をもつ。直径は5万km程度と大きいが，平均密度は2 g/cm³に満たない。木星型惑星のそれぞれの特徴は以下のとおりである。

（a）木　星

　太陽系最大の惑星として，惑星の軌道群の中ほどを周回している。木星は太陽系全体

の天体の角運動量の 6 ～ 7 割をもつ。太陽を除く質量の約 7 割が集中する巨大な惑星だが，水素やヘリウムなどの軽い元素が多いためにその平均密度は約 $1.3\,\mathrm{g/cm^3}$ と小さい。ガスを主体とした巨大な惑星である一方，自転速度が速い（周期 10 時間）ために扁平率が 6.5% と大きい。惑星最大の木星の質量は，ほかの天体にさまざまな影響を及ぼしている。たとえば，火星と木星との間を公転する多数の小惑星は，木星の重力の影響でひとつの惑星に集合できなかったと考えられている。また，地球の公転軌道面の傾きが周期的にゆらぐのも木星の重力の影響である。木星の質量が 10 倍ほど大きければ，内部で核融合反応が始まり最小の恒星になっていた可能性がある。木星の表面には，赤道に平行な多数の縞模様が見られる。それらは緯度ごとに逆向きに流れる大気の運動を反映している。縞模様にはさまれた差し渡し 2 万 km におよぶ楕円形をした巨大な赤色の領域があり，**大赤斑**とよばれる（図 17.9 左）。

　土星につぐ約 80 の衛星をもち，軌道傾斜角や離心率，木星の自転方向と衛星の周回方向が一致する（順行）か反対（逆行）かなどに基づいて複数に区分される。**ガリレオ衛星**とよばれる 4 つの衛星（イオ，エウロパ，ガニメデ，カリスト）は特に大きく，直径は3000 ～ 5000 km に及ぶ（図 17.9 右）。ガリレオ衛星が木星を周回する周期は 2 ～ 17 日だが，最遠のカリストを除いて周期は整数比を示し，軌道共鳴状態にある。太陽系最大の衛星であるガニメデの直径は 5260 km あり，水星よりも大きい。イオでは，木星の潮汐力による歪みのエネルギーで発生する熱をエネルギー源とした活発な火山活動がみられる。氷で覆われているエウロパの表面下には液体の水の存在が推定され，ハビタブル（生命存在可能）な環境と考えられている。

図 17.9　木星
左：木星の縞模様と大赤斑，右：木星とガリレオ衛星〔出典：いずれも国立天
文台，https://www.nao.ac.jp/gallery/jupiter.html〕

(b) 土　星

　太陽系で木星につぐ質量と大きさをもつ。また，太陽系の角運動量の約 1/4 をもつ。水素やヘリウムなどの軽い元素が多い点は木星と同じだが水素の比率が大きい。そのため，平均密度が $1\,\mathrm{g/cm^3}$ に達しない「水に浮かぶ」惑星である。木星と同様に自転速度が速く（周期 10 時間 40 分），扁平率が約 10% に達するため，小型望遠鏡でもつぶれた感じがわかる（図 17.10 左）。木星ほど明瞭ではないが赤道に平行な複数の縞模様をもつ。土星の顕著な特徴である環は，大小さまざまな氷のかけらでできている。環の中央

やや外寄りには黒く見える隙間（**カッシーニの空隙**）がある。自転軸が公転軌道面に垂直ではないので，地球から見える環の傾きは周期的に変化する。環は大きさに対して厚さが小さく，最大でも 1 km 程度である。そのため，地球が環を真横から見る位置関係になる 15 年に 1 回，環は見えなくなる（**輪の消失**：図 17.10 右）。

　土星は太陽系の惑星で最大となる 80 以上の衛星をもつ。軌道共鳴関係や環との関係，順行か逆行かなどに基づき，複数のグループに分類される。第 6 衛星タイタンの直径は 5150 km で，太陽系の衛星で 2 番目に大きい。大部分が窒素で少量のメタンを含む大気は地表面で 1.5 気圧あり，太陽系の衛星で唯一，大気圏が発達する。小型望遠鏡でも観察でき，公転周期は約 16 日である。第 2 衛星のエンケラドスは直径約 500 km で氷に覆われ，内部には液体の水をもつと考えられる。

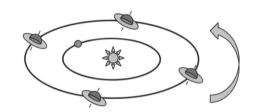

輪を真横から見る位置になると見えなくなる

公転周期約 30 年
約 15 年周期で輪が真横

図 17.10　土星
左：すばる望遠鏡で捉えた土星〔出典：国立天文台，https://subarutelescope.
org/jp/gallery/pressrelease/2017/02/23/166.html〕，右：地球から見た環の変化

(c) 天 王 星

　質量は木星や土星ほどではないが，地球の約 15 倍の巨大な惑星である。公転周期は 84 年で自転周期は約 17 時間である。固体のアンモニア，メタンと氷を主体とし，岩石

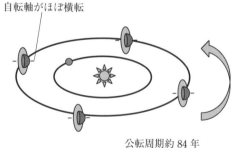

自転軸がほぼ横転

公転周期約 84 年
約 42 年間ずつの昼と夜

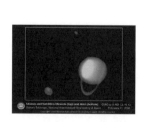

図 17.11　天王星
左：すばる望遠鏡で捉えられた天王星の環〔出典：国立天文台，https://
subarutelescope.org/jp/gallery/pressrelease/2002/02/21/724.html〕，右：転倒
した自転軸

質の中心核をもつ。水素とヘリウムを主とする大気はメタンも含むため，青みがかって見える。自転軸がほとんど公転軌道面に倒れているため，両半球の昼と夜は公転周期の半分の 42 年ごとに入れ替わる（図 17.11 右）。にもかかわらず，昼と夜の領域の温度にあまり差が認められないため，活発な大気の対流が起きていると推定される。10 本以上の環と，30 個近い衛星をもつ。直径が 500 km 足らずの衛星ミランダは，太陽系の衛星の中で最大級の起伏に富む地形をもつ。

(d) 海 王 星

太陽から最も遠い惑星である。外側を公転する準惑星である冥王星とは，軌道の一部が交差する（図 17.12 右）。質量や構造，大気組成は天王星と類似する。質量は，地球の約 17 倍の巨大な惑星である。公転周期は 165 年で自転周期は約 16 時間である。固体のアンモニア，メタンと氷を主体とし，岩石質の中心核をもつ。水素とヘリウムを主とする大気は天王星よりも多くのメタンを含むため，より青みが強い。数本の環と，10 個以上の衛星をもつ。最大の衛星トリトンは約 2700 km の直径をもち，逆行軌道をもつことなどから，太陽系外縁天体が重力圏に捕まえられた可能性が高い。

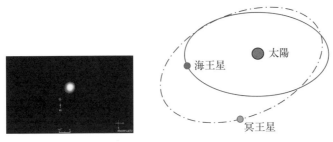

図 17.12 海王星

左：海王星と衛星〔出典：国立天文台，https://www.nao.ac.jp/gallery/neptune.html〕，右：海王星と冥王星の軌道

17.2.4 小 惑 星

小惑星は，その軌道の特徴から，小惑星帯（メインベルト）の小惑星，トロヤ群小惑星，および地球接近小惑星に大別される（表 17.4）。

小惑星帯は木星と火星の軌道間の火星寄りに存在し，大部分の小惑星が含まれる。太陽から 1.5 ～ 3.5 天文単位付近にほとんどが集中する。太陽系形成時に，木星の強い重力の影響で惑星に成長できなかった，または激しく衝突して破壊された天体と考えられ

表 17.4 主な小惑星の諸量

グループ	メインベルト			トロヤ群		地球接近型		
小惑星	ケレス	パラス	ジュノー	アキレス	ヘクター	エロス	イカロス	イトカワ
直径〔km〕	952	520	240	135	225	38×15×40	1.4	0.5×0.3×0.2
平均密度（比重）	2.3	2.6	——	——	——	2.7	——	1.9
軌道長半径〔au〕	2.77	2.77	2.67	5.20	5.25	1.46	1.08	1.32
離心率	0.078	0.231	0.225	0.148	0.024	0.223	0.827	0.280
軌道傾斜角〔°〕	10.6	34.8	13.0	10.3	18.2	10.8	22.8	1.6

ている。最大の小惑星ケレスの直径は 1000 km に近く，準惑星に分類されている。

　トロヤ群は，木星軌道上で木星と前後 60°の角度差に存在する力学的平衡点(ラグランジュ点)の近傍で公転する(図 17.13)。トロヤ群は，火星と天王星にも存在する。

　軌道長半径が 1.3 天文単位以下の小惑星を**地球接近小惑星**とよぶ。もともと小惑星帯にあった小惑星の軌道の離心率が増加して移行してきたと考えられる。地球接近小惑星は 2 万個以上知られており，地球軌道の内外，軌道交差の有無により 4 つに細分される。わが国の探査機「はやぶさ」と「はやぶさ 2」が試料回収に成功した小惑星イトカワとリュウグウはいずれも地球接近小惑星の中のアポロ群に属し，その軌道は地球軌道と交差する。

　地球接近小惑星だけでなく彗星その他の小天体も含めて，近日点距離が 1.3 天文単位以下の天体を**地球接近天体**とよぶ。こうした天体が地球に衝突すると甚大な被害の発生も懸念されるため，国際的に協力して観測する体制(スペースガード)が敷かれている。

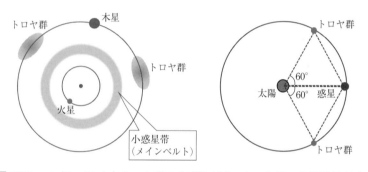

図 17.13　メインベルトとトロヤ群の小惑星(左)，トロヤ群の位置関係(右)

17.2.5　月と衛星

　月は，地球から平均半径 38 万 km の軌道を公転する地球の唯一の衛星である。遠地点と近地点では約 4 万 km の差がある。月の直径は約 3500 km で，太陽系の衛星の中で 5 番目に大きい。平均密度は 3.34 g/cm^3 で，金属質の中心核の周囲を岩石質のマントルが取り囲み表層を地殻が覆う。重力は地球の約 1/6 と小さく，磁場はほとんどない。平均密度が地球よりも小さいので，金属核の構成率は地球よりも小さいらしい。大気や水はほとんど存在しないので風化や侵食作用が行われず，表面は隕石の衝突時に形成された大小さまざまな角礫(レゴリス)に覆われている。地球に対して，直径は約 1/4，質量は 1/80 であり，太陽系における衛星／惑星比として最大になる。

　みかけの大きさが太陽とほぼ等しい 0.5°なので，日食や月食を起こす(18.4.4 項参照)。軌道面は地球の公転軌道面と近く，約 27 日周期で満ち欠けをくり返すとともに潮汐作用を引き起こす。月は地球との潮汐力のために常に同じ面を地球に向けており，自転周期と公転周期が等しい潮汐ロックの状態にある。そのため，月の裏側の地形は月を周回する宇宙船によりはじめて明らかにされた。

　月の表面の明るく見える高地には，誕生後しばらく活発だった天体衝突(隕石爆撃)で形成される**クレーター**が多数分布する。明るく見えるのは，白色の斜長石が多量に含ま

図 17.14　月

左：高地(明色部分)と海(暗色部分)，右：クレーター〔出典：いずれも国立天
文台，https://www.nao.ac.jp/gallery/moon.html〕

れるためである。暗く見える広がりは「**海**」とよばれ，初期の天体衝突の活発期が終わ
った後に，玄武岩質のマグマが大量に噴出した地域である(図 17.14)。月の裏側には，
海はほとんど存在しない。海が暗く見えるのは，暗色の輝石と鉄鉱物が多量に含まれる
ためである。

　月の成因として，原始地球の形成末期に火星程度の大きさの天体が衝突し，その際に
原始地球から分離した物質と衝突天体とが合体してできたとするジャイアントインパク
ト仮説が有力である。形成直後の月は現在よりはるかに近距離を短い周期で公転してい
たと考えられる。月面に設置された反射板を用いたレーザー距離測定により，現在の月
は年間約 3 cm の速度で地球から離れていることがわかっている。

　地球以外の惑星の主な衛星については，それぞれの母惑星の項目(17.2.2 項と 17.2.3
項)で述べた。月とともにそれらの諸量を示す(表 17.5)。

表 17.5　主な衛星の諸量

母惑星	地球	木星				土星	海王星
衛星	月	イオ	エウロパ	ガニメデ	カリスト	タイタン	トリトン
半径〔km〕	1737	1821	1565	2634	2403	2575	1353
光度〔等〕	− 12.6	5	6	5	6	8	14
軌道長半径〔万 km〕	38.4	42.3	67.2	107.2	188.5	122.7	35.0
周期〔日〕	27.32	1.77	3.55	7.15	16.69	15.95	5.88
離心率	0.05	0.00	0.00	0.00	0.01	0.03	0.00

17.2.6　彗星・塵

　彗星は長い尾をもつことがあり，ほうき星ともよばれる。しかし，その本体は尾に比
べるとごく小さな数〜数十 km の大きさの**核**である。太陽に近づくと，核から揮発する
ガスが輝く**コマ**と，コマから伸びる**尾**が形成される(図 17.15)。核は，水，二酸化炭
素，アンモニア，メタンなどの揮発成分の固体と岩石からできており，「汚れた雪玉」
ともよばれる。尾は，軌道上にまき散らされた塵であるダストの尾と，太陽風により電
離した揮発成分が吹き飛ばされるイオンの尾がある。ダストの尾は軌道上に弓なりの航
跡を描くが，イオンの尾は太陽と反対方向にまっすぐに伸びる。そのため，太陽に接近
して尾が成長するとともに，両者のちがいが顕著になる。

　彗星は，太陽に近づくと突然出現して巨大化する点で人々から注目される天体であ

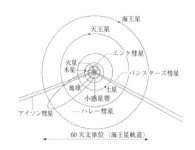
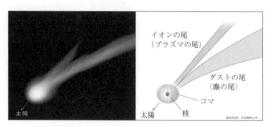

図 17.15 彗星

左：彗星の軌道，右：ダストの尾とイオンの尾〔出典：いずれも国立天文台，
https://www.nao.ac.jp/astro/basic/comet.html〕

る。離心率や軌道傾斜角が大きいものや公転軌道が逆行するものなどもあり，軌道や運動もユニークである。**周期彗星**と**非周期彗星**に大別され，周期彗星は公転周期 200 年を基準に，それ以下の**短周期彗星**とそれ以上の**長周期彗星**に区分される。非周期彗星の軌道離心率は 1 を超え，放物線や双曲線軌道を描く。短周期彗星は，太陽系外縁天体の分布域であるエッジワース・カイパーベルトに起源をもつと考えられている。長周期彗星や非周期彗星の軌道傾斜角は多様であり，太陽系のもっとも外側を球状に取り囲むオールトの雲に起源をもつと考えられる。地球が彗星の軌跡を横切る際に，大気圏に微小なダストが突入すると流星になる。大量のダストがばらまかれた軌跡と交差する際には多くの流星が見られ，**流星群**となる。

17.2.7　太陽系外縁天体

　海王星よりも外側の天体を太陽系外縁天体という。冥王星は準惑星であり，太陽系外縁天体でもある。エッジワース・カイパーベルトやオールトの雲を構成する天体も太陽系外縁天体である。そのうち，特に大型の冥王星，エリス，マケマケ，ハウメアの 4 つを**冥王星型天体**とよぶ。太陽系外縁天体は，太陽系の天体である。太陽の重力に束縛されずに，いずこかへ飛び去って行くオウムアムアのような太陽系外天体(恒星間天体)と間違わないように注意したい。

17.2.8　隕　　石

　氷と岩石からできている彗星の軌道上などには多数の塵が存在する。それらが地球に落下すると，大気圏上層部で大気を激しく圧縮して高温となり発光し流星となる。隕石は，すべてがガス化することなく地表面に落下した地球外天体である。航跡の観測から，大部分の隕石は小惑星帯より飛来したことがわかるが，まれに火星や月に起源をもつ隕石(火星隕石，月隕石)もある。大部分の隕石は，太陽系で惑星がつくられつつあった時期の固体物質が変化することなく長年経過し，ついに地球の重力に捉えられて落下したものである。そのため，惑星形成時の太陽系物質，惑星の形成過程，惑星内部の物質などを知るための重要な手がかりを提供する。

　隕石は，その化学組成に基づき，石質隕石，隕鉄，石鉄隕石に大別される。**石質隕石**は大きさが 1 mm 前後の球状体(コンドリュール)を含むコンドライトと，含まないエコ

ンドライトに区分される。コンドライトはケイ酸塩鉱物を主体とし一定量の鉄やニッケルを含むため，内部で分化が始まる前の天体を起源とすると考えられる。その年代値が集中する45億6000万年前が，太陽系の誕生した年代であると考えられている。エコンドライトはケイ酸塩鉱物のみからなるため，内部で分化が始まった天体のケイ酸塩鉱物部分を起源とすると考えられている。**隕鉄**はほぼ鉄ニッケル合金からなり，分化が始まった天体の金属核部分を起源とすると考えられている。**石鉄隕石**は，石質隕石と隕鉄の中間的な性質をもつ。

　直径が10m級の隕石が突入すると，日中でも目立つ巨大な火球になる，大気中で爆発して広範囲に衝撃波をもたらすなどの現象を引き起こす。さらに大きな隕石が地表に衝突すると，隕石の大きさに応じた衝突クレーターを形成する。恐竜が全盛を誇った中生代は，直径約10kmの天体衝突により破局的に終わったと考えられている。

基本事項の確認

① 太陽系は太陽とそれを周回する（　　）個の惑星，惑星を周回する約（　　）個の（　　），多数の（　　）や（　　）などの小天体から構成される。

② 惑星の軌道に注目すると，水星と金星を（　　），火星以遠の惑星を（　　）とよぶ。惑星の大きさと構成物質に注目すると，小型で（　　）が大きく（　　）を主体とする（　　）と大型で（　　）が小さく（　　）や（　　）を主体とする（　　）に大別される。

③ 主要な衛星としては，地球の（　　），木星の（　　）衛星とよばれる（　　），（　　），（　　），（　　）の四大衛星，土星の（　　）などがある。

④ 月と主星である（　　）を比べると，直径は約1/（　　），質量は約1/（　　）であり，その比率はほかの（　　）の衛星よりも非常に大きい。

⑤ 小惑星のうち，（　　）は火星のすぐ外側を公転する主力の群，（　　）は木星の軌道上の特異点に位置する群，（　　）は軌道長半径が（　　）天文単位以下の群である。

⑥ 冥王星は，以前は（　　）のひとつだったが，その軌道近傍の唯一の主要天体とはいえないため，現在では（　　）とよばれる。

⑦ 彗星の本体は（　　）の固体と岩石からなる核だが，太陽に近づくと輝いて（　　）になるとともに（　　）と（　　）の2種類の尾が形成される。

⑧ 太陽系における最も外側を周回する惑星である（　　）の軌道長半径は約（　　）天文単位だが，その外側には円盤状の（　　）が，さらにはるか（　　）天文単位までを（　　）が球殻状にとりまいている。

⑨ 流星は，（　　）が軌道上にまき散らしていった塵などを主とするが，一定の大きさがあると燃え尽きずに地上に到達して（　　）となる。

⑩ 隕石は（　　），（　　），（　　）に大別されるが，その大部分の形成年代は約（　　）億年前で一致する。化学組成や内部組織のちがいは，太陽系の（　　）の天体のさまざまな形成過程に対応する。

演習問題

(1) 直径約1.4cmのガラス玉を直径約140万kmの太陽に見立てたときの，①地球まで，②木星まで，③海王星まで，④オールトの雲までの距離を算出せよ。

(2) 太陽系の地球以外の天体における生命存在の可能性についての考え方が，近年どのように変化してきたかについて説明せよ。

(3) 「スペースガード」とはいかなる活動か説明せよ。

(4) オウムアムアの特異性について説明せよ。

(5) 隕石の科学的な意義について説明せよ。

18 天体の運動と天球上の事象

　日の出・日の入りの時刻，月や金星の満ち欠け，季節ごとに変わる夜空の星座，星座の中を動いていく惑星，日食や月食などの天文現象だけでなく，春夏秋冬の四季，潮汐，暦・時刻など，われわれの日々の生活の基盤は天体の運動に基づいて生起したり定義づけられたりしている。天体は，自転や公転，それらの組合せやゆらぎなどからなる運動をしている。天体の運動を観察するわれわれ自身も，運動する天体である地球上にいる。したがって，地上から天体を観察する際には，地球の運動の特徴や地球上での自身の位置や姿勢などを理解した上で，天体の挙動を考える必要がある。天体現象には一見複雑に見えるものもあるが，天体とわれわれとの関係を筋道立てて考えることで，理解が容易になる。2次元の紙面上に表現された3次元の空間を思い描く作業にも慣れていきたい。

18.1　天球と時刻

18.1.1　天球の概要

　空を見上げる観測者を中心として，その頭上の丸天井に天体が貼りついているように見える仮想的な球面のことを**天球**という。このような天球は，観測者にとっては水平に置かれた半球だが，地球の外から見れば，緯度に応じて異なる傾きをもつ。また，図として描かれた天球の半径は有限だが，実際の天球は無限の大きさをもつことに注意したい。天球は仮想的なものなので，視点を宇宙空間にもっていくなど，いろいろな描き方ができる（図18.1）。

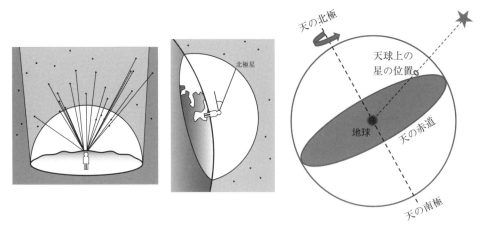

図 18.1　天球
左：地面を水平に描いた一般的な天球，中：観測者のいる緯度を表現した天球，右：宇宙空間からの視点で地球の自転要素を含めて描いた天球

　天球上の2点間の距離は観測者を中心とした角度で表す。地軸の延長線と天球との交点を**天の北極**および**天の南極**という。地球の赤道面の延長面と天球との交線を**天の赤道**という。地上の観測者から見た天球では、最も高い点を**天頂**という。天頂と天の北極を通る大円を**天の子午線**、天の子午線と観測点を通る面を**子午面**という。天球上の太陽の通り道を**黄道**、月の通り道を**白道**という。天体が天の北極よりも南側の天の子午線を通過することを**南中**という。

18.1.2　地平座標と赤道座標

　天体の位置を表す座標を**天体座標**という。天体座標には、観測者から見た地平座標と、天球上に張りつけられた天球座標がある。天球座標の代表例が赤道座標である。

　地平座標は、観測者を中心とした座標系で、天体の位置は高度と方位角で表す（図18.2）。高度の代わりに天頂からの角距離である天頂角を用いることもある。任意の観測地点での任意の時刻における天体の位置を記述するのに、簡便でわかりやすい。対象とする天体が、観測時刻における頭上の空のどの位置に見えるかを示す。

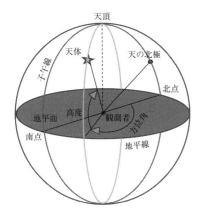

座　標	基　準	方　向
方位角	北　点 （南点のことも）	天頂から見て 時計回り
高　度	地平線	仰　角
天頂距離	天　頂	天頂から天体 までの角度

図 18.2　地平座標

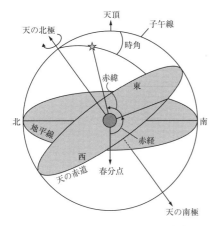

座　標	基　準	方　向
時　角	天の赤道と 天の子午線の交点	天頂から見て 時計（西）回り
赤　経	春分点	東回り
赤　緯	天の赤道	北へは +90° 南へは −90°

図 18.3　赤道座標と黄道

　天球座標は観測地点や時刻と無関係に記述できる。普遍性が高く，天体の住所ともいえる。天球座標のうち**赤道座標**は，**春分点**と**天の赤道**を基準として，**赤経**と**赤緯**を用いて表す（図18.3）。春分点は，太陽が天の赤道の南から北へ移る点である。赤経の代わりに**時角**を用いることもある。時角とは，天の子午線を基準に，天の赤道に沿って東から西向きに天体まで測った角距離である。

18.1.3　恒 星 時

　春分点の時角を**恒星時**という（図18.4）。子午線に対する春分点の方向，あるいは春分点を基準とした地球の自転角の大きさともいえる。本初子午線（英国グリニッジ天文台を通る子午線）を基準とする場合を**グリニッジ恒星時**，任意の子午線の場合を**地方恒星時**という。恒星時は15°を1時間として時，分，秒で表す。

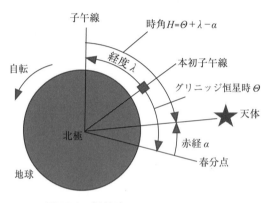

図 18.4　恒星時

18.1.4　恒星日と太陽日

　恒星日とは，春分点が南中してから次に南中するまでの時間である。地球が恒星（宇宙）に対して1回転する周期ともいえる。地球は1回自転する間に，公転によって360°／約365日＝約1°軌道上を回転移動している。公転と自転の向きは同じである。したがって太陽に対する1回転，つまり太陽が南中してから次に南中するまでには，360°よりも少し多く自転する必要がある。太陽の南中から次の南中に要する時間，つまり生活感覚の1日を**1太陽日**という。このため，1恒星日は1太陽日よりも4分ほど短く，約

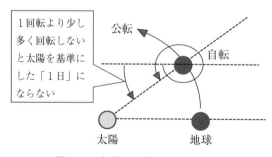

図 18.5　恒星日と太陽日のちがい

23 時間 56 分 4 秒となる。この結果, 恒星の南中時刻は 1 日に約 4 分ずつ早くなる（図 18.5）。

18.1.5 視太陽時と平均太陽時

ある日の太陽の南中する時刻からその翌日に太陽の南中するまでに要する時間に基づいて刻んだ時刻を**視太陽時**という。実際の太陽の動きをもとにした時刻であり, 日時計が示す時刻ともいえる。しかし, 地球の公転軌道が楕円であること, 地球の自転軸が公転面に垂直な方向に対して約 23.4° の傾きを持っていることから, 太陽の動きは季節によって変動し, 視太陽時は一様等分な時刻系にならない。そこで, 天の赤道に沿って一様に移動する平均太陽という仮想的な天体を考え, それによって定めた時刻を**平均太陽時**とよぶ。視太陽時から平均太陽時を引いた残りを**均時差**とよび, 11 月初旬に最大の ＋16 分, 2 月中旬に最小の −15 分となる（図 18.6 中の最大振幅の線）。

経度 0° における平均太陽時を**世界時**とよび, 世界時から 9 時間進んだ時刻が**日本標準時（JST）**である。日本標準時は, 東経 135° を基準としている。

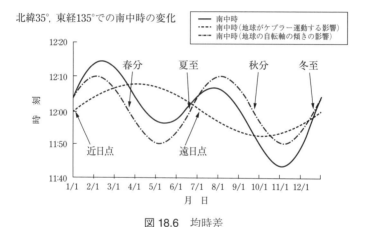

図 18.6　均時差

18.1.6 うるう年とうるう秒

1 年は 365 日だが, 地球が太陽を 1 周する時間（1 太陽年）は 365.2422 日である。この差を調整するために, 現在用いられているグレゴリオ暦では, 西暦年が 4 で割り切れる年をうるう年として 366 日とする。さらに, 100 で割り切れる年はうるう年としない, 400 で割り切れる年はうるう年とすることになっている。

天体の運行にはゆらぎや経年変化があるため, さらに厳密な時間の定義として, 現在ではセシウム原子時計が用いられる。世界時と太陽の動きとのずれを調整するために, 1 〜 3 年に一度, 1 秒のうるう秒が挿入される。

18.2 地球の自転と天体の動き

18.2.1 天体の日周運動

地球は地軸を回転軸とする自転をしており, 太陽に面した半球が昼, 反対側が夜とな

る。自転は西から東へと回転しているため，天球上の天体は天の北極と南極を結ぶ軸を中心に，東から西へ動いて見える。このような，地球の自転による天体のみかけの運動を**日周運動**という。北半球の中緯度の場合，北の空の天体は天の北極を中心とした左回りの回転運動を行い，南の空では，東から西へ水平に近いゆるい円弧を描くように動く。東の空の天体は南（右）上方に直線状に上昇し，西の空では北（右）下方に直線状に下降する。天の北極または南極を中心とする回転運動をして沈むことのない天体を**周極星**とよび，その他の天体を**出没星**とよぶ。この日周運動は 1 恒星日ごとにくり返す。

日周運動は緯度により大きく異なる。両極ではすべての天体が天頂を中心とする周極星となり，赤道上ではすべての天体が出没星となる（図 18.8）。

図 18.7　北半球中緯度での天体の日周運動
左：石垣島での北天の周極星，右：西空に沈みゆく天体〔出典：いずれも国立天文台，左：https://murikabushi.jp/wp-content/uploads/2020/10/8025-8360_cb_adj_rd.jpg，右：https://www.nao.ac.jp/contents/astro/gallery/SolSys/MinorP/2012da14-1-m.jpg〕

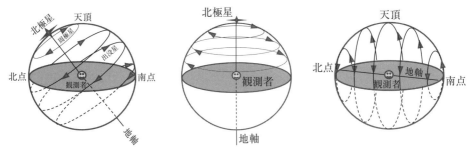

図 18.8　さまざまな緯度での天体の日周運動
左：北半球中緯度，中：北極点，右：赤道上

18.2.2　フーコーの振り子

1851 年にフランスの物理学者フーコーは，大きな寺院の天井から長さ 67 m のワイヤーに重さ 28 kg の鉄の玉をぶら下げて振動させる実験を行った。その結果，振り子の振動面が時間とともに右へ回転することを発見した。振り子の往復運動の方向は宇宙空間に対しては変化しないのに対して，地面が自転しているために振動面が回転して見える。赤道上では振動面は回転せず，両極では 1 日に 1 回転する。その他の場所では，観

測地点を通る緯線に接する円錐を広げた扇形の角度に等しい大きさだけ,振動面が1日で回転する。振動面の回転方向は地球の自転方向と反対で,北半球では右回り,南半球では左回りである。観測地点の緯度をϕとすると,振動面の回転周期は$24/\sin\phi$〔時間〕となる。北緯$36°$の関東地方北部での周期は,約40時間となる。フーコーの振り子は,地球が自転していることの証拠である。

18.2.3　歳差運動

地軸は公転面に対して垂直ではなく,$23.4°$の傾きをもつ。黄道面に対して$66.6°$の傾きともいえる。傾きの方向は不変ではなく,約26000年の周期で1回転する。コマの首振り運動と同様のこの運動を**歳差運動**という(図18.9)。

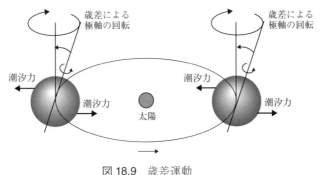

図18.9　歳差運動

18.3　地球の公転と天体の動き

18.3.1　太陽の年周運動

地球が太陽のまわりを公転することによって起こる,1年を周期とする天体のみかけの運動を**年周運動**とよぶ。太陽の年周運動は,天球の黄道上を西から東に動き,1年で1周する。地軸が傾いているので,黄道面と天の赤道面は斜交している(図18.3,18.10)。

年周運動によって天球上の太陽の位置が変化することにより,太陽の日周運動の軌跡が周期的に変化して四季が生まれる(図18.11)。夏至には,天の赤道よりも$23.4°$だけ天の北極に近づき,冬至には同じだけ天の南極に近づく。春分と秋分は黄道と天の赤道の交点となる。

黄道上の太陽が通過していく代表的な星座を**黄道12星座**(おひつじ座,おうし座,ふたご座,かに座,しし座,おとめ座,てんびん座,さそり座,いて座,やぎ座,みずがめ座,うお座)という。太陽が位置している(同じ方向の)星座は,昼間なのでそれを見ることはできない。

18.3.2　四季の星座

天球上に見られる星の並びを人,動物,ものなどに見立ててよび名をつけたものが**星**

図 18.10 地球の公転と太陽の年周運動
左：地球の公転と四季(北半球)，右：地球から見た天球上の太陽の動き

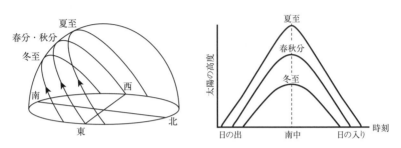

図 18.11 季節による太陽の日周運動のちがい

座であり，さまざまな文明がそれぞれの星座をつくった。北天の星座には古代ギリシャ文明に起源をもつものが多く，南天の星座の多くは 16 世紀の大航海時代以降につくられた。現在の天文学では 88 の星座が定められており，それぞれは天球上で赤経と赤緯に沿って引かれた境界線で区分されている。季節を代表する星の並びや星座の代表例として，以下であげたものについては見分けられるようにしたい。

春：春の大三角形(アークトゥルス，スピカ，デネボラ)，春の大曲線(北斗七星の柄からアークトゥルスとスピカを連ねるカーブ)，うしかい座，しし座，おとめ座

夏：夏の大三角形(デネブ，アルタイル，ベガ)，はくちょう座(大きな十字架)，わし座(アルタイルが彦星)，こと座(ベガが織姫)，さそり座

秋：秋の四辺形(ペガサス座の主部)，M31 アンドロメダ銀河

冬：冬の大三角形(シリウス，プロキオン，ベテルギウス)，オリオン座，ふたご座，おおいぬ座，すばる(散開星団)

また，北天では北極星を含むこぐま座，おおぐま座(北斗七星)，カシオペヤ座(W 形)がよく知られている。北斗七星のひしゃくの先端の 2 つの星を結んだ線をひしゃくの開いた方向へ約 5 倍延長したところにある 2 等星(19.2.1 項参照)が北極星である。これらの星や星座は，それぞれの時期にしか見られないわけではない。太陽が位置している周辺の星座を除けば，夜間の適切な時間帯を選べば多くの星座を見ることができる。また，北極星の周辺の星は，1 年を通して観察できる。星座は，1 日に約 4 分ずつ早く出没し，1 ヶ月で 2 時間のちがいとなる。

18.3.3 年 周 視 差

異なる 2 地点からみた天体の方向の差を**視差**といい，太陽と地球を 2 地点としたときの視差の半分が**年周視差**である(図 18.12)。公転軌道の直径ではなく半径が基準である

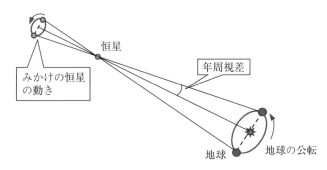

図 18.12　年周視差

ことに注意したい。

　年周視差が 1 秒角（1°の 1/60）になる距離を 1 パーセク（pc）という。年周視差が p〔秒〕の場合，距離は $1/p$〔pc〕となる。1 pc は約 20 万天文単位（2.0626×10^5 au）であり，3.26 光年に相当する（光年は光速で 1 年間に進む距離：9.46×10^{12} km）。最も近い恒星であるケンタウルス座 α 星の年周視差は 0.755 秒で，距離は 1.325 pc（4.3 光年）である。太陽系を取り囲むオールトの雲までの距離は約 10 万天文単位なので，オールトの雲の直径がほぼ 1 pc になる。年周視差によるみかけの運動は，天体の方向が地球の公転面に直交する場合は円形で，同じ場合は直線，その中間では楕円形となる。

18.3.4　年周光行差

　真上から降ってくる雨の中を早足で歩くときには傘を斜め前に傾ける。急ぎ足の人に対する雨滴は斜め前から降ってくるためである。これと同じく，光の速度は有限なので，運動する観察者が天体を見る場合，真の方向から観測者の運動方向にずれて見える。

　地球が 1 年周期の公転運動をしているために，天体の方向が楕円上を動いてみえることを**年周光行差**という（図 18.13）。年周光行差は，年周視差とともに地球が公転運動をしている証拠である。また公転軌道の大きさが既知であれば，光速の算出根拠ともなる。年周光行差の原因は地球の公転速度なので，その大きさは天体との距離とは無関係で 20.5″ 程度である。年周光行差と年周視差は周期が同じなので，合成された楕円運動となる。年周視差は最大でも 1″ に満たないので，天体ごとの合成楕円の大きさのちがいもわずかである。そのため年周視差は，年周光行差から 100 年以上も遅れて発見された。

18.3.5　ドップラー効果

　波の発生源と観測者の相対的な速度によって波の周波数が変化して観測される現象を**ドップラー効果**という。互いに近づく場合には，周波数が高く，遠ざかる場合には周波数が低く観測される。地球の公転運動により，天体に近づく際には光の周波数が高く（波長が短く）なる**青方偏移**が，遠ざかる際には反対の**赤方偏移**が観察される。実際には，天体が発する光線のスペクトル中の吸収線や輝線の波長のずれを観測する。ドップラー効果が年周期で認められることも，地球の公転の証拠となった。

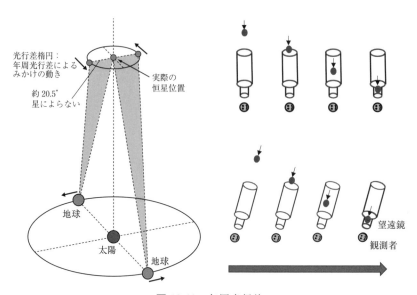

図 18.13　年周光行差
左：光行差楕円，右：静止した観察者(上)と直線運動している天体上の観察者
(下)が向くべき方向

18.4　惑星と月の運動

18.4.1　惑星の視運動

　太陽系の惑星は，ほぼ同じ面上を同じ向きに公転しているが，地球の内側を公転する内惑星は地球を追い越していく一方，地球の外側を公転する外惑星は地球に追い越されていく。こうした追い越し・追い越される関係により，地球と太陽と惑星の位置関係が複雑に変化する。そのため，天球上の惑星は，黄道付近で行きつ戻りつする複雑なみかけの運動(**視運動**)を行う(図 18.14 右)。

　天球上で惑星が西から東に向かう運動を**順行**(太陽と同じなので)，その反対を**逆行**という。順行から逆行，および逆行から順行に転ずるときに赤経方向の動きが止まった状態を**留**という。2 回の留の間に，太陽—地球—外惑星がほぼ直線状にならぶ**衝**を通過する(図 18.14)。

18.4.2　惑星現象

　地球と太陽と惑星が特別な位置関係になる場合について，それぞれよび名がある(図18.15)。地球からみた惑星の方向が太陽と一致することを**合**という。内惑星の場合，惑星が太陽よりも近いときを**内合**，遠いときを**外合**という。内合で地球と太陽と内惑星が同一直線状にのると，太陽面を東から西に惑星が通過する日面通過が起こる。内惑星が見える方向は太陽から大きく離れることはない。太陽から最も離れて見えるときの太陽・地球・惑星のなす角を**最大離角**とよび，その前後は暗夜で見えるので観測の好機となる。最大離角は水星で 18 〜 28°，金星で 46 〜 47° の範囲になる。外惑星の場合，太

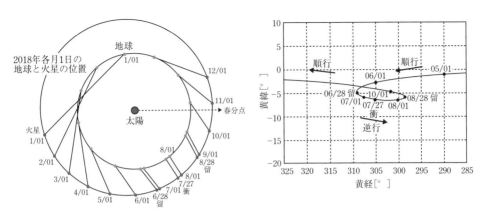

図 18.14　地球と火星の位置関係と視運動
左：内側をより速く公転する地球が外側をより遅く公転する火星を追い越す様子
右：地球から見た火星の位置（2018 年）

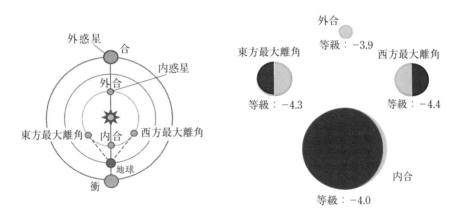

図 18.15　惑星の位置関係と見え方
左：地球と惑星の特別な位置関係，右：金星の位置・形・大きさ・光度

陽と反対の方向にみえることを衝とよび，地球に最も接近して明るさも増す観測好機となる。視運動における逆行は，内合や衝の前後でみられる。

18.4.3　会 合 周 期

　中心天体を周回する 2 つの天体が，中心天体からみて同じ方向に位置することを会合といい，その周期を会合周期という。外惑星では衝から衝の，内惑星の場合は，内合から内合の時間が会合周期となる。会合周期（S）と地球の公転周期（E）と惑星の公転周期（P）との間には，$1/S = |1/P - 1/E|$ の関係が成り立つ。

18.4.4　地球と月の運動

　月の公転周期は 27.3 日で，地球との潮汐力のために自転周期と一致している（潮汐ロック）。常に同じ面（表面）を向けて公転しているので，地球から裏面は見えない。
　月と太陽が東西方向に関して同じ方向に見える（黄経が一致する）ときを朔といい，新

月となる。太陽の位置とは逆方向に見える(黄経の差が180°)ときを望といい，満月となる(図 18.16)。新月から次の新月までの時間である朔望月は 29.5 日である。

　母星の地球が公転しているので，1 朔望月は 1 恒星月よりも約 2 日長い。直前の新月からの経過日数を月齢という。新月から満月に至る途中の半月(月齢約 7)を上弦，満月から新月に至る途中の半月(月齢約 22)を下弦という。月は楕円軌道で地球を公転しているので，軌道上のどこで望になるかにより満月の大きさや明るさがちがってくる。近地点での望では大きな満月「スーパームーン」になる。

　太陽―月―地球がこの順にほぼ一直線に並び，月が太陽の前を横切るときに太陽を隠す(月の影が地表に落ちる)現象が日食である。月の平均視直径は 31 分 5 秒で，太陽の 31 分 59 秒より小さい。しかし，月の地球周回軌道は楕円軌道なので，視直径の変動は大きく，最大で 33 分 32 秒，最小で 29 分 28 秒になる。そのため，月が太陽を完全に隠す皆既日食や，リング状に太陽が残る金環日食が起きる(図 18.17)。日食が起こるのは新月のときだけであるが，黄道と白道が約 5° 傾いているため，両者の交点の近くで新月になるときにのみ日食が起こる。

　太陽―地球―月がこの順番にほぼ一直線に並び，地球の影に月が入って暗くなる現象が月食である(図 18.18)。月食が起こるのは満月のときだけであるが，黄道と白道が約 5° 傾いているため，両者の交点の近くで満月になるときにのみ月食が起こる。月が完全に隠される場合を皆既食，一部のみ隠される場合を部分食という。

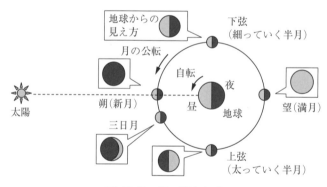

図 18.16　月の満ち欠け

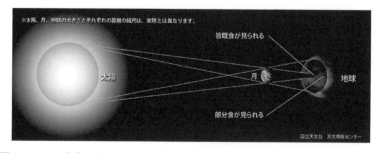

図 18.17　日食〔出典：国立天文台, https://www.nao.ac.jp/contents/astro/basic/solar-eclipse-reason-m.jpg〕

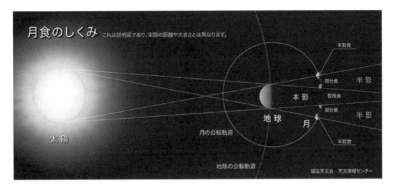

図 18.18　月食〔出典：国立天文台, https://www.nao.ac.jp/astro/basic/lunar-eclipse.html〕

　地球の直径は月の約 4 倍なので，月が太陽を隠す日食よりも地球が太陽を隠す月食のほうが，食を観察できる面積も時間も大きい。日食では，普段は強力な放射により観察が難しいコロナやプロミネンスのような太陽周縁の活動の観察好機となる。月食では，地球の本影に入った月が完全な暗黒にならずに暗い赤褐色に見える。

　観察している天体と地球の間を別の天体が通過することで，観察している天体が隠される現象を掩蔽（えんぺい）という。月による掩蔽を星食という。

18.4.5 天体の運動

　惑星の運動は，3 つの法則で記述できることが 17 世紀にケプラーにより見出された（ケプラーの法則：図 18.19）。

　第一法則は楕円軌道の法則ともよばれる。惑星が太陽を 1 つの焦点とする楕円軌道を公転することを意味する。太陽は楕円の焦点であり，中心ではない。

　第二法則は面積速度一定の法則ともよばれる。太陽と惑星を結ぶ線分が一定時間に通過する面積は一定であることを意味する。角運動量保存の法則と同じ意味をもつ。ひとつの惑星の公転速度は，太陽に近い場所ほど速い。

　第三法則は調和の法則ともよばれる。惑星の公転周期の 2 乗が太陽と惑星の平均距離の 3 乗に比例することを意味する。公転周期が楕円軌道の半長軸のみに依存することを意味しており，軌道の離心率は無関係であることを示す。惑星の公転周期は，太陽から遠い軌道ほど大きい。

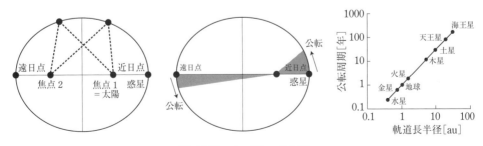

図 18.19　ケプラーの法則
左：第一法則，中：第二法則，右：第三法則

　ケプラーの法則にしたがう運動を**ケプラー運動**という。ケプラー運動は，惑星と衛星の間でも成り立っている。

基本事項の確認

① 天体の位置を表す座標のうち（　　）は，観測者から天体が見える方向を示す座標系で，（　　）と（　　）を用いる。（　　）はそれぞれの天体に固有の位置を表し，春分点を基準とする（　　）と天の赤道を基準とする（　　）を用いる。

② 生活に根ざした（　　）は，太陽が同じ方向に見える時刻どうしの時間であるのに対して，（　　）は宇宙空間で地球が1回自転する時間である。地球の（　　）と（　　）の向きは同じなので，1恒星日は1太陽日よりも（　　）分ほど短い。

③ 太陽の実際の動きに基づく時刻である（　　）と，太陽が天球上を一様に移動するとして算出される時刻である（　　）は，最大で約（　　）分異なる。地球の（　　）が楕円であることや（　　）が傾斜していることがその理由である。

④ 北半球の中緯度地域の天体は，東の空で（　　）(南)上方に直線的に上り，南天では（　　）に近いゆるい弧を描いて（　　）(西)に向かい，西の空で（　　）(北)下方に直線的に沈む。北天では（　　）を中心に（　　）回りに回転する。

⑤ （　　），（　　），（　　）からなる春の大三角形，（　　），（　　），（　　）からなる夏の大三角形，（　　）座の秋の四角形，（　　），（　　），（　　）からなる冬の大三角形などを見分けられると夜空を眺めるのがとても楽しくなる。

⑥ 地球の（　　）運動による位置の変化のために，恒星の位置が変化して見える現象を（　　）とよび，（　　）の速度が有限であるために天体の方向が真の方向からずれて見える現象を（　　）という。

⑦ 太陽は天球の（　　）上を西から東へ動き（　　）年で1周する。惑星の視運動もほぼ同じ位置を同じ向きに（　　）することが多いが，内惑星の（　　）や外惑星の（　　）など地球に近づいたときには東から西へと（　　）する。動きの向きが変化するときを（　　）という。

⑧ 月の公転周期は約（　　）日で，その（　　）周期と一致しているため常に同じ面しか見えない。月と太陽が同じ方向に見えるときを（　　）とよび（　　）となり，逆方向に見えるときを（　　）とよび（　　）となる。朔から望の途上の半月を（　　）といい，その逆を（　　）という。

⑨ 太陽—月—地球がこの順に一直線に並ぶと（　　）が起き，太陽—地球—月がこの順に一直線に並ぶと（　　）が起こる。

⑩ 惑星はケプラーの第一法則により，太陽をひとつの（　　）とする（　　）軌道を公転する。第二法則により，太陽と惑星を結ぶ（　　）が一定時間に通過する（　　）は一定である。第三法則により，公転周期の（　　）乗が太陽と惑星の平均距離の（　　）乗に比例する。

演習問題

(1) ある惑星の公転周期が365日で，①自転の向きが公転の向きと反対で周期が24時間の場合，②自転の向きと周期が公転のそれらと同じ場合，③自転の向きが公転と逆で周期が公転と同じ場合，を仮定して1太陽日に相当する時間を考察せよ。

(2) 距離と無関係に約20″の大きさをもつ年周光行差と同程度の年周視差をもつ恒星が発見されない理由を述べよ。

(3) できるだけ多くの星座を見る目的で日没後から夜明け前まで寝ずに観察する場合，最も適した季節はいつか説明せよ。

(4) 日食と月食の発生頻度と，特定の地点における観測機会の頻度を比較せよ。

(5) 公転軌道の平均半径が1.1天文単位の地球接近型小惑星との会合周期を求めよ。

19 太陽と恒星

　太陽は，その大きさも発するエネルギーも，われわれの感覚からすると途方もない大きさである。太陽はどのような活動をしているのか，放射される膨大なエネルギーはどのように生み出されているのか，可視光線以外のさまざまな波長で観察した太陽はどのような姿を見せるのかなど，太陽についての疑問は尽きない。さらに，宇宙の中には大きさや進化の過程などさまざまな面で特徴を異にする無数の恒星が存在する。夜空に輝くそれらの星たちの中で太陽はどのような位置にいるのだろうか。太陽と似たような，あるいは異なった恒星たちはどのような星の営みをしているのだろうか。近年，軌道上観測をはじめとするさまざまな手法によって，太陽についての新たな知見が得られている。誰もが間違いなくその恩恵にあずかっているお天道様と仲間の星たちについて，その姿や変化の様子をみていこう。

19.1　太　　陽

19.1.1　太陽の概要

　太陽系の中心である太陽は，水素とヘリウムを主とする巨大なガスの球体であり，その直径は地球の約 109 倍，体積は約 130 万倍に達する（表 19.1）。質量は巨大だが密度は小さく，平均で地球の約 1/4 に過ぎない。太陽には，太陽系の全質量の 99.9％ が集中する。太陽系全体の重心は，木星や土星の位置に応じて太陽の内部に出入りをくり返す。太陽系全体の角運動量に占める太陽の割合は 2 ～ 3％ と小さく，その多くは木星と土星がもつ。太陽の中心付近では水素がヘリウムになる核融合反応が起きており，膨大なエネルギーが発生して太陽放射のもととなっている。

表 19.1　太陽の諸量

	半径〔km〕	質量〔kg〕	平均密度〔g/cm^3〕	表面での重力加速度〔m/s^2〕	脱出速度〔km/s〕
太陽の値	696000	1.988×10^{30}	1.41	274	617.5
地球の値	6380	5.972×10^{24}	5.51	9.8	11.18
地球比	109.1	3.33×10^5	0.256	28	55.23

19.1.2　太陽の表面

　太陽の表面は，可視光線を発している光球，光球上に点在する局所的に温度の低い黒点，やや温度の高い白斑，光球の全面に見られる粒状斑などからなる。

　光球はサングラスをかけた肉眼で見える球体の表面で，その温度は約 6000 K である。光学望遠鏡で太陽像投影板上に結像させるとその周縁部が少し暗くなる（周辺減光）。光球の厚さは数百 km である。

　黒点は光球面上に存在し，その温度が約 4000 K と周囲よりも低いために暗く見え

る。中心の特に暗い部分である暗部と，その周囲の比較的明るく筋状の構造を示す半暗部からなる。黒点は太陽の低緯度部分で，内部から浮上してきた磁束管がギリシャ文字の Ω のように光球から顔を出すときの断面だと考えられている。そのため，極性の異なる 2 つの黒点が対になって近接することが多い。黒点は，光学望遠鏡の太陽像投影板上で観察することができ，巨大な黒点であれば肉眼で確認できることもある。黒点を数日間連続観測すると，太陽縁辺で横方向が短縮することから，太陽表面が球体であることがわかる（図 19.1）。

　　白斑は周囲よりも温度が高く明るく見える領域である。黒点の近くや太陽の極付近でみられることが多い。白斑では，光球面に垂直な強い磁場が密集する。

　　粒状斑は光球の全面に分布し，刻々とその形を変える。大きさは 1000 km 前後あり，光球内部の対流運動がつくる構造と考えられている。

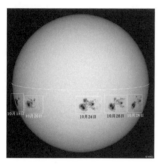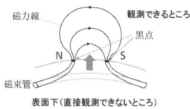

図 19.1　太陽の表面

左：光球と黒点（連続写真），中：黒点周辺の断面構造，右：黒点の暗部と半暗部〔出典：すべて国立天文台，左：https://www.nao.ac.jp/news/topics/2014/20141119-hinode.html，中：https://hinode.nao.ac.jp/news/topics/post-46/，右：https://hinode.nao.ac.jp/gallery/〕

19.1.3　太陽の自転運動

　　太陽は，太陽系のすべての惑星の公転の向きと同じく，天の北極からみて左回りに自転している。地球から見える太陽の自転の向きは，東から西となる。地球と同様に，自転軸と光球との 2 つの交点を**北極**と**南極**といい，その間は**日面緯度**で表す。太陽の自転は，緯度によって周期が異なる差動回転をしている。赤道付近の自転速度が最大であり周期は約 25 日，高緯度ほど遅くなり両極では最小の約 30 日となる。太陽の自転と同じ方向に公転している地球から見たみかけの周期はそれよりも大きくなり，赤道付近の周

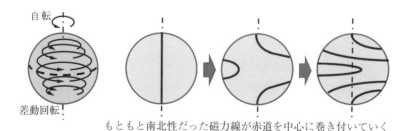

図 19.2　太陽の差動回転による自転と磁場の増幅

期が約 27 日，両極付近の周期が約 37 日となる。この差動回転によって，本来は太陽表面の南北方向に伸びていた磁力線が赤道付近で次々と巻き付いていくことで低緯度地域の磁力線が増幅され，その一部が光球上に浮き上がって黒点となる（図 19.2）。

19.1.4　太陽の活動

　太陽には，光球の上方の彩層やコロナ，ときおり現れるプロミネンスやフレア，黒点の周期的な増減やさらに長期的な消長など，さまざまな規模や周期の活動がみられる（図 19.3）。

　彩層は，光球のすぐ外側に分布する大気の層である。皆既日食の開始直後と終了直前に十数秒間だけ現れる薄紅色に輝く層として地上からも見ることができる。光球面から上空約 1500 km の間に分布し，光球よりも温度が低い。彩層の中部から上部は一様な層状の構造ではなく，**スピキュール**とよばれる高速の針状ジェット構造の集合体であることがわかってきた。太陽大気の約 92％は水素で，約 8％がヘリウムである。その他に酸素，炭素，窒素をはじめとする多くの元素を含むが，その量はごくわずかである。

　コロナは，彩層の上方に分布する外層大気で，その温度は 100 万 K を超える。高温のため，電子とイオンに電離したプラズマ状態になっている。彩層で 4200 K まで低下した温度が，約 2000 km 上空のコロナで 100 万 K まで温度上昇する機構（**コロナ加熱**）は，磁力が大きなはたらきをしていると考えられているもののその詳細は不明である。コロナの広がりは周期的に変化し，黒点活動が活発なときほどコロナは大きく広がる。X 線波長でコロナを観察したときに黒い穴が開いたような領域があり**コロナホール**とよばれる。太陽からのプラズマの流れである太陽風はコロナホールから噴き出し，地球の磁気圏に到達するとオーロラを発生させる。また，コロナ中のプラズマが一時的に大量に放出されることがあり，**コロナ質量放出**（CME）とよばれる。

　プロミネンスは，コロナ中にときおり現れる周囲よりも低温（1 万 K 以下）かつ高密度のプラズマで，水素の Hα 線を強く放射して赤く見えるため**紅炎**ともよばれる。太陽の輪郭の外に見えると明るく輝いて見えるが，太陽面上にあるときには低温のために黒い

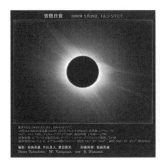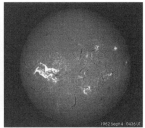

図 19.3　左：皆既日食時にみられるコロナ，中：コロナ観察用望遠鏡で捉えられた巨大なプロミネンス，右：フレア〔出典：すべて国立天文台，左：https://www.nao.ac.jp/contents/astro/gallery/SolSys/Sun/e60329zl.jpg，中：https://solarwww.mtk.nao.ac.jp/jp/image/rn9207311029.jpg，右：https://solarwww.mtk.nao.ac.jp/jp/image/flare82sept04.jpg〕

影が生じて**ダークフィラメント**とよばれる。

　フレアもコロナ中で起こる現象で，蓄積された磁場のエネルギーの爆発的な放出と考えられる。黒点の近くで起きることが多い。数億℃に達することもある超高温プラズマや光速近くまで加速された粒子を生成する，太陽活動でもっとも強力な現象である。強大なフレアが発生すると地球にまで到達し，宇宙天気が乱されて**磁気嵐**が起きる。通信障害を起こすデリンジャー現象や送電システムに障害が発生することがある。

　太陽の黒点の出現数やそれにともなうフレアの発生などの磁気的な活動現象の頻度は，約11年の周期で増減し，太陽の基本的な周期的活動である（太陽周期活動）。横軸に時間，縦軸に緯度をとった図に黒点の出現する場所を記録していくと，ほぼ11年ごとに時間とともに黒点の出現緯度が中緯度から赤道に向かって近づくパターンが現れる。これを**シュペーラーの法則**とよび，プロットのパターンから**蝶形図**という（図19.4）。

　黒点数が増減する1回の基本周期の間に現れる黒点総数の変化に注目すると，黒点出現総数の多い周期が続く活発な時期と少ない周期が続く不活発な時期があり，それぞれ**極大期**，**極小期**とよばれる（図19.5）。

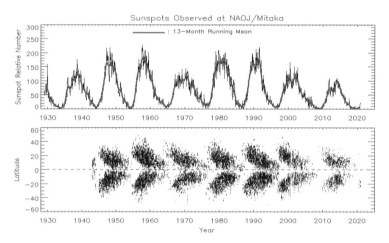

図 19.4　太陽黒点数の周期（上）と蝶形図（下）〔出典：国立天文台，https://solarwww.mtk.nao.ac.jp/jp/image/butterfly2.png〕

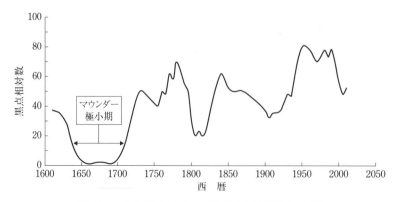

図 19.5　太陽黒点活動の長期的な極大期と極小期

　たとえば，1645 年から 1715 年の約 70 年間，太陽表面に黒点がほとんど観測されない期間が続いた。マウンダー極小期とよばれるこの時期は，ロンドンではテムズ川が氷結し北半球の広範囲で気候が寒冷化した。ほかの極小期においても，地球規模の気候の寒冷化が認められているが，なぜ黒点活動が気候変動に影響を与えるかは現在も研究中である。なお，極小期には，基本周期が 11 年よりも延びる傾向がある。

19.1.5　太陽の内部構造

　太陽は，中心核とそれを取り囲む放射層，さらにその外側の対流層からなる。対流層の表面が光球である（表 19.2）。

　中心核では，4 個の水素の原子核（陽子）から 1 個のヘリウム原子核が生まれる核融合反応（p–p 連鎖）が起きている。これにより膨大なエネルギー（3.85×10^{26} J/s）が発生し，中心核の温度は 1600 万 K に達する。

　放射層は，中心核で発生した膨大なエネルギーが放射により太陽周縁部に運ばれる領域である。放射層と対流層との境界は，太陽半径の約 70% の位置にある。

　対流層は，太陽の表面に近づいて放射よりも対流による熱輸送が安定する領域である。下位の放射層との境界部で約 200 万 K であった温度は，表面の光球では 6000 K になる。対流セルが光球面に現れたところが粒状斑として観察される。

表 19.2　太陽の構造

層の区分	温　　度	特　　徴	構　　造
コロナ	100 万 K 以上	大気外層，希薄なプラズマ	
彩　　層	5000〜10000 K	太陽の大気	
光　　球	4000〜6000 K	肉眼で見える太陽表面	
対流層	境界部で 200 万 K	厚さ約 20 万 km，エネルギーが対流で運ばれる	
放射層		厚さ約 30 万 km，エネルギーが放射で運ばれる	
中心核	1600 万 K	核融合反応の場，半径約 20 万 km	

19.1.6　太陽からの放射

　太陽からは，可視光域を中心として，長波長側では赤外線・電波，短波長側では紫外線・X 線・γ 線などさまざまな波長の電磁波が放射される（図 19.6）。このうち，可視光線の放射量が最も大きい。可視光線は白色光だが，プリズムを通すと多くの色に分光され，波長の異なるさまざまな光から構成されていることがわかる。

　太陽光線を分光器に導いて，波長ごとの強度（スペクトル）を調べると，いくつもの暗い線がみられる。中心核から放出された電磁波が太陽のさまざまな層を通過する間に，より低温のいろいろな物質によって特定の波長の光が吸収されてできた線で，**吸収線**（フラウンホーファー線）という。太陽の顕著なフラウンホーファー線としては，波長 395 nm 前後のカルシウム，656 nm の水素（Hα）などがある。吸収線を調べることで，太陽の表面付近や大気の構成元素がわかる。

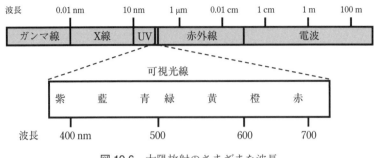

図 19.6 太陽放射のさまざまな波長

19.2 恒　　星

19.2.1　みかけの等級と絶対等級

　天体の内部で核融合によりエネルギーをつくりだし，自ら輝いている天体を**恒星**という。恒星の明るさは等級で示され，みかけの等級と絶対等級がある（表 19.3）。

　みかけの等級は地球から見たときの等級である。明るさの基準となる測光標準星に対する明るさの比で与えられる。明るさが 100 分の 1 になるごとに等級は 5 等ずつ増加する。したがって，1 等星は 6 等星の 100 倍明るく，1 等級小さくなるごとに約 2.5 倍ずつ明るくなる。明るさの基準としては，こと座の α 星（その星座で最も明るい星）ベガを 0 等星とすることが普通である。もともとは，最も明るい星を 1 等，肉眼でかろうじて見える星を 6 等としていた。全天には，1 等星かそれ以上に明るい星（太陽，月，惑星を除く）が 21，2 等星が 67，6 等星までの星が約 8600 ある。実際に見える星の数は，天球が半球であることや地平近くの星は減光することなどから，条件がよくても 3000 程度である。

　絶対等級は天体の真の明るさを示す。天体を 10 pc（32.6 光年）の距離から見た場合のみかけの等級である。明るさが 100 分の 1 になるごとに等級は 5 等ずつ増加する。同じ光源に対する見た目の明るさは，観測地点と光源の距離の 2 乗に反比例する。したがって，絶対光度が同じ恒星でも距離が 10 倍になると明るさは 1/100 となり，みかけの等級は 5 等大きくなる。絶対等級 M とみかけの等級 m と距離 d〔pc〕との間には，$M - m = 5 - 5 \log_{10} d$ の関係が成り立つ。

　もし，すべての恒星が同じような大きさと輝きをもっているならば，絶対等級は同じになるはずである。しかし実際の絶対等級は，太陽のように 5 等級のものやリゲルのように −7 等級のものもあり大きな範囲に広がる。その理由は，恒星によって大きさや輝きが異なることによる。

表 19.3　恒星のみかけの等級と絶対等級と距離

	太陽	シリウス おおいぬ座 α	リゲル オリオン座 α	ベテルギウス オリオン座 β	北極星 こぐま座 α	ベガ こと座 α	アルタイル わし座 α	アンタレス さそり座 α	アルデバラン おうし座 α
みかけの等級	−26.7	−1.4	0.1	0 〜 1	2.0	0.0	0.8	1.0	0.8
絶対等級	4.8	1.5	−7.0	−5.5	−3.6	0.6	2.2	−5.2	−0.8
距離〔光年〕		9	863	498	433	25	17	554	67

　電熱線を加熱していくと，はじめは黒かった線が徐々に赤熱し，さらに電圧を上げると白熱して一層輝きを増していく。天体も同様であり，表面温度が高い恒星ほど白っぽく強く輝く。恒星からの放射は，すべての波長の放射を完全に吸収する物体(黒体)からの放射と近い。黒体放射では，単位時間・単位面積から放射するエネルギー(E)は，その表面温度(T)の4乗に比例する($E = \sigma T^4$：**シュテファン・ボルツマンの法則**，σは**シュテファン・ボルツマン定数**)。したがって，恒星からの放射ではこの法則が成り立っていると考えてよい。一方，黒体放射における色を決定づける最大のエネルギーをもつ光の波長(λ_m)と温度(T)との間には，その積が一定となる関係がある($\lambda_m T = $一定：**ウィーンの変位則**)。つまり，同じ色の恒星であれば，表面温度は等しい。

　天体の観測結果は，同じ色の恒星であっても，その絶対等級はばらつくことを示す。このことは，恒星によって表面積が異なる，つまり大きさが違うことを意味する。シュテファン・ボルツマンの法則と大きさの効果を合わせて考えると，恒星の明るさ(L)は，半径(R)の2乗と温度(T)の4乗に比例することになる($L = 4\pi R^2 \cdot \sigma T^4$)。このように，絶対等級は恒星の大きさと色によって決定される。

19.2.2　色とスペクトル

　恒星の光をプリズムなどの分光器で分散させると，赤から青までのさまざまな色からなるスペクトルが得られる。このうち，どの色が最も強く輝くかは，ウィーンの変位則により，その恒星の表面温度で決まる。光の強度を縦軸にとり波長を横軸にとって，光の強度を波長の関数として表したものは**スペクトルエネルギー分布**という。表面温度の高い恒星ほど，スペクトルエネルギー分布の最強波長が，短波長(青っぽい光)側になる。恒星からの放射は，スペクトルエネルギー分布だけでなく，その中の特定の波長のエネルギーが小さい暗線(吸収線)や，逆に強く輝く輝線の位置によっても特徴づけられる。こうして恒星は，スペクトルエネルギー分布および輝線と暗線の波長に基づいて，いくつかのスペクトル型に分類される(表19.4)。

表 19.4　恒星のスペクトル型とその特徴

型	温度[K]	色	輝線・暗線などの特徴
O	40000	青	ヘリウムイオンの暗線
B	20000	青白	水素・ヘリウムの暗線
A	10000	白	水素の強い暗線
F	7000	淡黄	水素・金属の暗線
G	5600	黄	カルシウムイオンなどの暗線
K	4400	橙	金属の強い暗線
M	3300	赤	金属や酸化チタンなどの分子の暗線

19.2.3　HR図と恒星の進化

　恒星のスペクトル型を横軸(左が高温)に，絶対等級を縦軸(上が明るい)にとったプロットを，考案者の名前から**ヘルツシュプルング・ラッセル図(HR図)**という(図19.7)。HR図は恒星の誕生と進化を理解するうえできわめて有用である。

　HR図の左上から右下にかけての斜めの領域にプロットされる多くの星，つまり表面

温度が高いほど絶対等級が明るくなる星を**主系列星**という。主系列星の上の領域に分布する絶対等級の明るい星を**巨星**という。絶対等級の特に大きな巨星を**超巨星**，赤色の巨星を**赤色巨星**ともいう。図の左下の，表面温度が高く絶対等級が暗い星を**白色矮星**という（表 19.5）。

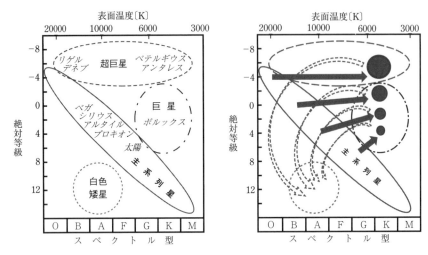

図 19.7 ヘルツシュプルング・ラッセル図
左：代表的な恒星グループおよび進化の段階を示す主系列星と巨星と白色矮星
右：さまざまな質量の恒星が主系列星から巨星を経て白色矮星へ至るおよその道筋

　主系列星は，恒星が一生の大半を過ごす状態であり，中心部で水素の核融合反応が起きている段階である。小さな主系列星の質量は太陽の 1/10 程度で，大きな主系列星は 100 倍程度である。主系列星の明るさは，その年齢に関係なく，質量の 3 乗にほぼ比例する（質量光度関係）。星の質量が大きいほど，中心の圧力が上昇して水素の核融合反応が激しく行われる結果，主系列星として存在する期間が短い。巨大な星の寿命は数千万年であるのに対して，小さな星は数百億年の寿命をもつ。太陽質量の半分程度の恒星は，宇宙の初期に誕生した星が現在も輝き続けている。

　巨星のうち，赤色巨星は主系列星がその末期に激しく膨張して表面温度が低下した星である。表面温度が低いにもかかわらず表面積が大きいために絶対等級が明るい。

表 19.5　HR 図に現れるさまざまな星の進化段階

	主系列星	赤色巨星	白色矮星
スペクトル型	O, B, A, F, G, K, M	G, K, M	B, A
表面温度	高い ⇔ 低い	低い	高い
絶対等級	明るい ⇔ 暗い	明るい	暗い
色	青っぽい ⇔ 赤っぽい	赤っぽい	白っぽい
質　量	大きい ⇔ 小さい	さまざま	小さい
体　積	大きい ⇔ 小さい	大きい	小さい
寿　命	短い ⇔ 長い	——	——
成長段階	壮年期（最も長い）	老年期	終末期

　白色矮星は，星の外層が吹き飛ばされた残りの芯が余熱で光るだけの，小さくて暗い星の最期の姿である。

19.2.4　恒星の誕生と死

　恒星の一生は，星間物質の凝集で始まり，原始星，Tタウリ型星を経て主系列星へと成長するが，その後の展開は質量によって大きく異なってくる（図19.8）。

　宇宙空間には，ごく微量の星間物質が存在する。**星間物質**は，水素やヘリウムを主体とする**星間ガス**と，重い元素の固体微粒子である**宇宙塵**からなる。そうした星間物質の分布に不均質が生じて濃度が上昇した領域を**星間雲**という。星間雲は数十〜数百光年の広がりをもち，明るい**散光星雲**と暗い**暗黒星雲**に大別される。散光星雲はさらに，高温のガスが電離して自ら光る**輝線星雲**と，付近の星の光を反射して光る**反射星雲**がある。暗黒星雲は，背後の星の光を遮ることで暗黒に見える。

　星間雲の中でも特に密度の高い領域が自らの重力により収縮して**原始星**が誕生する。誕生直後の原始星は濃いガスとダストに覆われていて可視光線では観測できず，赤外線や電波で観測される。その後，原始星の周囲のガスが減り，可視光で観測可能な**Tタウリ型星**となる。原始星やTタウリ型星の内部ではまだ核融合は始まっておらず，重力収縮にともなう重力エネルギーの解放により輝いている。核融合の開始前の前主系列星であるTタウリ型星の中心温度が約1000万Kになると，水素の核融合反応が始まり主系列星の仲間となる。凝集した星間雲の質量が太陽の約1/10よりも小さく，核融合反応が起きないままで終わる星が**褐色矮星**である。

　主系列星の内部で水素の核融合が続くと，ついには中心部の水素が枯渇して中心部をとりまく殻状の領域での水素の核融合によって重力を支えるようになる。このとき，恒星は大きく膨張し，赤色巨星に進化する。

　その後，太陽と同程度の質量の星ではヘリウムから炭素と酸素がつくられ，さらに重い星ではネオンやマグネシウムがつくられる。その後，星の周囲にゆっくりと物質を放

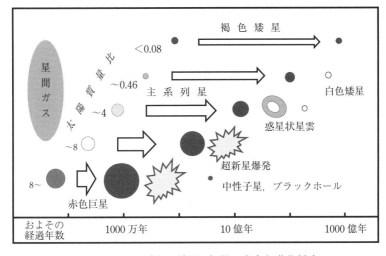

図 19.8　さまざまな質量の恒星の寿命と進化様式

出して惑星状星雲をつくった後，白色矮星となる。白色矮星の密度は数百 kg/cm^3 に達する。

　太陽の数倍以上の質量の星では，赤色巨星を経たのちに，恒星全体が爆発する**超新星爆発**を起こす。超新星爆発が起こると，周囲には**超新星残骸**とよばれる天体が残される。

　太陽質量の 10 倍を超えるような重い星では，赤色巨星の内部でさらに重いケイ素や鉄などの元素までつくられてから超新星爆発を起こし，その跡として**中性子星**を残す。1054 年に超新星爆発した「かに星雲」では，中心の中性子星が**パルサー**となって広範囲の波長の強力な電磁波が放出され，周囲の超新星残骸を輝かせている。中性子星は通常の恒星と異なり，中性子を主成分とする天体であり，10^{12} kg/cm^3 という途方もない密度をもつ。超新星爆発で宇宙空間にまき散らされた鉄よりも重い元素を含む物質は星間物質として漂い，次の世代の恒星が誕生する際の材料として使われることになる。

　さらに太陽質量の数十倍の星の最期は，中性子星としても存在できずに収縮を続け，ブラックホールになると考えられている。

19.2.5　連　　星

　天球上で非常に近接して見える 2 つの星を**二重星**という。はくちょう座の白鳥のくちばしの位置にあるアルビレオや，北斗七星のひしゃくの柄の中ほどにあるミザールとアルゴルなどが，一般的な観測対象としてもよく知られている。

　二重星には，地球からの距離はちがうものの方向が近いためにたまたま近接して見える**みかけの二重星**と，重力的に結合している**実視連星**がある。実視連星では，明るいほうを**主星**，暗いほうを**伴星**とよぶ。連星には実視連星に加えて，**分光連星**や**食連星**がある。分光連星は，スペクトル線が異なる 2 つの恒星により連星系としてのスペクトル線の変動が生じて認識される連星である。食連星は，公転運動のなかで一方が他方を隠すことによって明るさが周期的に変化する連星である。連星の軌道面に近い角度で見ている場合に生じる。

　単独の恒星である太陽を見慣れたわれわれには意外だが，連星は恒星の半数以上を占めるほど多数が存在するとみられている。食連星は，スペクトル線のドップラー効果によるずれに基づく軌道計算により，恒星系の質量を算出できる点で重要である。連星の一方ないしは両方が，白色矮星，中性子星，ブラックホールなどのこともあり，さまざまな現象が観察できる。

19.2.6　変　光　星

　明るさが変化する恒星を**変光星**とよび，全天で 2 万個を超える変光星が知られている。変光星は，脈動変光星と食変光星に大別できる。

　脈動変光星は，恒星自体が膨張・収縮の脈動をくり返すことにより明るさが変化する。脈動変光星は，**ケフェウス型変光星（セファイド）**と**ミラ型変光星**に大別される。セファイドは変光周期が 1 ～ 50 日の赤色巨星で 2 つの種族に分類され，それぞれが変光周期と絶対等級との間に安定した対応関係（周期光度関係）をもつ（図 19.9 左）。そのた

め，変光周期から絶対等級がわかり，みかけの等級との比較によりその星までの距離がわかる。ミラ型変光星は，変光範囲が 2.5 等級以上，変光周期が 80 ～ 1000 日の M 型の赤色巨星で規則性の高い変光周期をもつ。

　食変光星は，主星と伴星の公転面が地球から見た方向に近い近接連星で起こる。連星が互いに相手を隠すこと（食）で規則的に光度が減少する変光星である（図 19.9 右）。

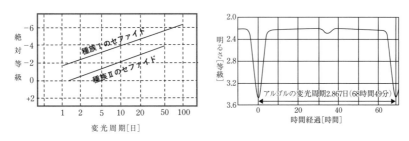

図 19.9　変光星
左：セファイドの周期光度関係，右：食変光星

19.2.7　星　　団

　同時期に生まれた多数の星が，互いの重力によりまとまった構造をもつ星の集団を**星団**とよぶ。星団は，散開星団と球状星団に大別される。

　散開星団は星の数が数十～数千個の星団で，天の川に沿って星間雲とともに分布することが多い。星の数の空間密度が低くまばらな集団で，年齢が数十億年以下の若い星が多い。銀河系には，約 1500 個の散開星団が知られている。プレアデス星団（M45，すばる）は代表的な散開星団で，双眼鏡で青白く輝く星々を観察できる。

　球状星団は星の数が数万～数百万個の星団で，銀河系の周縁部に多く分布する。星の空間密度が高く，重力的に強く束縛されたほぼ球対称の構造をもつ。銀河系内の球状星団には星の寿命が 100 億年を越すものも多く，銀河形成の初期段階で生まれた古い星団と考えられている。銀河系には，約 150 個の球状星団が知られている。

表 19.6　散開星団と球状星団の比較

	形	大きさ	年齢	星のタイプ	星の数	銀河系内での位置	銀河系内での数	重元素の構成率
散開星団	不定	数～数十光年	最大で数十億年	白～青白の主系列星が多い	数十～数千	銀河系円盤部	約 1500	約 2％と高い（太陽程度）
球状星団	球状	数百光年	100 億年以上	主系列星と赤色巨星	数万～数百万	銀河系周辺部	約 150	0.1％前後と低い

基本事項の確認

① 太陽は（　　　）と（　　　）を主とする巨大なガスの球体で，太陽系の質量の約（　　　）％を占める。約（　　　）km の直径は，地球の約（　　　）倍になる。

② 太陽の自転は，（　　　）で最小の約 25 日の，（　　　）で最大の約 30 日の周期の（　　　）回転である。

③ 太陽の（　　　）では，（　　　）原子から（　　　）原子ができる核融合が行われ，温度は約（　　　）K に達する。中間部の（　　　）を通過したエネルギーは表面付近の（　　　）に到達

して対流する。その表面温度は約（　　　）K である。

④ 肉眼で見える太陽の輪郭をなす部分を（　　　），その中でやや温度が低い黒い点を（　　　），
逆にやや温度が高い白い斑点を（　　　），表面全体を覆う無数の斑点を（　　　）という。

⑤ 光球のすぐ外側を太陽の大気である（　　　）がとりまく。その上方には（　　　）K を超え
る高温で（　　　）状態となった（　　　）が分布する。その中にはときおり高密度のプラズ
マである（　　　）が現れる。

⑥ みかけの等級はこと座のベガを 0 等星として明るさが 1/100 になるごとに等級を（　　　）
等級ずつ増やす。つまり，1 等級小さくなるごとに約（　　　）倍ずつ明るくなる。絶対等級
は天体を（　　　）pc に置いたときの明るさである。

⑦ 恒星の（　　　）を横軸に，（　　　）を縦軸にとったプロットをヘルツシュプルング・ラッセ
ル図（HR 図）とよぶ。図の左上から右下に分布する恒星群を（　　　），その右上方の恒星群
を（　　　），その左下方の恒星群を（　　　）とよぶ。

⑧ 恒星が進化の大半を過ごす状態が（　　　）で，その後に激しく膨張して（　　　）となる。
（　　　）は恒星の大部分が吹き飛ばされたあとの末期の姿である。

⑨ 二重星には，みかけの二重星と，重力的に結合している（　　　）がある。明るさが変化す
る恒星を（　　　）とよび，（　　　）変光星と（　　　）変光星に大別される。前者には脈動周
期と（　　　）の間に安定した対応関係をもつタイプがあり，その（　　　）から変光星まで
の距離を推定できる。

⑩ 星団は（　　　）に生まれた多数の星が互いの（　　　）によりまとまっている星の集団であ
り，比較的若く星の数の少ない（　　　）と，比較的古く多数の星からなる（　　　）に大別
される。

演習問題

(1) 宇宙天気の概要と重要性について説明せよ。

(2) 黒点活動の周期的活動とそれが地球へ与える影響について説明せよ。

(3) 種族 I のセファイドに属する変光星の変光周期が 10 日でそのみかけの等級が 6 等星であ
る場合の，絶対等級と距離（pc および光年）を算出せよ。

(4) 恒星の質量と寿命や進化の様式との関係を説明せよ。

(5) われわれの身体や地球を構成する元素と宇宙の進化との関係を考察せよ。

20 銀河系・宇宙と天体観測

　　われわれの太陽系は，直径約10万光年の天の川銀河の一員である。われわれの銀河のとなりには，200万光年以上の距離を隔ててアンドロメダ銀河が存在する。都会から離れ，暗い夜空を仰ぎ見る機会があれば，アンドロメダ銀河は雲のように見えるけれども雲ではない，ほのかに明るい広がりとして肉眼で確かめることができる。このような銀河がいくつかまとまって銀河群を構成する。さらに多くの銀河群がまとまって銀河団を，という具合に宇宙は明瞭な階層構造をもっている。火の玉の炸裂にもたとえられるビッグバンにより138億年前に誕生したとされる宇宙は，その後は膨張とともに冷却しつつこうした階層構造をつくってきた。誕生以来，太陽系(地球)の歴史の3回分の時間を経た宇宙について，人類はさまざまな手法を駆使して観測しているものの，まだそれを構成している物質や満ちあふれているエネルギーの大半について解明していない。人類が現時点で到達している理解の先には，一体どれほどの驚くべき秘密が待ち受けているのだろうか。

20.1　宇宙の構造

20.1.1　銀　河　系

　銀河とは，多くの恒星，大量の星間物質，まだ正体がわかっていない**ダークマター**などが互いの重力で一体性を保つ巨大な天体(自己重力系)である。銀河の中心部には巨大な質量の**ブラックホール**があると考えられている。ブラックホールとは，光さえも脱出できないほどきわめて大きな重力をもつ天体である。

　夜空にかかる天の川は多数の恒星と太陽が属している銀河であり，**銀河系**または**天の川銀河**とよばれる。銀河系は2000億個もの恒星と大量の星間物質からなり，主体である円盤部とその中央付近の膨らんだ**バルジ**およびそれら全体を取り囲む球状の**ハロー**からなる(図20.1左)。バルジは棒状で，円盤部には渦巻状の腕が伸びる。銀河系の円盤部の直径は約10万光年で，ハローまで含めると直径は約15万光年になる。太陽系は銀河系の中心から約3万光年離れた腕の中に位置する。円盤部の恒星は円盤上を回転運動しており，太陽も200 km/s以上の速度で運動している(図20.1右)。

　天の川を見てもその形は複雑で銀河系の形を思い描くことは難しい。肉眼や光学カメラが見ることのできる可視光線は暗黒星雲に不規則に遮られるためであり，星間塵に吸収されにくい赤外線画像を見ると銀河系の形がよくわかる。

　銀河系の中心であるいて座の方向には強力な電波源が存在し，太陽の数百万倍の質量をもつブラックホールが存在すると考えられている。また，銀河系の円盤の回転速度は中心付近と縁辺部でほぼ同じである。そのため，光や電波として観測されない未知の物質(ダークマター)が大量に存在し，その質量による引力で一体性が保たれていると考えざるをえない。

　なお天の川銀河＝銀河系は，宇宙に1000億以上存在する銀河のひとつである。銀河

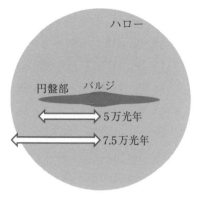
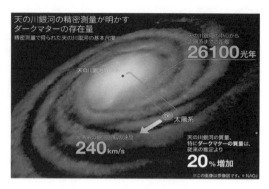

図 20.1　銀河系

左：横から見た銀河系の規模と構造，右：銀河系の中の太陽系の位置〔出典：国立天文台，https://www.nao.ac.jp/news/science/2012/20121002-vera.html〕

と銀河系を混同しないように注意が必要である。

20.1.2　さまざまな銀河

　宇宙には銀河系と同様に多数の恒星や多量の星間物質からなる多くの銀河が存在し，その数は 1000 億個を超える。銀河にはさまざまな形のものがあり，形態に基づく分類（**ハッブル分類**）が用いられることが多い。ハッブル分類による銀河は，楕円銀河，レンズ状銀河，渦巻銀河，棒渦巻銀河，不規則銀河などに大別される（図 20.2）。

　楕円銀河や**レンズ状銀河**は年齢の古い赤っぽい星からなり，現在星の生成はほとんど起きていない。

　渦巻銀河や**棒渦巻銀河**の円盤では，活発な星の生成活動が見られ青っぽい色の星が多いが，バルジには古い星が多い。銀河系は棒渦巻銀河に属する。

　不規則銀河は，渦巻銀河の腕が崩れたようになったものや，銀河と銀河が衝突して不規則な形になったものなどがある

　銀河の中には，中心から強烈な X 線や電波を放出するものがあり，**電波銀河**または**活動銀河**とよばれる。その中心部を**活動銀河核**とよび，巨大な質量のブラックホールがあると考えられている。活動銀河の中でも特に大きなエネルギーを放出するものを**準星**または**準恒星状天体（クェーサー）**という。クェーサーの中心部には太陽質量の 1 億倍を

図 20.2　さまざまな銀河

左：楕円銀河 M87，中：渦巻銀河 M63，右：棒渦巻銀河 NGC1530〔出典：すべて国立天文台すばるギャラリー，https://subarutelescope.org/jp/gallery/〕

超えるブラックホールがあると推定されている。活動銀河の中には，周囲から降着する
ガスの一部が細く絞られて光速に近い速度で 100 万光年もの長さにわたって噴出する強
烈なジェット（相対論的ジェット）が見られるものもある。みかけが点光源で星と似てい
るために準星とよばれるが，質量や放出エネルギー量が恒星とは全く異なり桁ちがいに
大きいことに注意したい。

20.1.3　宇宙の階層構造

宇宙に存在する天体の空間的分布に見られるいろいろなスケールの構造を**宇宙の階層
構造**という。太陽系が属する銀河系のとなりには約 250 万光年を隔てて，約 1 兆個の恒
星をもつわれわれの銀河系よりも大きな渦巻銀河であるアンドロメダ銀河（M31）が存在
する（みかけに基づくアンドロメダ星雲というよび方は好ましくない）。

宇宙には銀河の分布密度が高い領域と，銀河が散在する領域がある。銀河密度の高い
領域では，銀河系やアンドロメダ銀河などの銀河が数〜数十個集まって**銀河群**を構成す
る。数百〜数千個の銀河からなる集団は**銀河団**という。ただし，小規模な銀河団と大規
模な銀河群との間に明確な境界はない。銀河も銀河群も銀河団も，重力により一体性が
保持される巨大な自己重力系である。

図 20.3　さまざまな距離の銀河
左：天の川銀河のとなりのアンドロメダ銀河，中：2 〜 3 億光年に位置する小
規模な銀河群（ステファンの五つ子），右：100 億光年前後の遠方の銀河
〔出典：すべて国立天文台すばるギャラリー，https://subarutelescope.org/jp/
gallery/〕

広大な空間に分散する天体が一体性を保つためには，恒星の質量だけでは重力が足り
ず，大量のダークマターの存在を考えざるを得ない。銀河系が属する銀河群は，約
5000 万光年離れたおとめ座銀河団の重力に引かれて落ち込んでいると考えられている。

遠くの天体から出た光が，途中にある銀河などの重力場によって曲げられて，増光さ
れたり，歪んだり，多重像として観察されたりすることがある。こうした効果を**重力レ
ンズ効果**という。

20.1.4　宇宙の大規模構造

宇宙の銀河や銀河群や銀河団の分布には疎密があり，高い密度で分布する場所をフィ

ラメント，ほとんど分布しない部分を**ボイド(超空洞)**という。フィラメントやボイドが全体としてつくる泡の集合のような構造を**宇宙の大規模構造**という。個々の泡の大きさは１億光年に達する。フィラメント上でつながる銀河群や銀河団は，さらに大きな集団である超銀河団を形成する。

20.2　宇宙の理解

20.2.1　膨張する宇宙

　多くの銀河のスペクトルを調べて線スペクトルの位置を比較すると，波長の長い(赤い)ほうへずれる銀河がある。これを**赤方偏移**という。赤方偏移の大きさは銀河までの距離と比例していることが 1929 年にハッブルにより発見された(**ハッブルの法則**)。赤方偏移の程度は，対象の銀河がわれわれから遠ざかる速度に比例する。つまり，後退速度(v)と距離(r)の間には $v = Hr$ の関係が成立する。この比例定数 H を**ハッブル定数**とよび，現在では約 70 km/s/Mpc であることがわかっている。**メガパーセク(Mpc)**は 326 万光年である。方向にかかわらず，この宇宙の遠方に存在する天体がより高速で後退することは，宇宙そのものが膨張していることを意味する(図 20.4)。

宇宙の膨張にともなう天体による後退速度のちがい

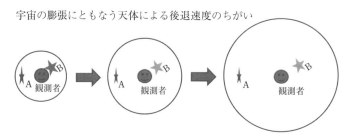

図 20.4　宇宙全体の膨張により遠くの A は，近くの B よりも高速で観測点から遠ざかる。

20.2.2　宇宙の進化

　宇宙は，ビッグバンを端緒に始まったとするビッグバン宇宙論が宇宙の理解の基本である(図 20.5)。ビッグバンは宇宙が膨張を開始した時点の大爆発であり，高温高密度の「火の玉」状態から膨張するとともに冷却し，数億年を経て恒星や銀河などの構造をつくりながら，現在に至ったという理解である。ビッグバン理論がガモフにより提唱された当時は，宇宙にははじまりも終わりもないとする定常宇宙論が主流だった。その後，ガモフにより予言されていた，宇宙の晴れ上がりの時点(宇宙誕生後約 37 万年)から届く３K の黒体放射の存在が，**宇宙マイクロ波背景放射(CMB)**として実測された。また，宇宙全体に一定の割合で存在する水素とヘリウムの成因を合理的に説明できるなど，現在ではビッグバン仮説が宇宙進化についての共通的な理解となっている。

　宇宙が膨張を続けるためには膨大な未知のエネルギーが必要となる。宇宙の構成要素のうち，恒星や星間物質などの既知の存在は 5% に過ぎず，未知の物質であるダークマターが約 1/4，未知のエネルギーである**ダークエネルギー**が約 7 割を占めている。ビッ

グバン仮説においても，なぜビッグバンが起きたのかについての根源的な説明はなされず，われわれの宇宙に対する理解はこれからも深まっていくはずである。

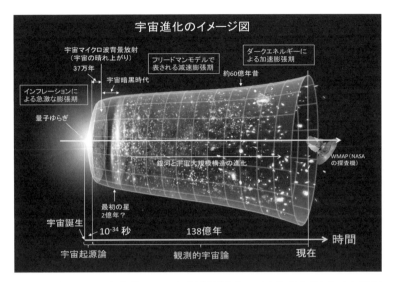

図20.5 ビッグバン宇宙論による宇宙進化〔出典：天文学辞典（日本天文学会），https://astro-dic.jp/big-bang-cosmology/〕

20.3 天体の観測

20.3.1 天体望遠鏡の概要

17世紀はじめ，ガリレオ・ガリレイは当時の最先端技術である光学望遠鏡を用いて本格的な天体観測を始めた。以来，光学望遠鏡ははるか遠方の宇宙空間の天体を拡大して観測するための活躍を続けている。近年では，電波望遠鏡やX線望遠鏡などをはじめとするさまざまな手法が加わり宇宙の観測が行われている。

天体望遠鏡は，X線，紫外線，可視光，赤外線，電波など対象とする波長領域ごとに専用の装置が用いられる。このうち，最も一般的な可視光線を対象とする光学望遠鏡に限れば，その集光原理により**反射式**と**屈折式**に大別できる（図20.6）。反射式は大型望遠鏡に適しているが，鏡面の管理や向きの調整などに技術や手数を要する。屈折式はレンズを通過する際の光の屈折率が波長により少しずつ異なるために色のにじみ（**色収差**）が生じるが，保管や取り扱いが容易なため個人や学校で使用されることが多い。望遠鏡は大きさもさまざまで，主に個人ユーザーが用いる口径数〜数十cmのものから，有力な天文台に設置される口径数十cm〜10mの大型のものまである。小型の望遠鏡といえども使い手の技術次第で大いに活躍し，彗星や小惑星などの発見に貢献することも少なくない。

精密な光学機器である天体望遠鏡は，確実に保持しつつ狭い視野に目標を導入する繊細な操作を行うために，必ず専用の**架台**とともに使用する。光学系の鏡筒部分と架台はクランプなどで固定される。架台は**赤道儀**と**経緯儀**に大別される（図20.7）。どちらも互

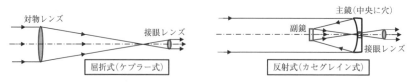

図 20.6　光学望遠鏡の代表的な方式
左：屈折式望遠鏡(ケプラー式)，右：反射式望遠鏡(カセグレイン式)

いに直交した 2 つの回転軸をもつ。経緯儀の 2 軸が水平と鉛直であるのに対して，赤道儀では一方の回転軸(極軸)を観測地点の緯度と同じ傾き(仰角)に調整して真北に向けることで，地軸と平行な回転軸とする。もう一方の回転軸は，極軸と直交する。赤道儀の極軸を鉛直にすると経緯儀と同じ動きができる。

　正しく調整された赤道儀に支えられた天体望遠鏡ならば，一度視野に導入した天体は極軸の操作だけで天体の日周運動を追跡できるので，長時間の観察や写真撮影に便利である。経緯儀は構造が単純で軽量だが，日周運動を追跡するためには水平・鉛直の 2 軸両方を同時に操作する必要がある。最新の小口径望遠鏡や天文台の特に大型の望遠鏡などでは，コンピュータ制御で自動的に操作を行う経緯儀が用いられる。

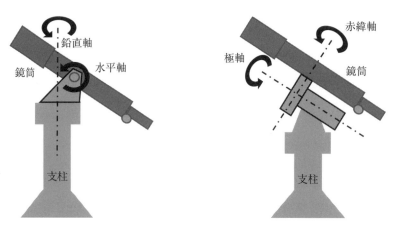

図 20.7　一般的な天体望遠鏡の構造
左：経緯儀，右：赤道儀

　望遠鏡による天体観測のうち，太陽を対象とする場合には**太陽投影板**を用いることが多い(図 20.8 左)。太陽投影板による観察では，観察者は接眼レンズをのぞかない。その代わりに専用の支持具を用いて接眼レンズのやや後方に白色の投影板を置き，そこに太陽像を結像させて観察する。強烈な光度をもつ太陽像の直接観察は減光フィルターを用いても危険をともなうため，学校現場ではこの方法がよく用いられる。

　天体望遠鏡は，高い倍率で観察できる一方で視野が狭い。そのため，望遠鏡を目標に向ける際には，少し小さいが視野の広いガイド用望遠鏡を使う(図 20.8 右)。太陽観察の際は，ガイド望遠鏡であっても直視すると失明事故の恐れがあるので，取り外すかキャップをつけておく必要がある。

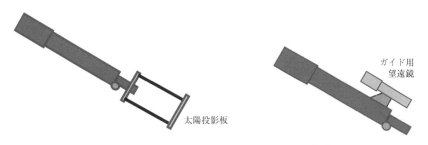

図 20.8　太陽投影板(左)とガイド用望遠鏡(右)

20.3.2 地上の望遠鏡・観測装置

　地上の設備からは，大気により吸収される波長領域である X 線，紫外線，赤外線の多くを観察できない弱点がある一方，重量物や巨大な施設の設置，電磁波を遮蔽する地下空洞の利用などができる。口径が数 m に達する大型望遠鏡，多数のアンテナ群を用いた電波望遠鏡，地下トンネルを利用したニュートリノや重力波の観測施設などが地上で活躍している。

　ハワイ島のマウナケア山頂(標高 4205 m)付近は，大気が清澄で気流が安定して晴天率も高いため，世界有数の可視光・赤外光の望遠鏡をもつ多くの天文台が設置されている(図 20.9 左)。1999 年に運用が始まったわが国の誇る光学赤外線望遠鏡すばるもそのひとつである。すばるは国立天文台が建設した経緯台方式の光学赤外線望遠鏡で，直径 8.2 m，厚さ 20 cm の主鏡がコンピュータ制御された多数のアクチュエータで裏面から支持され，微小な歪みをリアルタイムで補正する能動的補償光学技術が用いられており，遠方宇宙の銀河の探査観測や太陽系外惑星の観測研究などで世界的成果をあげている(図 20.9 中)。さらに，マウナケアでは，日本，米国，カナダ，中国，インドの国際協力による直径 30 m の超大型反射望遠鏡 TMT の建設が進められている。

　地上からの観測のもうひとつの柱が，0.1 mm からメートルオーダーの波長の電波を対象とする電波望遠鏡である。わが国を含む世界 16 カ国の国際協力により南米チリのアンデス山中の標高 5000 m の高原に建設されたアルマ電波望遠鏡は，ミリ波とサブミリ波領域を対象とする電波干渉計である(図 20.9 右)。アタカマ砂漠の乾燥気候下での水蒸気の少ない観測に好適な大気のもと，口径 12 m と 7 m を有するパラボラアンテナ

図 20.9　さまざまな望遠鏡
　左：ハワイ島マウナケア山頂の天文台群，中：すばる望遠鏡，〔出典：国立天文台，https://subarutelescope.org/jp/gallery/〕
　右：南米チリのアンデス山中に建設されたアルマ電波望遠鏡〔出典：国立天文台，https://alma-telescope.jp/mediatype/picture#skygazers2〕

合計 66 台が広大な敷地に展開される。優れた分解能と集光力で遠方銀河の星生成活動，太陽系外惑星の形成過程，有機分子の探査などで世界的な成果をあげている。

　天体からの情報は，光学赤外線望遠鏡や電波望遠鏡から取得される電磁波の情報だけではない。近年，ニュートリノや重力波などの電磁波以外の観測手法が急速に進歩している。東京大学宇宙線研究所が岐阜県神岡鉱山の地下坑道に建設した水チェレンコフの観測装置カミオカンデは，超新星爆発で生じたニュートリノを世界ではじめて検出した。1996 年以降はより性能を高めたスーパーカミオカンデに交代し，ニュートリノの質量の発見などの成果を挙げている。同じ神岡鉱山の地下には，2010 年から重力波望遠鏡 KAGRA の建設が始まった。直交する長さ 3 km の基線で，レーザー干渉計を用いた重力波の検出を目指している。

20.3.3　宇宙空間の望遠鏡・観測装置

　宇宙空間に打ち上げられた天体望遠鏡は**宇宙望遠鏡**とよばれる。宇宙空間に観測装置を配置するためにはロケットを使う必要があるので莫大な費用を要するが，大気による吸収がない宇宙空間であらゆる波長を対象に観察ができる。また，可視光であっても大気の流動による像のゆらぎがないので桁ちがいに高精度の観測ができる。

　ハッブル宇宙望遠鏡(HST)は，宇宙望遠鏡のまさに代表である。HST はアメリカ航空宇宙局(NASA)がヨーロッパ宇宙機関(ESA)と協力して開発・運用する口径 2.4 m の反射望遠鏡である。全長 13 m，重さ 11 トンの大型バスに匹敵する HST は，1990 年にスペースシャトル「ディスカバリー」により打ち上げられ，高度約 600 km の地球周回軌道を約 100 分の周期で飛行している。紫外線から赤外線までの波長を対象とした撮像と分光の機能をもつさまざまな観測装置を搭載する。1993 年に反射鏡の不具合が修理されてから本格的に活躍を始め，宇宙初期の銀河の検出に代表される多数のサーベイ観測，誕生から死までの星の一生の画像による実証など，計り知れない成果をあげた。科学者はもちろんのこと，その素晴らしい画像に驚嘆した人々は多いはずである。HST の後継機として，直径約 6.5 m の主鏡をもつジェイムズ・ウェッブ宇宙望遠鏡(JWST)が 2021 年に打ち上げられ，深宇宙や系外惑星などについての新知見が期待されている。

　わが国も数多くの天体観測用の衛星を打ち上げており，さまざまな成果をあげている。1997 年に打ち上げられた超長基線電波干渉計(VLBI)衛星「はるか」は，多くの活動銀河核から吹き出されるジェットの超高解像度イメージを取得した。2005 年に打ち上げられた X 線天文衛星「すざく」は，銀河団の外縁部の観測に成功し，塵やガスに埋もれたブラックホールなどを発見した。2006 年に打ち上げられた赤外線天文衛星「あかり」は，全天の 94％の赤外線サーベイ観測を行い多くの赤外線源を発見した。同じく 2006 年に打ち上げた太陽観測衛星「ひので」は，太陽の光球からコロナまでを高い解像度で観測し，構造や運動を明らかにした。

20.3.4　地球の重力圏外に向けた探査機

　太陽系の惑星・衛星や惑星間空間などの宇宙の探査を目的とする飛行体を**宇宙探査機**とよぶ。人類の月着陸は宇宙探査の大きな成果といえよう。1960 ～ 70 年代，米国はア

ポロ計画により月への有人宇宙探査を実施し，計6回の有人月面着陸と帰還に成功した。アポロ計画以外で，地球以外の天体に降り立った人類はいない。地球に最も近い天体である月への探査機の到達数が最大であることは当然として，その次に多くの探査機ミッションが成功した天体は，地球に隣接する惑星である金星と火星である。木星よりも遠い天体へ到達した探査機は非常に限られている（表20.1）。

探査機の方式としては，目標天体の周回軌道上から観測するオービター，衝突させるインパクター，着陸して観測するランダー，さらに地表面を走行するローバー，採取した試料を地球に持ち帰るサンプルリターン，より遠くの天体に飛行するために途中の天体の重力を利用して接近・加速する際に観測するフライバイ観測などがある。

太陽系内の天体を対象とした探査活動は，いまのところ無人ではあるが着々と進んでいる。とりわけ，地表の走行探査を含む数多くのミッションが実施された火星の探査，スイングバイ航法を用いたボイジャー1・2号による外惑星の探査，多くの新発見をもたらしたカッシーニ，ホイヘンスによる土星とその衛星の探査，試料回収された宇宙塵からのアミノ酸の発見，わが国のはやぶさ，はやぶさ2による世界初の小惑星からの試料回収などが特筆に価するであろう。

宇宙探査の歴史を見ると，1960年代と70年代の超大国どうしが月や金星，火星を対象として競うように活動したピークや，80年代以降の木星以遠の惑星を対象とした探査，多くの失敗を乗り越えながら続けられている火星の探査などが目にとまる。

表20.1 宇宙探査の成功事例の推移（部分的成功も含む，遠距離フライバイは含まない）

対象天体	活動年代 1950	1960	1970	1980	1990	2000	2010	合計	特記事項
太陽	0	5	3	0	3	7	3	21	95年に米欧が打ち上げたSOHOは長期間宇宙天気情報を取得
水星	0	0	3	0	0	3	3	9	2011年に米国のメッセンジャーが初のオービター観測
金星	0	5	12	6	1	1	1	26	70年にソ連のベネラ7号が地球以外の惑星に初の着陸
月	4	30	14	0	3	10	5	66	69年にアポロ11号で人類初の月面着陸・歩行
火星	0	3	9	1	3	8	2	26	76年にバイキング2号が初の着陸，97年に初のローバー走行調査
木星	0	0	4	0	3	3	1	11	90年代後半にガリレオが大気と衛星などを詳細に観測
土星	0	0	1	2	0	2	0	5	米欧のカッシーニから投下されたホイヘンスが衛星タイタンに着陸
天王星	0	0	0	1	0	0	0	1	米国のボイジャー2号
海王星	0	0	0	1	0	0	0	1	米国のボイジャー2号
彗星	0	0	0	6	1	4	2	13	2006年に米国のスターダストは初の宇宙塵サンプルリターン
小惑星	0	0	0	0	3	5	3	11	日本のはやぶさ・はやぶさ2が初の小惑星サンプルリターン
	4	43	46	17	17	43	20	190	

基本事項の確認

① 銀河系は約（　　）個の恒星からなり，その円盤部の直径は約（　　）光年，ハローを含めた直径は約（　　）光年の（　　）型の銀河である。銀河系のとなりにはそれよりもやや大きな（　　）型銀河である（　　）銀河が位置する。

② ハッブルによる分類では，宇宙の銀河は（　　），（　　），（　　），（　　）などに大別され，それらの合計は（　　）個以上になる。ハッブルは光のドップラー効果である（　　）を調べ，遠方の銀河ほど（　　）で遠ざかることも発見した。

③ 数個〜数十個の銀河が集合して（　　）を，数百個〜数千個の銀河が集合して（　　）を形成する。これらの集団は自身の（　　）によって一体性を保っているが，観測できる物

　　質の重力だけでは不十分で，正体不明の（　　）の存在が考えられている。

④ 宇宙は（　　）年前の（　　）により誕生し，その後の数（　　）年で多くの銀河が生成
　　されたと考えられている。銀河の質量の大部分は未解明の（　　）からなり，中心部分に
　　は巨大な（　　）があるとする考えが有力である。

⑤ 光学望遠鏡は，光の集約を凸レンズで行う（　　）式と，凹面鏡で行う（　　）式に大別
　　される。望遠鏡を支える架台は水平・鉛直軸をもつ（　　）と極軸をもつ（　　）に大別
　　される。光学望遠鏡のほかにも（　　）や（　　）を対象とする望遠鏡が活躍している。

⑥ 米国（　　）島のマウナケア山頂に設けられたわが国の（　　）望遠鏡は，直径約 8 m の
　　主鏡を最新の（　　）光学で調整して高精度の観測ができる。

⑦ 南米チリの（　　）山中にある（　　）望遠鏡は，数十基の（　　）を用いた電波干渉計
　　で，（　　）惑星の形成過程の観測などで成果をあげている。

⑧ 1990 年に米国が（　　）で打ち上げた（　　）に代表される宇宙望遠鏡は，（　　）から
　　（　　）に至る波長を対象として（　　）による吸収やゆらぎを受けることなく観測ができ
　　る。わが国も（　　）観測衛星ひのでを運用している。

⑨ 月のほか（　　）や（　　）にも多数の探査機が送り込まれ着陸探査も行われた。さらに
　　土星の衛星（　　）でも着陸探査が実施された。

⑩ 地球以外の天体で採取した試料を地球に持ち帰る（　　）は，米国が（　　）で，わが国
　　が小惑星（　　）と（　　）で成功している。

演習問題

(1) 天の川銀河に隣接する銀河系の概要を説明せよ。

(2) 宇宙背景放射について説明せよ。

(3) 赤道儀望遠鏡を用いた天体観察に向けた準備手順の概略を説明せよ。

(4) 宇宙探査機の発射可能期間（打ち上げウィンドウ）について説明せよ。

(5) ほかの天体からのサンプルリターンの成功例とその意義について述べよ。

参 考 図 書

地球科学全般
吉田茂生・西山忠男共編著「新しい地球惑星科学」(培風館)
日本地球惑星科学連合編「地球・惑星・生命」(東京大学出版会)
鳥海光弘他編「図説 地球科学の事典」(朝倉書店)
浜島書店編集部「ニューステージ新地学図表 地学基礎＋地学対応」(浜島書店)
数研出版編集部「視覚でとらえるフォトサイエンス 地学図録」(数研出版)

第1部 固体地球科学
吉田晶樹著「地球はどうしてできたのか」(講談社ブルーバックス)
田近英一著「地球環境46億年の大変動史」(化学同人)
田近英一著「凍った地球 スノーボールアースと生命進化の物語」(新潮選書)
巽 好幸著「地震と噴火は必ず起こる 大変動列島に住むということ」(新潮選書)
巽 好幸著「地球の中心で何が起こっているのか 地殻変動のダイナミズムと謎」(幻冬社新書)
日本火山学会編「Q&A 火山噴火」(講談社ブルーバックス)
青木正博・目代邦康著「増補改訂版 地層の見方がわかるフィールド図鑑」(誠文堂新光社)
青木正博・目代邦康・澤田結基著「地形がわかるフィールド図鑑」(誠文堂新光社)
高木秀雄著「年代で見る 日本の地質と地形」(誠文堂新光社)
川上紳一著「生命と地球の共進化」(NHKブックス)
青木正博著「増補版 鉱物・岩石入門」(誠文堂新光社)
青木正博著「見分けるポイントがわかる 鉱物分類図鑑」(誠文堂新光社)

第2部 気象
古川武彦・大木勇人著「図解 気象学入門」(講談社ブルーバックス)
小倉義光著「一般気象学 第2版補訂版」(東京大学出版会)
武田康男著「気象観察ハンドブック」(ソフトバンククリエイティブ)
ブライアン・フェイガン著, 東郷えりか・桃井緑美子訳「歴史を変えた気候大変動」(河出文庫)
中川毅著「人類と気候の10万年史 過去に何が起きたのかこれから何が起こるのか」(講談社ブルーバックス)
安成哲三著「地球気候学 システムとしての気候の変動・変化・進化」(東京大学出版会)
桜井邦朋著「眠りにつく太陽 地球は寒冷化する」(祥伝社新書)
木村龍治・新野宏著「身近な気象学」(放送大学教材)
荒木健太郎著「雲の中では何が起こっているのか 雲をつかもうとしている話」(ベレ出版)

第3部 天文
佐藤文衛・綱川秀夫著「宇宙地球科学」(講談社)
Andrew King著, 中田好一訳「星 巨大ガス球の生と死」(丸善出版)
柴田一成著「太陽の科学 磁場から宇宙の謎に迫る」(NHKブックス)
柴田一成著「太陽大異変 スーパーフレアが地球を襲う日」(朝日新書)
桜井邦朋著「宇宙物理への招待 極微と極大を結ぶ新科学」(培風館)
渡部潤一著「夜空からはじまる天文学入門 素朴な疑問で開く宇宙のとびら」(化学同人)

基本事項の確認の解答

1章

① 6400, 4万, 地軸, 300 ② 7, 3, 陸, 1, 4 ③ 万有引力／遠心力(順不同), 赤道, 極, 万有引力, 遠心力, 重力 ④ 重力, ジオイド, ジオイド ⑤ 地球楕円体, 楕円体高, 100 ⑥ S, 双極子, 全磁力／偏角／伏角(順不同), 反転, 正, 逆 ⑦ 地殻, マントル, 核 ⑧ リソスフェア, 部分溶融, アセノスフェア, メソスフェア ⑨ アルキメデス(浮力), アイソスタシー, 密度, 底(下) ⑩ 地殻, 地球物理, 隕石

2章

① 10, 地殻, マントル, 100, 1000 ② リソスフェア(岩板), 部分溶融, 流動性, アセノスフェア ③ 海洋, 発散(生産), 収束(消費), すれ違い ④ 沈み込み, 大陸, 衝突 ⑤ 横ずれ, 消滅, トランスフォーム ⑥ 大陸, 大陸地殻, 海洋, 収束, 2億 ⑦ 大洋底拡大, 大洋中央海嶺, 海底磁気, 古地磁気, 距離 ⑧ 超大陸, 離合集散, ウィルソン ⑨ トモグラフィ, 速度, 温度, 核・マントル, ホット, 核・マントル, コールド ⑩ プルームテクトニクス, 5000, 対流, 冷却

3章

① 断層, 震源, 震央, 震源の深さ ② 震源距離, 震央距離 ③ P, 縦波, 振幅(ゆれ), S, 横波, P, 速度, 振幅(ゆれ), 表面, 周期, 減衰 ④ 初動, 初期微動, 震源距離, 主要動, 長周期, 長大・高層 ⑤ 距離, 距離, 走時曲線, 地震波速度 ⑥ 103, 143, P波の影, マントル／核(順不同), 屈折 ⑦ マグニチュード, エネルギー, 32, 1, 観測地点, 0, 7, 10 ⑧ 境界, 海溝, 活断層, 9, 津波, 8, 大都市 ⑨ 正断層, 逆断層, 横ずれ断層 ⑩ 再来周期, 活断層, 内陸型(活断層)

4章

① 結晶, 均質, 岩石 ② 主要造岩, SiO₄, ケイ酸塩 ③ かんらん石／輝石／角閃石／黒雲母(順不同), 石英／斜長石／カリ長石(順不同) ④ イオン半径／価数(順不同), 固溶, 固溶体 ⑤ 多形／同質異像(順不同), 類質同像 ⑥ 自形, 他形 ⑦ 3, 3, 3 ⑧ モース, 滑石, ダイヤモンド ⑨ へき開, 黒雲母, 輝石, 角閃石 ⑩ 通常光, 異常光, 偏光

5章

① 融解, 火成岩 ② ケイ酸塩鉱物, 揮発成分 ③ 大洋中央海嶺, 沈み込み帯, ホットスポット ④ 温度, 圧力, 水 ⑤ SiO₂質量%, 超苦鉄(かんらん岩), 苦鉄(玄武岩), 中間(安山岩), ケイ長(花こう岩) ⑥ 化学, 組織 ⑦ 深成岩, 火山岩, 等粒状組織, 斑状組織 ⑧ かんらん岩, はんれい岩, 玄武岩, 閃緑岩, 安山岩, 花こう岩, 流紋岩 ⑨ 地熱, 発電 ⑩ 銅／鉛／亜鉛(順不同), 鉛／亜鉛(順不同), ニッケル／クロム(順不同)

6章

① マグマ ② 火山噴出物, 溶岩／火山砕屑物／火山ガス(順不同) ③ 1, 111, 50 ④ 火山フロント, 分布密度 ⑤ 固結, 発泡 ⑥ 流動性, 気相 ⑦ 安山岩, 玄武岩 ⑧ 火口, マグマだまり, 火道 ⑨ 溶岩, 噴煙柱, 火砕流, 泥流, 岩屑流 ⑩ ハザードマップ

7章

① プレートテクトニクス, 沈み込み, 大陸, 大洋中央海嶺, 海洋 ② 海溝／舟状海盆(トラフ)(順不同), 火山弧 ③ 衝突, アルプス／ヒマラヤ(順不同) ④ 堆積作用, 侵食作用, 地殻変動 ⑤ 河川, 風, 氷河 ⑥ 勾配, 侵食, V字谷 ⑦ 谷底, 土石流, 扇状

254

地，谷底，侵食，河岸段丘　⑧　勾配，蛇行，三日月湖，自然堤防，氾濫原，内海，三角州　⑨　波浪，海食崖，海食台，海岸段丘，上　⑩　石灰岩，溶食，カルスト，鍾乳洞，ドリーネ／ポノール(順不同)

8章

①　太陽，外的営力，地球，内的営力　②　破砕，物理的，粘土化，化学的，侵食　③　初動，沈積，初動，沈積　④　懸濁流，タービダイト(懸濁流堆積物)　⑤　続成作用，圧密作用，膠結(セメント)作用　⑥　砕屑性堆積岩，生物的堆積岩，化学的堆積岩，火山砕屑岩　⑦　整合，不整合，造山運動　⑧　巣穴／這い跡(順不同)，生痕　⑨　示準化石，示相化石　⑩　メタン，メタンハイドレート

9章

①　変位，地殻変動　②　隆起，沈降，伸長，短縮，傾動　③　褶曲，向斜，背斜　④　造山運動，造山帯　⑤　アルプス・ヒマラヤ／環太平洋(順不同)　⑥　カレドニア，ウラル，タスマン，アパラチア　⑦　固体，変成作用，変成岩　⑧　再結晶作用，変形作用　⑨　広域変成岩，接触変成岩，結晶片岩，片麻岩，ホルンフェルス，結晶質石灰岩(大理石)　⑩　大洋中央海嶺，海溝

10章

①　冥王代，始生代(太古代)，原生代，顕生代　②　マグマオーシャン，生命，光合成，カンブリア，大量絶滅　③　酸素，光合成，鉄(二価鉄)，縞状鉄鉱　④　太陽放射，温室効果，二酸化炭素　⑤　全球凍結，火山活動，二酸化炭素　⑥　ホットプルーム，大量絶滅，石油　⑦　中生代，ユカタン，巨大隕石，恐竜／アンモナイト(順不同)　⑧　古生代，中生代，新生代　⑨　炭素，サーモスタット(温度緩衝装置)　⑩　万，10万，10，軌道要素，ミランコビッチ

11章

①　5，46　②　沈み込み，付加　③　付加体，チャート，海洋プレート層序　④　付加体，広域変成岩，珪長質火成岩　⑤　日本海，ユーラシア大陸，弧状列島　⑥　海底火山活動，グリーンタフ，フォッサ・マグナ，東北　⑦　構造線，中央構造線，フォッサマグナ，糸魚川-静岡構造線　⑧　伊豆(島)，中央構造線　⑨　第四紀火山，盆地　⑩　海面，台地，海面，低地

12章

①　99.9，78，21，1，0.5，水蒸気　②　1013，76，10　③　対流圏，成層圏，中間圏，熱圏　④　10，地表，対流，気象，低下　⑤　10，50，オゾン，上昇　⑥　50，80，低下，-80　⑦　80，500，オーロラ／流星(順不同)　⑧　太陽定数，1.4，6000，紫外線，赤外線，可視光線　⑨　地球放射，熱平衡，赤外線，温室効果　⑩　二酸化炭素，メタン，フロン，水蒸気

13章

①　気圧傾度力，転向力(コリオリ力)　②　等圧線，気圧傾度力，転向力(コリオリ力)，右　③　気圧傾度力／転向力(コリオリ力)(順不同)，地衡風　④　気圧傾度力／転向力(コリオリ力)(順不同)，摩擦力，地上風　⑤　気圧傾度力／転向力(コリオリ力)／遠心力(順不同)，摩擦力，左，右　⑥　飽和水蒸気圧，相対湿度(湿度)，飽和水蒸気圧，露点　⑦　乾燥，湿潤，湿潤，凝結　⑧　加熱，寒気，湿度，温度　⑨　雲粒，氷晶，落下，上昇，10，積乱雲／乱層雲(順不同)　⑩　水蒸気，凝結核

14章

①　太陽放射，地球放射　②　南北，東西，南北　③　ハドレー，極，西風，ジェット，偏西風波動　④　気温／湿度(順不同)，気団　⑤　前線(面)，寒気，寒冷，積乱雲，雨，気温，暖気，温暖，乱層雲，雨　⑥　気温，温帯，熱帯　⑦　偏西風波動，低気圧／高気圧(順不同)，東　⑧　17，台風　⑨　左(反時計)，風速，積乱雲，目　⑩　黄砂，PM2.5

15章

①　小笠原気団(太平洋気団)／シベリア気団／オホーツク海気団／揚子江気団(長江気団)(順不同)　②　日本海，太平洋，西高東低，移動，周期，停滞，梅雨，太平洋，台風　③　日本海，シベリア，日本海，水蒸気，上昇　④　梅雨，台風，洪水，堤防　⑤　斜面，土石

流　⑥ 交通，雪崩　⑦ 太平洋，南，吸い上げ，吹き寄せ　⑧ 気象台／測候所（順不同），アメダス　⑨ ラジオゾンデ，ウィンドプロファイラ，気象レーダー　⑩ ひまわり，36000，静止

16章

① 97，陸水，3，2，1，表面水　② 3000，10000，1000　③ ナトリウム／塩素（順不同），34　④ 表層（表層混合層），躍層（水温躍層），深層，1.5　⑤ 右，エクマン，地衡流　⑥ 西，貿易，東，偏西，北，南，環流　⑦ 風浪，うねり，高潮，津波　⑧ 気温，降水量，気候　⑨ 海氷，吹き寄せ，深海，熱塩循環，海洋大循環　⑩ 西，湧昇，東，エルニーニョ現象

17章

① 8，200，衛星，小惑星／彗星（順不同）　② 内惑星，外惑星，密度，岩石，地球型惑星，密度，ガス／氷（順不同），木星型惑星　③ 月，ガリレオ，イオ／エウロパ／ガニメデ／カリスト（順不同），タイタン　④ 地球，4，80，惑星　⑤ 小惑星帯（メインベルト），トロヤ群，地球接近型，1.3　⑥ 惑星，準惑星　⑦ 揮発成分，コマ，ダスト／イオン（順不同）　⑧ 海王星，30，エッジワースカイパーベルト，10万，オールトの雲　⑨ 彗星，流星　⑩ 石質隕石／隕鉄／石鉄隕石（順不同），46，初期

18章

① 地平座標，高度／方位角（順不同），天球座標，赤経，赤緯　② 太陽日，恒星日，公転／自転（順不同），4　③ 視太陽時，平均太陽時，15，公転軌道，赤道面（自転軸）　④ 右，水平，右，右，北極星，左（反時計）　⑤ アークトゥルス／スピカ／デネボラ（順不同），デネブ／アルタイル／ベガ（順不同），ペガサス，シリウス／プロキオン／ベテルギウス（順不同）　⑥ 公転，年周視差，光，年周光行差　⑦ 黄道，1，順行，内合，衝，逆行，留　⑧ 27，自転，朔，新月，望，満月，上弦，下弦　⑨ 日食，月食　⑩ 焦点，楕円，線分，面積，2，3

19章

① 水素／ヘリウム（順不同），99.9，140，109　② 両極，赤道，差動　③ 中心，水素，ヘリウム，1600万，放射層，対流層，6000　④ 光球，黒点，白斑，スピキュール　⑤ 彩層，100万，プラズマ，コロナ，プロミネンス　⑥ 5，2.5，10　⑦ 温度（色），絶対等級，主系列星，（赤色）巨星，白色矮星　⑧ 主系列星，巨星，白色矮星　⑨ 実視連星，変光星，脈動／食（順不同），絶対等級，みかけの等級　⑩ 同時，重力，散開星団，球状星団

20章

① 2000億，10万，15万，棒渦巻，渦巻，アンドロメダ　② 楕円型／渦巻型／棒渦巻型／不規則型（順不同），1000億，赤方偏移，高速　③ 銀河群，銀河団，重力，ダークマター　④ 138億，ビッグバン，億，ダークマター，ブラックホール　⑤ 屈折，反射，経緯儀，赤道儀，電波／X線（順不同）　⑥ ハワイ，すばる，補償　⑦ アタカマ，アルマ，パラボラアンテナ，太陽系外　⑧ スペースシャトル，ハッブル宇宙望遠鏡，紫外線／赤外線（順不同），大気，太陽　⑨ 金星／火星（順不同），タイタン　⑩ サンプルリターン，彗星，イトカワ／リュウグウ（順不同）

演習問題の解答

1章

(1) 周長が4万kmの球体の赤道から極までの距離は1万kmなので，緯度1°分の距離は，10000/90＝111.1km。実際の地球は回転楕円体で高緯度地方のほうが低緯度地方よりも曲率が大きいので，高緯度地方の緯度1°分の距離のほうが大きい。

(2) 表面の地形に最も近い回転楕円体を地球楕円体とよぶ。平均海面と同じ重力ポテンシャル面をジオイドとよぶ。地球楕円体からジオイドまでの距離をジオイド高とよぶ。ジオイドから地表面までの鉛直距離を標高とよぶ。

(3) 直近の地磁気逆転は78万年前に起きた。それ以降12万6000年前までの間を，詳細な研究が行われた千葉県市原市にちなんでチバニアンとよぶ。

(4) 地球の体積は

$$4/3 \times 3.14 \times 6370^3 = 1.083 \times 10^{12} \text{km}^3$$

地球の質量は

$$1.083 \times 10^{12} \times 5.5 \times 10^{15} = 5.95 \times 10^{27} \text{g}$$

マントルと核を合わせた体積は 1.075×10^{12} km³。したがって，地殻の体積は 0.008×10^{12} km³なので，地殻の体積百分率は

$$0.008/1.083 = 7.4 \times 10^{-3} = 0.7\%$$

地殻の質量は

$$0.008 \times 10^{12} \times 2.7 \times 10^{15} = 0.0216 \times 10^{27} \text{g}$$

であるので，地殻の質量百分率は

$$0.022/5.95 = 3.70 \times 10^{-3} = 0.4\%$$

核の半径は，6370－2900＝3470km

したがって，核の体積は 0.175×10^{12} km³なので，核の体積百分率は

$$0.175/1.083 = 0.162 = 16.2\%$$

核の質量は

$$0.175 \times 10^{12} \times 12.0 \times 10^{15} = 2.1 \times 10^{27} \text{g}$$

であるので，核の質量百分率は

$$2.1/5.95 = 0.352 = 35.2\%$$

差し引きで，マントルの体積百分率は83.1％，質量百分率は64.4％となる。

(5) 浮力の原理が成り立っていれば，消失し

た厚さ1000mの氷河の質量と，軽くなって上昇する地殻のあった場所に戻ってくるマントルの質量が等しい。上昇量を x〔m〕とすると，

$$1000 \times 0.9 = 3.0\,x$$

したがって，$x = 300$ m。

2章

(1) 地球は形成初期に内部に保持した熱を徐々に宇宙空間に放熱する冷却過程を続けており，プレートテクトニクスはマントル内部の熱を地表に移動させる対流運動の一様式とみることができる。

(2) $\dfrac{10000 \text{ km}}{10 \text{ cm/年}} = \dfrac{10^7 \text{m}}{10^{-1} \text{m/年}} = 10^8$ 年＝1億年

(3) 太平洋プレートは西北西方向への運動を継続してきた。

(4) (2)と同様に計算して4000万年前。以前は北北西に向かって移動していたが，4000万年前に西北西に移動の向きが変化した。

(5) プルームテクトニクス。約3000℃の核・マントル境界の熱がホットプルームでマントル上部に移動し，その逆にコールドプルームが核・マントル境界を冷やす冷却機関としてはたらいている。

3章

(1) P波の到着に要する時間を T_P，S波の到着に要する時間を T_S とすると，$T = T_\text{S} - T_\text{P}$，$T_\text{S} = D/V_\text{S}$，$T_\text{P} = D/V_\text{P}$ なので，

$$T = \frac{D(V_\text{P} - V_\text{S})}{V_\text{S}V_\text{P}}$$

したがって，

$$D = \frac{TV_\text{S}V_\text{P}}{V_\text{P} - V_\text{S}}$$

これに $V_\text{P} = 6$ km/s，$V_\text{S} = 3$ km/s を代入すると，$D = 6\,T$ となる。これに $T = 10$ s を代入すると震源距離は60km。

(2) 大正関東地震は，相模トラフの北東側に

おいて，フィリピン海プレートの沈み込みにともなって発生した。相模トラフは相模湾の沖合いにあるが，その北西端は陸域に向かう。そのため，震源域の北西側が陸域に及んでおり，地上でも強い震動が発生した。

(3) わが国の平野部では，多くの場合，河川が運搬してきた土砂が厚く堆積している。そのため，活断層により形成される可能性のある岩盤表面の段差や河川の食いちがいなどの特徴的な地形が，土砂に下に隠されて観察できない。

(4) 大地震にともなう津波は，海底での地震断層の活動だけではなく，地震によって発生した大規模な海底地すべりによる可能性など，いくつかの原因がありうるため。

(5) 緊急地震速報は，地震発生後に各地の観測局で得られた地震波形から地震の規模や震度分布を計算して発令される。そのため，観測局と震源，受信地と震源との距離の大小により，鳴動後の時間は増減する。

4章

(1) ①黒雲母，②白雲母，③石英，④かんらん石，⑤輝石，⑥斜長石，⑦角閃石

(2) ①かんらん石，②斜長石，③石英，④カリ長石，⑤黒雲母，⑥輝石，⑦角閃石

5章

(1) マグマは，岩石の溶融体が一定の空間領域を占めることにより，集合・合体や浮力による上昇などの運動を行うことのできる物質である。地下のアセノスフェアでは，数％程度の部分溶融が起きているが，溶融物質は通常，集積や移動することはない。温度上昇，圧力低下，水の付加などにより部分溶融が活発化してはじめてマグマが形成される。

(2) 本源マグマはマントルの超苦鉄質岩の部分溶融により形成されるので，そのすべてが苦鉄質つまり玄武岩質のマグマとなる。

(3) 本源マグマが形成されたのち，本源マグマ内部での結晶分化作用，地殻物質の加熱による融解，異なる種類のマグマの混合などの過程を経て，多様な化学的特徴をもつマグマが形成されるため。

(4) マグマの化学的特徴に基づく4種類と，マグマが固結する場所(環境)に基づく2種類の組合せにより，火成岩は分類される。

(5) わが国はプレート沈み込み帯に位置し火山活動が活発なために，マグマに起源をもつさまざまな金属元素が多様な過程で濃集して各地に金属鉱床を形成した。しかし，その後の経済発展にともなう生産活動の活発化で，国内資源をさかんに採掘した結果枯渇してしまい，現在では国内の金属鉱山はごく少数となった。

6章

(1) 地下のマグマだまりで1000℃，1000気圧前後であったものが地上への噴出により常温常圧になるので，急激な冷却固結と減圧発泡が起こる。

(2) 減圧発泡で発生した揮発成分が速やかに大気中に開放されると，ガスの抜けたマグマが静かに固結して一体性の高い溶岩ができるが，マグマが固結しつつ揮発成分が発生すると，固まりかけたマグマが破砕されて細かな欠片である火山砕屑物ができる。

(3) 珪長質のマグマは低温で流動性が低いので，ごくゆっくりと溶岩が盛り上がる噴火となるが，大規模なマグマだまりで減圧発泡により生じた火山ガスが抜けないと激しく巨大な爆発的噴火も起こる。苦鉄質のマグマは高温で流動性が高いために火山ガスは速やかに抜けるので，穏やかで流動性の高い溶岩流を主とする噴火となる。中間質のマグマだと，爆発をともないながら溶岩と火山砕屑物の両方を噴出する。

(4) 盾状火山は苦鉄質のマグマが大量に噴出し，ほぼ玄武岩溶岩のみから形成される。成層火山は中間質のマグマがくり返し噴出した火山砕屑物と溶岩流が成層して形成される。溶岩円頂丘は低温で粘性の大きな珪長質のマグマがゆっくりと地上に露出して成長する。カルデラ火山は珪長質の巨大なマグマだまり内部のガス圧が上昇して，上部の岩盤を破壊して一気に大量のマグマが噴出して形成される。

(5) 火山のハザードマップでは，噴火の形態，火口の場所，噴火の規模，活動の継続時間などについて，発生する可能性が高いと考えられる状況を想定して作られている。したがって，実際に噴火した場合，それらの想定のどれかがちがっていた場合は，ハザードマップに描かれていることと異なる現実に直面

することになる。ハザードマップの利用にあたっては，マップの想定と異なる場合も考慮する必要がある。

7章

(1) 中央海嶺付近ではプレートができたばかりで薄いので，わずかな歪みでも断裂するため。

(2) 表 7.2 参照。

(3) 表 7.3 参照。

(4) リアス海岸は湾口よりも湾奥が狭く，陸上部も狭隘（きょうあい）な谷なので，津波は湾奥に向かって集中して波高が高まり，上陸後も標高の高い地点まで遡上して被害が拡大する。

(5) 不規則な曲線はかつての河川の自然堤防の微高地で，治水の不完全だった時代には水害から逃れるために道路や集落が立地した。

8章

(1) 地質学的営力は，内的営力と外的営力に大別される。内的営力は中心部で 5000 ℃以上に達する地球内部の熱エネルギーを根源とする営力で，プレートテクトニクスを通じて地震や火山，地殻変動などの形で地質学的な過程を駆動している。外的営力は，公転軌道上で 1.4 kW/m^2 に達する太陽放射エネルギーを根源とする営力で，水や大気の循環を通じて流水の三作用に代表される地質学的な過程を駆動している。

(2) はじめの段階では，地層が水底環境で連続的に形成される。次の段階では，海面低下や土地の隆起などにより，はじめに形成された地層の上部が陸上に現れ，流水による侵食作用を受けて削剝される。削剝での地層の喪失，海面上昇，土地の沈降などにより，土地が再び水面下に没したのちに，地層の堆積が再開される。したがって，地上に露出していたときに侵食されてできた地表面つまり不整合面を境界として，それより下方が水底環境，不整合面が形成されていた期間が陸上環境，上の地層の不整合面直上以降が再び水底環境となる。もし不整合が地上で観察できたとすると，再び水底から陸上への環境変化を受けたことになる。

(3) 示準化石は，進化が速くて時代ごとに種が変わることと個体数が多いことが，示相化石は，進化が遅く時代が異なっていても同じ種が存続することと，生息環境範囲が狭いことが必要な条件である。

(4) 洪水では，堤防の決壊箇所や未整備区間などを通じて周囲の低地に大量の水が流出する。その水は多量の土砂を懸濁した茶色の水で，河道からの流出箇所の直近では勢いよく流出するが，広範な冠水地域の大部分ではきわめて遅い流れ，または静水の状態に置かれる。その間，懸濁していた細粒の砕屑物や有機物などが沈積するため，洪水収束時には冠水地域全体に泥が堆積した状態となる。

(5) わが国で多くの人々が暮らす平野部の多くは，河川が運搬してきた土砂が堆積してできた地形である。そこに構築されるインフラの多くを占めるコンクリートは，生物性堆積岩の一種である石灰岩を加工して作られる。構造材料で使用量が最大の鋼鉄の原料の鉄鉱石は，縞状鉄鉱とよばれる堆積岩に起源をもつ。石油や石炭，天然ガスなどの化石燃料資源は，すべて堆積岩中に取り込まれた生物の遺骸を起源としている。次世代の燃料資源として注目されているメタンハイドレートも，堆積物中の有機物から発生するメタンが原料になっている。

9章

(1) 激しい褶曲運動により背斜軸が倒れて横倒しの褶曲になると，背斜の片側の地層の上下が逆転する（図 9.2 右 E）。

(2) アルプス・ヒマラヤ造山帯は，ユーラシア大陸に向かって北進するアフリカ大陸とインド・オーストラリア大陸との衝突により形成される。環太平洋造山帯は，東太平洋海嶺や太平洋・南極海嶺で生産される海洋プレートが沈み込むことにより形成される。

(3) 関東平野は，ボール状に沈降した基盤岩の上に，本州の中軸山脈で侵食された土砂が利根川や荒川で運搬され堆積したことで形成された低平で平坦な地形である。

(4) 大規模な造山運動では，隆起運動や侵食作用の継続期間が長期にわたるので，大量の地層が削剝される。その結果，不整合の規模も大規模になる。

(5) 紅柱石・珪線石・らん晶石の 3 種。構成元素である Al, Si, O はすべて地殻を構成する主要元素であり，それぞれ生成の温度・圧力範囲の異なる 3 種の鉱物は多くの変成岩中で

見出すことができるため。

10章

(1) のちに海水となる数百気圧に達する水蒸気と，のちに海水に溶解する100気圧程度の二酸化炭素からなる濃密な大気だった。

(2) 超巨大火山噴火や天体衝突など地球内外の突発事象を原因として発生し，生態系は一時的に大打撃を受けるが，環境が回復するとともに少数の生き残った生物が大いに進化発展する。

(3) 炭素を酸化してエネルギーを得るが，その炭素はもともと大気中の二酸化炭素だったものを，過去の光合成生物が太陽エネルギーを用いて炭化水素として同化し，それが地層中に保存されてきたものである。

(4) 生物の陸上進出に際しては，有害な短波長紫外線が地表に到達しないことと強烈な酸化力をもつオゾンが地表付近に存在しないことが必要である。顕生代初期のオゾン層の形成によりそれらの条件が達成された。

(5) $1/16=(1/2)^4$ なので，半減期の4倍の期間を経ている。5800年×4＝23200年。

11章

(1) 付加体とは，海洋プレートの沈み込みにともなって，海洋地殻の上部を構成していた堆積物や岩石が，沈み込まれる陸側のプレートの前面で剥ぎ取られながら押しつけられて形成される地質体である。日本列島の地質の大部分は付加体または付加体起源の岩石でできている。

(2) 海洋プレート層序とは，海洋プレートの上部を構成する地層や岩石の累積構造であり，下位から順に，はんれい岩，玄武岩，チャート，砂岩，泥岩などから構成される。

(3) 日本列島は約2000万年前におきた日本海拡大により，ユーラシア大陸の東縁地方から弧状列島へと転換した。その際，大陸から引き出される動きと，中央付近が観音扉状に開く動きがあったと考えられている。

(4) 構造線とは，形成時代や環境が異なる地質体どうしの境界をなす巨大な断層。西南日本の内帯と外帯を分ける中央構造線や，フォッサマグナの西縁をなす糸魚川-静岡構造線などが代表的。

(5) 埋没谷は，最終氷期の海面低下にともなって形成された大規模な谷が，その後の温暖化によって上昇した海面に向けて流入する土砂で埋積されてできる。埋没谷を埋積する地層は低地を形成するが，その地盤は固結しておらず軟弱で，その高度は現行河川の水面と大差がないために洪水の災害リスクが高い。

12章

(1) 地球大気は，上空に向かって気象現象の場である対流圏，オゾン層が分布する成層圏，最も低温の中間圏，最も高温の熱圏からなる。気温の高度変化率が極値を示す高度が各層の境界である。

(2) 熱圏では気圧がほぼゼロなので，高温といってもきわめて希薄な気体分子が高速で運動しているだけでそのエネルギーはごく小さいため。

(3) オゾンホールは春先の南極大陸上空で成層圏のオゾン濃度が平常の半分程度まで低下する現象である。冷媒として広く使われていたフロンが分解して生じた塩素が触媒となってオゾンを分解することで発生する。

(4) 現在の地球の表面温度は約15℃だが，もし大気がなかった場合は水蒸気や二酸化炭素などによる温室効果が生じないため，－19℃まで低下すると考えられる。

(5) 氷期・間氷期サイクルに代表される地球の自然状態での気候変動の将来予測が困難なため，それに人為的擾乱を上乗せすることで求められる気温の将来予測はさらに困難である。

13章

(1) 地衡風では，等圧線に直交する気圧傾度力とその逆向きの転向力がつり合って等圧線に平行な風が吹く。地上風では，風の進行方向と逆向きの地表面との摩擦力がはたらくために，気圧傾度力と摩擦力とそれに直交する転向力がつり合って，等圧線から低圧側に斜交した風向きとなる。

(2) 地上付近の低気圧の中心付近では集まってくる大気の行き場は上方だけなので上昇気流が生じ，地上付近の高気圧の中心付近では離れていく大気を補うために上空から下降気流が生じる。

(3) 暖かく湿気をたっぷり含むために乾燥大気よりも密度が小さい大気は上昇しやすい。

加えて，上昇を始めると上空の冷たく密度の大きな大気の中で浮力が維持されて高空まで上昇する結果，活発に雲を形成する不安定な状態となる。

(4) 斜面を上昇しつつ雨を降らせる過程では，湿潤断熱減率である $0.5℃/100\,m$ にしたがって温度低下するのに対して，山脈を超えた後では降雨により水蒸気を失った大気が乾燥断熱減率である $1℃/100\,m$ にしたがって温度上昇するため，反対側の低地では乾燥して高温の大気となる。

(5) 13.3.3 項参照。

14 章

(1) 対流セルを形成する水平面内の大気の流れが転向力を受けるため，低緯度のセルであるハドレー循環と高緯度のセルである極循環ができる。中緯度ではさらに構造が乱れて，偏西風波動の形で熱の輸送が行われる。

(2) 低緯度の大気は高温で膨張している一方，高緯度では低温で収縮しているため。たとえば，対流圏界面高度は赤道付近では約 $15\,km$ だが，極域ではその半分程度。

(3) ア）ジェット気流に乗らない場合は，

$$\frac{8200\,km}{800\,km/h} = 10.25\,時間$$

イ）$100\,m/s$ は $360\,km/h$ なので，ジェット気流に完全に逆らう場合は，

$$\frac{8200\,km}{(800-360)\,km/h} = 18.64\,時間$$

ウ）完全に乗る場合は，

$$\frac{8200\,km}{(800+360)\,km/h} = 7.07\,時間$$

(4) 強力な上昇気流のエネルギー源である暖かい海水の温度と大量の水蒸気の供給が失われるため。

(5) 気象現象としての黄砂はゴビ砂漠などに起源をもつ細粒の鉱物だが，PM2.5 は人の健康に有害な硫黄酸化物や窒素酸化物などの有害物質が光化学反応により微細粒子化したものや有害物質を吸着した化石燃料の燃焼灰などを含む。

15 章

(1) 日本海の水温が低下あるいは氷結するため，海面からの水蒸気の供給量が減少することにより降雪量が減少するとともに，低下し

た海面温度の影響で気温が低下する。

(2) 降水総量は，$3000\,km^2 \times 500\,mm = 1.5 \times 10^9\,m^3$ なので東京ドーム 1000 杯分以上。その全量が 24 時間をかけて流下すると平均の流量は，$1.5 \times 10^9\,m^3/86400\,s = 1.74 \times 10^4\,m^3/s$ なので，1 分強で東京ドーム一杯を満たす流量となる。

(3) $20 - (1 \times 10 + 1.5 \times 5 + 0.5 \times 10) + 3 \times 10 = 20 - 22.5 + 30 = 27.5℃$

(4) $1013 - 930 = 83\,hPa$ なので，吸い上げ効果相当分は約 $83\,cm$。$345 - 83 = 262\,cm$ なので，吹き寄せ効果相当分は約 $262\,cm$。吹き寄せ効果は吸い上げ効果の 3 倍以上。

(5) 静止軌道衛星は衛星の周回と地球の自転が同期する場所，つまり赤道上空約 3 万 6000 km にしか配置できないので，中緯度のわが国の上空には配置できない。

16 章

(1) 氷河がすべて融解すると海水量は $99/97 = 1.02$ 倍となる。海洋面積が不変とすれば，現在の平均水深 $3800\,m$ が $3800 \times 1.02 = 3876\,m$ となり，$76\,m$ 増加する。実際には海面が拡大するので，海面上昇量はそれよりも小さくなるが，それでも現在の陸域の沿海部に分布する広大な低地の大部分が水没すると考えられる。

(2) 水の大循環の地域版ともいえる「降水→森林土壌への貯留→森林植生からの継続的蒸散→雲の形成→降水」の循環が成立することで，降水量の維持や強雨に対する河川流出特性の平準化などの機能が発揮される。

(3) メキシコ湾流から発してヨーロッパ西岸に向かって流れる暖流である北大西洋海流の影響下にあるため。

(4) 北太平洋では北赤道海流，黒潮，北太平洋海流，カリフォルニア海流が大規模な還流を形成しており，いったんその内部に入り込んだゴミは外に出られずに集積する。

(5) 海水中の溶存酸素はほぼすべて海面での大気からの溶解により供給されている。そのため，浅層の海水を深海へと送り込む熱塩循環が停止すると，表層付近を除いて海水中の酸素はなくなり，多くの海洋の酸素呼吸生物は死滅する。

17 章

(1) 1 cm が 100 万 km に相当するので 1 m が 1 億 km, 1 天文単位 (1.5 億 km) が 1.5 m となる。したがって, ①地球までは 1.5 m, ②木星まで (5.2 天文単位) は約 8 m, ③海王星まで (約 30 天文単位) は 45 m, ④オールトの雲 (1 万〜10 万天文単位) までは 15 〜 150 km。

(2) 近年の惑星探査により, 木星や土星などの大型惑星の衛星における潮汐エネルギーによる加熱で生じた液体の水の存在の確認や, 火星における液体の水の存在を示唆する観測データなど, 生命存在の可能性のある空間領域や期待の大きさが急速に拡大している。

(3) 軌道長半径が 1.3 天文単位以下の地球接近小惑星や近日点距離が 1.3 天文単位以下の彗星など, 地球に衝突すると甚大な被害が予想される天体を国際的に協力して観測する活動である。

(4) オウムアムアは天体観測史上はじめて発見された太陽系の外部からやってきた恒星間天体である。長期間, 恒星間空間に存在していた天体を観測することにより恒星間空間の環境の推定が期待されるほか, 人工天体の可能性を考える仮説も登場した。

(5) 隕石は太陽系の初期の微惑星や小天体の破片なので, 掘削により試料が採取できない地球内部のマントルや核の物質を推定するための重要な情報を取得できる。

18 章

(1) ①自転周期の 24 時間よりも約 4 分間短くなる。②つねに同じ面を太陽に向けるために無限大となる。③ 1 回の公転の間に昼夜が 2 回くり返されるので半年となる。

(2) 20″ の年周光行差の距離は 1/20 pc = 1 万天文単位であり, 直径約 20 万天文単位の太陽系の内部に位置するため。太陽系内では太陽が唯一の恒星である。

(3) 夏季の暗夜が 20 時頃から 4 時頃までの約 8 時間なのに対して, 冬季は 18 時頃から 6 時頃までの約 12 時間なので, 多くの星座を見るためには冬季が適している。

(4) 太陽と地球が内接する巨大な円錐を考えると, 日食はその円錐の太陽側に月が入った場合に, 月食は太陽と反対側に月が入った場合に起こる。そのため, 発生頻度は日食のほうがやや多い。しかし, 日食は月がつくる小さな影の地域でしか観察できないのに対して, 月食は地球の大きな影のために広範囲で観測できる。そのため, 特定の地点での観察機会は, 月食のほうが多い。

(5) ケプラーの第三法則より, 公転周期 T は, $1.1^3 = T^2$ なので $T = 1.154$ 年。地球の公転周期 E と惑星の公転周期 P と会合周期 S の関係は, $1/S = |1/P - 1/E|$ なので, $1/S = 1 - 1/1.154$ となり $S = 7.5$ 年。

19 章

(1) 宇宙天気とは, フレアやコロナ質量放出などの太陽活動に起因する地球近傍の宇宙環境条件の変化のことで, 地球に到達する X 線や紫外線の変化や地磁気嵐などが観測される。それにより宇宙飛行士の放射線被爆, 人工衛星や送電システムへのダメージなどさまざまな影響が現れるので, 正確な把握や地球到達前の対応が必要である。

(2) 黒点活動は約 11 年周期で消長をくり返すが, より大きな 100 年のオーダーでの周期的な消長も示す。黒点のほとんどない期間が数十年も続くことがあり, そうした時期には地球全体が寒冷化することが知られている。

(3) 変光周期が 10 日の種族 I のセファイド変光星の絶対等級 M は -4 等星 (図 19.9 左)。そのみかけの等級 m が 6 等星である場合の距離 d は,

$$M - m = 5 - 5 \log_{10} d$$
$$-4 - 6 = 5 - 5 \log_{10} d$$

となり $d = 1000$ pc。$1000 \times 3.26 = 3260$ 光年。

(4) 恒星の質量は太陽比で 1/10 から 100 倍の範囲にある。小さな恒星の寿命は数百億年なので, 宇宙誕生直後に生まれた星が現在も活動中だが, 大きな恒星の寿命は数千万年しかない。進化の様式も大きく異なり, 太陽程度の質量の恒星の末期は穏やかに白色矮星へ移行するが, 太陽の数倍以上の質量の星は赤色巨星を経たのちに, 恒星全体が爆発する超新星爆発を起こす。さらに大きな恒星では爆発後に中性子星やブラックホールを残す場合もある。

(5) もっとも軽い水素やヘリウムは宇宙誕生以来存在するものや, 太陽の核融合で生まれたものもあるが, より重い元素は太陽以前のいくつもの恒星が進化のさまざまな段階で形成した元素である。特に鉄よりも重い元素は

超新星爆発で作られたものであり，われわれ
の身体や地球は超新星爆発の産物も含む宇宙
開闢以来のさまざまな時期に形成された元素
で構成されていることになる。

20 章

(1) 天の川銀河（銀河系）に約 250 万光年を隔
てて隣接するアンドロメダ銀河(M31)は，肉
眼で見ることのできる最も遠い天体である。
ほかの銀河とともに局所銀河群を構成する。
棒渦巻型の銀河系とよく似た渦巻型銀河で，
銀河系との比較研究に適する。銀河系よりも
大きく直径は 20 万 km を超え，多数の矮小
銀河が集合した銀河と見られている。銀河系
に接近中で数十億年後には合体すると見られ
ている。

(2) 宇宙背景放射の中で最も高いエネルギー
密度をもつのが宇宙マイクロ波背景放射
(CMB)であり，ビッグバンに続く宇宙の晴
れ上がりの時点から届く 3 K の黒体放射とし
て 1946 年に予言され，1965 年に発見され
た。CMB の発見によりそれまでの主流だっ
た定常宇宙論は廃れ，ビッグバン仮説が広範
な支持を得た。

(3) 準備手順の概略は以下のとおり。

① 脚，赤道儀，鏡筒の順に組み立てる。

② 極軸の回転バランスを調整する。

③ 赤緯軸の回転バランスを調整する。

④ ガイド望遠鏡の視軸を調整する。

⑤ 極軸の仰角を緯度にあわせてから真北に
向ける。

(4) 宇宙探査機は目標天体との位置と運動の
関係から，いつでも発射できるわけではな
い。探査機は推進器をもつがその能力は限ら
れており，特に遠方の天体への移動には途中
でほかの天体の引力を利用して加速するスイ
ングバイ航法が不可欠となる。そのため，発
射可能な時期はきわめて限られ，その期間を
打ち上げウィンドウとよぶ。

(5) 2020 年現在で，月，宇宙塵，小惑星か
らのサンプルリターンに成功している。月の
回収試料は月の内部構造や成因の推定に役立
った。宇宙塵の回収試料からはアミノ酸が検
出され，地球の生命誕生に地球外物質の関与
がありうることを示した。日本のはやぶさ 2
による小惑星からの回収試料は初の地球外天
体の地下物質や大気を含んでおり，太陽系の
形成過程や生命進化についての新知見が期待
される。

索　引

第2部

第3部

著者略歴

関　陽児
せき　　　よう　じ

1983 年	東北大学理学部卒業
2002 年	秋田大学大学院鉱山学研究科 博士課程修了
現　　在	東京理科大学教養教育研究院・ 理学研究科教授 （博士（工学））

永野勝裕
なが　の　かつ　ひろ

1996 年	東京理科大学大学院理工学研究科 博士課程単位取得満期退学
現　　在	東京理科大学教養教育研究院 准教授 （博士（理学））

若月　聡
わか　つき　　さとし

1995 年	千葉大学大学院自然科学研究科 後期課程修了（単位取得）
現　　在	東京理科大学理工学部非常勤講師 日本工業大学非常勤講師 （教育学修士）

ⓒ 関 陽児・永野勝裕・若月 聡　2021

2021 年 5 月 25 日　初　版　発　行
2023 年 5 月 19 日　初版第 2 刷発行

地球をもっと理解したい人のための
地球科学の基礎

	関　　陽　児
著　者	永野勝裕
	若月　聡
発行者	山　本　　格

発行所　株式会社 培 風 館
東京都千代田区九段南 4-3-12・郵便番号 102-8260
電 話 (03)3262-5256(代表)・振 替 00140-7-44725

平文社印刷・牧 製本

PRINTED IN JAPAN

ISBN 978-4-563-02534-2　C3044